U0159134

创新思维决定

[美] 小戴维·P·比林顿 著
(David P. Billington, Jr.)
计宏亮 安达 王传声 王玉婷 魏敬和 译

中国出版集团
中译出版社

图书在版编目（CIP）数据

思维决定创新：20 世纪改变美国的工程思想 / (美)小戴维 · P. 比林顿著；计宏亮等译 . -- 北京：中译出版社，2022.6

书名原文：From Insight to Innovation--Engineering Ideas That Transformed America in the Twentieth Century

ISBN 978-7-5001-6957-4

Ⅰ . ①思… Ⅱ . ①小… ②计… Ⅲ . ①技术革新—技术史—美国— 20 世纪 Ⅳ . ① N097.12

中国版本图书馆 CIP 数据核字（2022）第 016990 号

（审图号：GS 京（2022）0025 号）本书插图系原文插图

思维决定创新：20 世纪改变美国的工程思想

著　　者：[美] 小戴维 · P. 比林顿
译　　者：计宏亮　安　达　王传声　王玉婷　魏敬和
责任编辑：于　宇
文字编辑：黄秋思
营销编辑：吴一凡　杨　菲

出版发行：中译出版社
地　　址：北京市西城区新街口外大街 28 号普天德胜大厦主楼 4 层
电　　话：（010）68002494（编辑部）
邮　　编：100088
电子邮箱：book@ctph.com.cn
网　　址：http://www.ctph.com.cn
印　　刷：北京顶佳世纪印刷有限公司
经　　销：新华书店
规　　格：710 mm × 1000 mm　1/16
印　　张：24
字　　数：277 千字
版　　次：2022 年 6 月第 1 版
印　　次：2022 年 6 月第 1 次印刷
京权图字：01-2021-6563

ISBN 978-7-5001-6957-4　　　定价：78.00 元

中文版推荐序

从洞见到创新

本书讲述的是 1920 年以来改变美国乃至世界的一系列重要的技术创新，以及这些创新从产生到实现的全过程。这些创新既包括了美国的大型公共工程，例如胡佛大坝、高速公路以及登月工程，也包括了晶体管、集成电路、计算机和互联网。

通过详细描述这些创新的故事，作者希望告诉我们，有的创新伴随着科学的重大发现和发明，有的创新是利用现有技术的组合，而有的创新是在现有的技术上改进完善以解决重大的现实问题。其次，所有这些创新都是通过工程来实现的，因此对于越来越多的渐进型创新来说，工程师的创造性思维和工程上的实现特别重要。最后，对于很多公共工程领域的技术创新，政府的支持也是不可或缺的。

本书既可以作为一本技术素养的普及读物，也可以作为一本技术创新的励志教材，书中的故事引人入胜。例如，20 世纪 20 年代初期，美国垦务局（Bureau of Reclamation）总工程师弗兰克·韦茅斯（Frank Weymouth）接到了胡佛大坝（Hoover Dam）

的设计任务，他打破了工程师传统的重力坝设计思路，改用拱形水坝设计。所谓重力坝，就是依靠大量混凝土质量或重量来阻挡水流趋势；而拱形设计可以将水平力向四周传导，以分散水势的压力。与重力坝相比，拱形水坝所需的材料更少，却能与重力坝一样，达到的相同效果。在大坝建设的相近时间，美国国内汽车的登记数量达到 800 万台，汽车的普及对美国道路提出了更高的要求，由托马斯·麦克唐纳（Thomas MacDonald）领导的公共道路局筹划并建设了美国 20 世纪最伟大的基建项目——全国公路路网。麦克唐纳对车辆和路面之间的相互作用进行了科学研究，发现路面不平整对道路的损害要大于汽车重量造成的损害，因此开始采用波特兰水泥或沥青制成的混凝土铺设道路代替原先的碎石铺设路面；更为重要的发现是，充气轮胎给路面带来的危害远小于当时的实心轮胎，于是汽车都开始采用充气轮胎。1945 年后，美国大城市核心商业区地产价格不断攀升，对高层建筑的需求只增不减，但是高层建筑的造价却极其高昂。工程师法兹勒·汗（Fazlur Khan）开始思考摩天大楼的造价问题，并用框架筒体系解决了这一难题。所谓的框架筒体系，是指一幢大楼能通过外部的框架受力，形成盒状，即将建筑包裹成正方体或者长方体一样的筒。比起过去利用立柱和横梁平均分担的方式，这种方式能够更好地抵御风力，并且使用较少的钢材。20 世纪 50 年代，核裂变作为核能的替代能源一直是研究焦点。1948 年 7 月，美国海军船舶管理局决定任命海曼·里科弗（Hyman Rickover）负责研制一种可控的核裂变作为动力的潜艇研发项目。当时潜艇普遍采用内燃机和电池保持航行，这样的动力组合难以保持长时间续航。如果能够利用少量铀产生的核能将水加热成蒸汽，就可以驱动发动机，使潜艇保持数周或数月在水下工作。但是，当时没有将核裂变能量转变为电能的实用系统，并且潜艇内部空间有限，潜艇的核动力系统必须能够承受运动和作战带来的冲击；此外，核动力系统还存在辐射的危险。里科弗和工程师们通过设计一种名为 Mark Ⅰ 的动力系统顺利完成了一次发热的可控核裂变反应。20 世纪 30 年代，工程师们发现螺旋桨技术存在局限性，即随着螺旋桨叶的旋转速度接近声速，机头的空气阻力急剧上升，飞行高度受到限制。弗兰克·惠特尔（Frank Whittle）认为，通过使用液体在燃烧室形成压缩空气然后喷射出来形成推动力，可以设计出飞行更高、更快的喷气式发动机。惠特尔设计的涡轮喷气发动机包括轴、压缩机叶轮和涡轮，将空气送入发动机，机身尾部的一个喷嘴排出尾气。试验表明，与英国最好的螺旋桨战机相比，该机的速度和机动性具有极大优势。20 世纪 50 年代，晶体管发展遇到新的问题，买家（尤其是军方买家）需要在电子设备中添加更多电路，以满足不断增加的性能需要，这就需要压缩电路体积。1958 年夏天，德州仪器公司的杰克·圣克莱尔·基尔比（Jack St. Clair Kilby）认为晶体管和其他电路都可以由硅之类的单一材料制成，而不是当时业界公认的必须加入其他元素。1959 年初，加利福尼亚州仙童半导体公司的罗伯特·诺伊斯（Robert Noyce）发现，可以利用机器组装整个电路，无须人工连接。基尔比和诺伊斯的发现促进了集成电路（又称为微芯片）的诞生。

这本书是美国关于技术创新三部曲的第三部。在介绍这些重大技术创新的来龙去脉的同时，作者用简单、易懂的数学概念和图形为读者清晰阐释了技术创新路线，让读者深入浅出地了解技术创新原理以及工程实现的全过程，可读性很强。

当前，我们正处在百年变局和民族复兴的重要历史时期，建设创新型国家和制造业强国都迫切需要提高全民族的创新意识和工程素养，因此了解历史上重大的技术创新的产生背景和实现过程非常必要，尤其需要了解工程思想和工程师在其中所起的重要作用。

希望大家喜欢这本书。

廖　理

清华大学五道口金融学院院长

2022 年于北京

英文版推荐序

创新改变了我们的社会

“我拥有了自己的想法和想象力”——杰克·圣克莱尔·基尔比是这样描述他开发出微芯片的过程的。微芯片仍在继续塑造着我们的现代世界。微芯片技术使得人们在一小片硅上能够制造出带有数十亿个晶体管的小型计算机芯片。微芯片是引领当下信息时代的一大创造，这是一项影响现代生活各个方面的根本性创新。晶体管也是如此，它是一种微型固态电子管，取代了真空管。晶体管开启了电子技术的第二个时代，它由贝尔电话实验室（Bcll Tclcphonc Labs）的两位研究人员约翰·巴丁（John Bardeen）和沃尔特·布拉顿（Walter Brattain）发明。微芯片和晶体管是本书以“20世纪创新发明”以及“有洞察力的工程师和科学家”为主题的众多故事中的两个。

本书是作者已故的父亲——普林斯顿大学的戴维·P. 比林顿（David P. Billington, Sr.）教授——构思的系列丛书的第三部。这套丛书提供的资料描述了改变社会的工程师及其工程成就。丛书的另外两本书分别涉及1776—1883年和1876—1939年的工程创新和创新者。在20多年的时间里，我有幸与戴维·P. 比林顿合作并共同教学。尽管本书由戴维·P. 比林顿的儿子所撰写的关于20世纪的创新发明和创新者都是独立成章，但这本书亦可以作为教科书用于大学教学以及关于技术和社会的研究。

本书的主题广泛，涵盖了20世纪有关结构、机器、网络和工艺流程的工程创新。这些创新改变了我们的社会。例如，潜艇核动力——由海曼·里科弗提出的颠覆性技术——永远改变了海军，随之也改变了美国的核防御措施和政策；核动力潜艇几乎可以随时潜入水中，并在不被发现的情况下进行长途航行，这改变了全球国防的游戏规则。本书中的其他技术也具有颠覆力，包括由公共道路局的托马斯·麦克唐纳规划的州际公路系统，以及由英国皇家空军（Royal Air Force）飞行员和企业家弗兰克·惠特尔发明和推广的喷气发动机。高速公路在很大程度上取代了国家铁路运输系统。喷气式飞机大大缩短了人们的旅行时间，取代了长途汽车和轮船作为长途旅行工具。

除了20世纪颠覆性技术的故事之外，这本图文并茂的书还包含了对普通读者有用的技术思想，并不过分技术性。在阅读这本书的同时，不要忘记查看参考文献，这份作者精心挑选的资料是开始进一步研究这些重要工程创新和创新者的好资源。

迈克尔·利特曼（Michael Littman）

前言

技术是日常生活的一部分，但对大多数人来说，创造它的工程是遥远和难以理解的。很少有人知道支撑现代生活的主要技术是如何运行的，或者是如何产生的。本书的目的是用简短的叙述，解释自1920年以来将美国和世界带到21世纪初的一些关键创新。本书还使用简单的公式或图形描述这些创新，通俗易懂。书中的一些数字和概念是工程师使用的，但本书并不包含只有专业工程师才必须了解的微积分等专业知识。

美国和许多其他国家都在培养世界一流的工程师，但在这些国家普及技术素养一直是一个难以实现的目标。中学将自然科学和数学作为基础学科，和大多数大学或学院一样，要求非技术类的学生学习；而对于想要成为工程师的学生，则必须学习工程学这样的专业科目。最近，在中学阶段，许多学校开设了简单的工程设计课程或覆盖一些工程思想的科学课程。但是工程通常被看作一种技术，或者被用作教授科学的一种方式，而不是作为一系列创新被教授——这里的创新指的是一种独立于科学的洞察力。

接受过教育的人应该了解关键的工程思想是如何体现在最重要的对象和系统中的，这些对象和系统是现代生活的基础。追溯

20 世纪 70 年代的研究，作者的父亲发现过去两个世纪的大多数重大技术创新都可以用工程师的语言——数学——来解释给受过两年中学教育的美国学生。本书的前三章包含了用入门级代数或几何来解释工程思想的内容。本书的其余部分用简单的图形直观地解释了一些更加复杂的工程思想。本书主体的叙事性内容不需要数学来补充说明。

工程师也需要学习工程思想。现代工程知识主要由旨在灌输"最佳实践"或优秀设计标准的原则和应用组成。然而，现代工程也是一系列"最佳作品"，这些作品以重大创新开始，树立了新的理想和标准。科学家、建筑师、艺术家、律师和医生一起学习他们专业领域中的规范思想和知识。在培训中，工程师倾向于学习抽象知识体系，其中具有现实意义的里程碑式的思想是以原则及其应用的形式被呈现。事实上，现代工程也有工程师应该知道的最佳作品中的一系列关键思想。此外，本书也展示了工程师如何以他们的方式向更多公众传递这些思想。

在最开始的时候，关键的创新通常来自一两个工程师的洞察，这本书里有很多篇幅描述了这些人做了什么。近几十年来，历史学家重点关注了常常被忽视的社会群体是如何推动新技术崛起的。作者还探索了这些技术创新的背景及其带来的社会影响。本书的主要目的是通过对工程师、创新和作品的描述，向普通读者提供基本的工程知识。了解这些创新者的想法和行动也应该是当前和未来的工程师应该做到的。

本书介绍了几个关键的创新，并帮助读者了解它们之间的相似之处和不同之处，这可以让我们对两个问题——科学的作用和政府的作用——有更广阔的视角。对现代技术的观点倾向于将科学和工程视为一个类别，虽然它们有很多共同点，但两者之间也有一些重要的差异。关于如何刺激创新和经济增长的公开辩论是由支持政府的宣传推动的。虽然本书不是对公共权力的研究，但它试图简要展示政府在一系列关键技术创新中发挥的作用。

本书是讲述了近两个半世纪以来塑造美国文明的创新思想三部曲的第三部。在第一部中，作者的父亲介绍了从1776—1883年美国的现代工程。[1]在第二部中，作者和他的父亲描述了从1876—1939年促进美国工业化的工程突破。[2]本书的前五章描述了20世纪美国的大型公共工程，从大坝项目、公路项目到1969年的登月项目；本书的后三章讲述了电子学的主要突破——晶体管、微芯片、个人计算机和互联网。本书结合了叙事、技术说明和插图，使这些洞察和成就更容易理解。每一章都有一个关键的突破作为重点，同时也描述了一些重要的辅助创新。

本书的书名——《思维决定创新》，指的是给现代生活带来巨大改变的技术思想和事件。即使不太引人注目的改进也是技术发展的一部分，这些改进与更加激进的创新之间的区别并不很明显。不过，对20世纪最重要创新的描述涵盖了本书的大部分内容。瓦科拉夫·斯米尔（Vaclav Smil）的两项杰出研究对过去两个世纪的技术进步进行了全面讲述，由美国国家工程院委托撰写的一份报告确定了20世纪最重要的20项技术突破。[3]本书侧重于20项技术突破中的一小部分以及其背后的工程，并以总结和对未来的展望作为结论。

引 言

美国在1776年宣布独立时还是一个农业社会，但现代工程很快就为社会带来了变革。罗伯特·富尔顿（Robert Fulton）利用詹姆斯·瓦特（James Watt）在英国发明的蒸汽机为第一艘蒸汽船提供了动力，这成为19世纪初期开辟美国内陆河流域定居和进行贸易的基础。从19世纪30年代起，高压蒸汽机驱动着铁路机车，将陆地上的国家连接起来。水力的应用使纺织工业在新英格兰得以发展，蒸汽机在20世纪后期开始为制造业提供动力。尽管塞缪尔·莫尔斯（Samuel F. B. Morse）发明的电报在美国内战之前创建了一个通信网络，并在随后的几年中传播开来，但在内战结束时，美国仍然是一个农业国家。

到20世纪20年代，美国凭借两项超级创新（电力和内燃机）的发展成为工业强国。[1]这些创新依靠化石燃料获取能源。在19世纪70年代之前，美国以木材作为燃料。然而，每磅煤炭产生的能量比木材多。到19世纪后期，煤炭开始取代木材作为燃料来驱动铁路机车、发电厂设备，为住宅和工作场所供暖。1890年后，机动车的出现使石油也成为必不可少的燃料。到20世纪20年代，煤炭和石油成为美国的主要能源。化石燃料带来的环境问题后来才引起关注。当时，化石燃料不仅满足了国家对能源的需求，而且使森林免遭进一步破坏。

19 世纪 80 年代，托马斯·爱迪生（Thomas Edison）在纽约设计了一个系统，通过燃煤发电厂为家庭和办公室供电。随着电力的普及，电灯、电机和其他设备制造也实现了工业化。亚历山大·格雷厄姆·贝尔（Alexander Graham Bell）用电实现了一种新的有线通信形式——电话。到了 20 世纪 20 年代，美国人开始使用电磁波进行无线电通讯和广播；再过 20 年，利用这种电磁波进行的电视广播开始了。

现代飞机是莱特兄弟（Wright Brothers）1903 年发明飞行器的延伸。1908 年后，亨利·福特（Henry Ford）推出了可以大规模生产的汽车——T 型汽车，并使汽车业成为现代工业的主导行业之一。飞机和大多数汽车都使用以汽油为燃料的内燃机。到 20 世纪 30 年代，新的精炼工艺已将每桶油的汽油量从 10% 提高到 40%，并提高了其在发动机中的性能。冶金工程提供了制造汽车和飞机所需的结构材料，结构工程师使用钢材来延长桥梁的长度和建筑物的高度。

美国民众后来开始相信现代工业是现代科学的产物。事实上，科学家们的贡献主要是在上述技术突破之后，而不是之前。[2] 通用电气（General Electric Company）和西屋公司（Westinghouse Electric Corporation）在 20 世纪就创建了实验室，科学家和工程师在实验室中发明了钨丝灯泡和交流电，这比爱迪生最初设计的碳丝灯泡和直流配电系统更实用。实验室工程师在 20 世纪 30 年代简化了汽车和飞机的形状，贝尔电话实验室在电话服务之外的许多领域都提高了知识水平。但新的工业研究主要用于改进现有技术，由此带来的工业增长以及农业和供水的进步，将美国从农业社会变成了一个以城市文明为主的国家，并最终使美国在第二次世界大战（简称“二战”）中取得了胜利。

从某种程度上说，20 世纪的重大工程创新并不是实质性的改变。最重要的是连续性——新技术在多大程度上是建立在之前的技术之上。关于往复式汽车（Reciprocating Automobile）发动机的公式可以追溯到 18 世纪的詹姆斯·瓦特，他使用其来描述蒸汽机的作用，而火箭推进原理则可以追溯到牛顿第三定律。第一个电子放大器——1906 年的三极管——必须用内部真空的玻璃管封装。1947 年的第一个晶体管是可以在没有真空环境的情况下工作的三极管。当史蒂夫·沃兹尼亚克（Steve Wozniak）在 1977 年设计苹果二代（Apple II）个人电脑时，他的基本见解是以创新的方式将一种新型微芯片——微处理器——与彩色电视监视器结合起来。新的创新开辟了更多的可能性，但每一个创新都是从技术、思想和事物的基础上发展起来的。[3]

然而，20 世纪有所不同，要求大多数工程师需要有更正式的培训才能进行创新。尽管他们的正规教育有限，但爱迪生和莱特兄弟和之后几十年里其他任何实现创新的人一样都是杰出的工程师。[4] 个人计算机始于 20 世纪 70 年代后期，而苹果和微软的创始人都是自学成才。但是胡佛水坝、国家公路网、核能、喷气式飞机和航天器、大跨度桥梁和高层建筑以及计算机技术的进步，都要求承担相关项目的工程师接受更正式的工程和科学培训。然而，无论他们接受什么培训，所有创新者都必须进行富有想象力的设计并为他们的想法赢得支持。

政府的角色也发生了变化。美国在联邦政府的帮助下实现了工业化，联邦政府给予专利保护，征收关税以保护工业免受进口冲击，并规范国内的实践。20世纪20年代以前，私营工业往往在私人需求的推动下就能够崛起。从那之后，提供水和电力的巨大水坝以及连接国家的高速公路，都需要公共工程。“二战”后，由于国防需求，联邦政府的规模变得越来越大，而航空航天和电子领域的新兴产业的崛起和持续繁荣都依赖于国防领域的支持。然而，政府的作用因每种技术而异，其作用并不是笼统的观点表述的那样，将政府视为创新洞察力的手段或障碍。

美国20世纪20年代之后的重大创新讲述了一个独特的故事。大坝控制住了河流，使美国西部具备了建设现代生活的条件，就像一个世纪前汽船和铁路为美国中部开辟了定居和贸易的条件一样。田纳西河流管理局第一次尝试通过建设公共工程使大片地区摆脱贫困；联邦公路计划促进了美国向郊区文明的转变；而1945年后核能的发展使得这种新的、有争议的能源进入了公众视野。在联邦政府的支持下，喷气发动机和太空火箭等技术克服了速度、距离和高度的限制，尽管这些技术在1970年之后并没有保持快速发展。1945—1947年的晶体管是电子学领域的重大突破，1958—1959年晶体管发展成为集成式电路以及微芯片。电子计算机和互联网的影响将被证明是同样激进的。晶体管和微芯片起源于私营部门。军方开发了早期的计算机和计算机网络，但后来是私营部门为这些创新打开了大众市场。

1920年后，激进的创新者必须在一个由大型私营部门和公共机构主导的社会中取得成功。尽管如此，本书所描述的创新表明，在一个日益体制化的时代，创新者具备非传统的洞察力仍然是可能的，重要的是具备独立的视野，以及一个愿意并能够回应它的社会。

丛书的前两部提供了一个框架，可以根据某些区别来理解现代工程。前两部为本书提供了信息，也为描述技术创新提供了一种易于理解的语言。这一思想框架可以总结为以下四部分。

一、常规创新和激进创新

技术创新以其对社会的工程重要性著称，这种重要性可以从三个方面来考虑。大多数社会认为创新是对现有商品和服务的改进。这些进步经常发生，并且通常对企业的成功至关重要，但它们的重要性往往是短暂的。例如，微处理器在计算机内部完成主要工作，多年来微处理器的容量大约每两年翻一番。然而，它们很快就过时了。一种更重要的创新可以为现有产品引入新用途，或者引入对现有行业产生重大影响的新产品或新工艺。微处理器刚出现时就是这种新产品。在某种程度上，新的微处理器依然体现了最初微处理器的设计理念，最初的设计理念依然具有影响力。最后，有一小部分创新已经在很长一段时间内对社会产生了根本性的变革影响，例如一个多世纪前电力和机动车的发展，而导致今天数字计算的进步可能是相对激进的。

各种创新之间的差异并不是精确的，它们对现代社会都至关重要。关键在于，创新并不是在一个层面上持续不断的变化。为清晰起见，本书采用了航空历史学家沃尔特·文森蒂（Walter Vincenti）对创新的两个层次的区分。增量和中间创新可以归类为常规创新，这类是公司和社会大部分时间都在做的创新类型。“激进”一词描述了以更根本的方式改变工程和社会的想法。[5]诚然，对这些创新的任何选择都是任意的，但本书中记录的从1920年到21世纪初的大多数事件可能会出现在任何记录更激进创新的清单中。

激进创新的传统描述是一两个人的突破性思维，然后设计和展示原型。杰克·基尔比和罗伯特·诺伊斯研究的微芯片接近于这个形象，尽管它的创新者还需要同事的帮助。在微芯片准备好生产之前，还需要做进一步的工作，微芯片必须找到市场。然而，一些激进的创新更应该被视为更大的集体努力。美国公路计划始于20世纪20年代，当时是由一位领导者托马斯·麦克唐纳提出的愿景，但1956年之后的州际公路系统需要由团队努力在接下来的30年内完成。火箭的实用性很大程度上归功于罗伯特·戈达德（Robert Goddard）在1945年之前的工作，但20世纪60年代的美国太空计划由于太庞大而不可能是一个人的工程愿景。然而，团队努力并不意味着创新工作在某种程度上是非个人力量的结果。更大的群体的工作仍然是多个个体的工作的集合，个体有能力在必要时独立思考，也有能力为一个共同目标一起努力。

二、工程与科学

第二组我们来区分工程和科学这两种活动之间的关系。两者往往被公众视为一个整体——科学。公众通常认为科学是新见解的源泉，而工程作为其应用，这种描述具有误导性。从广义上讲，科学家和工程师各有一项核心竞争力；对于科学家来说，是发现关于自然以及自然存在的事物的新事实；对于工程师来说，是对自然不存在的事物的设计。20世纪20年代以前，现代工程的大部分根本性进步都没有依赖于上述意义上的科学作为刺激。从那时起，科学知识一直是创新的一个更重要的要求，但工程设计洞察力仍然是技术创新的关键。

科学家和工程师都具有创造性，因为他们都质疑知识的界限：科学家挑战我们对自然的理解；而工程师挑战我们对设计能力的理解。这两类人也将对方的工作作为自己工作的一部分完成。但是术语的清晰性应该被重视：当在研究自然或自然属性的一个方面时，实际上是在做科学工作；而从事设计工作时，实际上是在做工程工作。使用“科学”一词来指代这两种活动，实际上模糊了设计新事物所需的独立思考能力。

这种思考能力可以通过19世纪70年代关于如何将电力传输到灯的探索来说明。科学家们可以证明，电路中的最大电力传输需要灯中的电阻等于电源中的电阻（电阻是导致电路中所有器件发热的原因）。19世纪70年代的专家认为，必须以这种方式设计分配电力的网络。然而，托马斯·爱迪生认识到，使用最大传递作为设计基础意味着在发电机中损失一半的能量作为废热。因此取而代之的是，他设计了一种内阻低的发电机，并在寻找到合适的发电机后，设计出能够承受高温的灯泡灯丝。结果，这样一个系统产生了足够的电力来满足需求，同时将废热从50%减少到了10%。[6]

如果将工程学认为是应用科学，其中科学提供了基本的知识，工程师只是找到了使用它的实用方法，那么就不需要爱迪生所拥有的那种独立洞察力。有些人可能将工程师的工作称为应用科学，但是如今工程师经常利用科学知识，工程师是独立思考并以工程需求为指导的设计师。

三、四个原型理念

第三组概念是关于组织现代工程的。本书和前两部将重大突破分为四类设计对象或系统：结构、机器、网络和过程。这些类别是根据基本功能进行区分的。一个结构可以支撑或承受重量，并需要尽可能稳固，结构上的主要突破包括大型水利工程、现代化公路桥梁和高层建筑。机器通过移动自身的一部分或通过移动部件来工作，例如固定式蒸汽机、铁路机车以及汽车和飞机中使用的内燃机等原动机。网络是一个系统，它以最小的损失将某些东西从一个地方传输到另一个地方，电话网络、电网、无线电和电视广播以及使现代计算成为可能的电路都是以这种方式运行。过程是一个系统，它可以将一种事物转化或改变为另一种事物，将铁转化为钢、将原油转化为汽油以及将其他化学品转化为有用产品的过程就是例子。这四种思维推动产生了现代工程的四个最初的分支：土木、机械、电气和化学。

今天的许多工程学校内部都划分出了更多的系、项目和专业，许多工程理念涉及不止一个功能，例如20世纪的汽车工程整合了电力、化学燃烧、机械运动和钢框架等功能。但是，结构、机器、网络和过程这四个概念有助于理解最重要的创新的工作原理。

四、三种视角

最后一组要区分的概念包括所有工程师在进行设计之前必须回答的三个问题。首先，这个物件能不能被制造出来，它会不会是高效和安全的？这些问题通常涉及必须计算和测试的物理关系。其次，该物件能够满足的需求或潜在用途是什么？设计和制造的成本是多少？收益是否值得？这些问题通常以金钱来衡量，金钱将工程、经济和政治联系起来。最后，如果该物件实用且确实能被制作出来，那么它是否还可以有一个吸引人的设计而不会显著增加成本？它会改善生活质量并对社会和自然环境产生可接受的影响吗？这些问题很难通过测试和测量来回答。答案取决于设计师的审美眼光和道德判断以及周围社会的包容度。

这些担忧意味着工程师有选择的自由。任何设计都可能是达成某些目标的几种方法之一，拥有这种自由为工程师提供了想象新可能性的空间。同时，这种自由也伴随着做出负责任选择的义务：有效利用材料和经济地使用公共或私人资金，坚持较高的道德标准，改善自然环境和人类生活。社会也可以选择如何资助和利用创新，但作为设计者，工程师负有首要责任。

如果没有政府或私人投资者的资金支持，变革性创新就无法成功，而工人和消费者的贡献对于实现这些创新也至关重要。社会可能会或可能不会为它们做好准备，工程师可能会也可能不会预料到它们产生的效果。这种激进的创新通常始于工程师的洞察力，他们能够超越通常认为的可能性。本书的其余部分旨在让工程师、感兴趣的学生和普通读者了解和掌握20世纪的关键技术思想以及形成这些思想的工程师创新者的故事。

目　录

第一章
河流与地区

第二章
田纳西河流域管理局

第三章
高速公路与摩天大楼

第四章
核　能

第五章 喷气发动机和火箭

第六章 晶体管

第七章
微芯片

第八章
计算机和互联网

第一章

河流与地区

1865年之后，美国开始从一个农业国家逐步转变为一个城市化和工业化的国家。到1920年，大多数美国人已经不再生活在农场里。[1] 1920年的大型私营工业仍然是那些在19世纪中叶兴起的行业：农业、纺织业、铁路、电报、采矿和炼铁。19世纪末和20世纪初，在这些行业的基础上，大型私营工业又增加了钢铁制造和钢结构、机动车制造、炼油和化学制造、为电灯和电气设备供电的电力以及电话网。航空飞行和无线电传输刚刚开始。铁路和河流仍然承担着美国的大部分货运业务，但到了20世纪20年代，机动车已经取代了马匹用来运送人员和货物。机动车需要更好的道路和桥梁，而不断发展的城市也需要新的水和能源供应。[2]

1920年之前，由桥梁、道路和供水组成的公共基建工程已经在美国的城市和城镇发展起来，就像天然气供应和后来的电力供应一样。但在1920年之后，公共基建工程的规模更大、更可见，因为土木工程师们开始用铺设的公路、大跨度的桥梁、大型的水电控制和电力工程来重塑美国。美国垦务局

（Bureau of Reclamation）和美国陆军工程兵团（US Army Corps of Engineers，简称“工程兵团”）修建了大坝，以控制洪水泛滥、改善内陆航行和提高发电供应量。西南部科罗拉多河上的胡佛大坝（Hoover Dam）是这些公共基建工程中最突出的工程，其高度是在此之前的最高的大坝的两倍。随后，密西西比河以西的三个地区相继修建了大坝：加利福尼亚中央谷地、太平洋西北部的哥伦比亚河以及北部平原的密苏里河。

为政府工作的或者与公共事业机构签订了合同的土木工程师建造了这些水坝，用来控制和扩大供水量，生产水电能源，同时也解决了一部分失业问题。新的水坝破坏了原来河流的自然生态系统。在美国的干旱地区，水库蓄水依赖于降雨。然而，对当时的社会来说，这些弊端比起大坝所起到的作用就显得微不足道了。

一、水与国家发展

19 世纪，美国的饮用水和卫生用水成为公众日益关注的问题。到 19 世纪末，城镇已经开始在当地进行投资，将附近河流的水进行蓄积、过滤，并输送到家庭和工作场所。[3] 1919 年，马里兰州的一位工程师阿贝尔·沃尔曼（Abel Wolman）通过实验证明，添加少量的氯可以大大改善巴尔的摩城市供水的质量。纽约、芝加哥和其他城市也采纳了他的建议，该建议逐渐成为全国的标准做法。[4]

通过水路也可以进行运输。美国密西西比河以东和太平洋西北地区降雨量丰富，平原各州的降雨量较少，西南部的降雨量也很少。密西西比河及其两条主要支流——密苏里河和俄亥俄河——流经东部的阿巴拉契亚山脉和西部的落基山脉之间的区域（图 1.1）。从这两座山脉向东和向西流淌着许多河流，较大的河流可以在内陆流淌数百英里。[5]

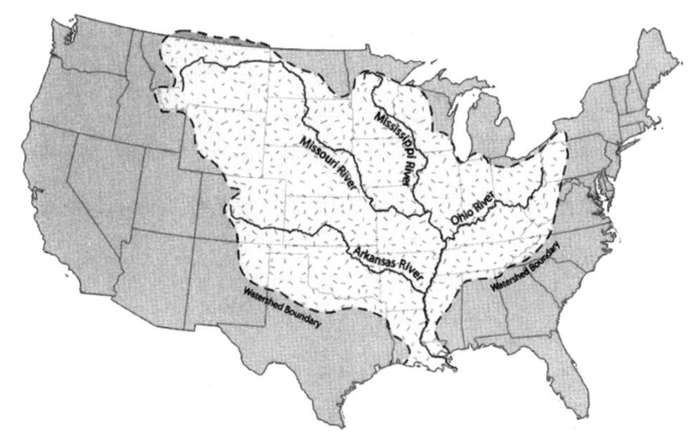

图 1.1　密西西比河流域

资料来源：美国国家公园管理局。

1807 年，罗伯特·富尔顿（Robert Fulton）在纽约州的哈德逊河上试航成功后，蒸汽机船沿密西西比河而上，打通了美国中部的交通和贸易。河水也为新英格兰的纺织制造业提供了动力。1865 年之后，铁路成为美国运输的中流砥柱，但谷物和其他大宗货物还继续通过驳船和轮船运输。乔治·威斯汀豪斯（George Westinghouse）在 19 世纪 90 年代开创了利用水力发电的先河。当时，他在尼亚加拉大瀑布附近安装发电机，将电力输送到了 20 英里①外的纽约州布法罗。水力发电由此得到了推广。[6]

两个联邦机构影响了全国的水利工程。1824 年，国会授权

① 1 英里≈1.61 千米。

工程兵团管理国家的通航河流和水道。工程兵团在密西西比河沿岸修建了防洪堤（用土筑起的堤坝），并清除了河中的天然障碍物，如沙洲。工程兵团还对通航河流上的桥梁高度进行了调整，以确保桥下有足够的空隙，并在19世纪末开始修建船闸和水坝。长久以来，运河一直使用船闸，这些船闸可以蓄积水或被排空，使船只上升或下降。1885年，工程兵团开始在俄亥俄河上建造一系列大坝。通过控制水坝上的船闸，船只可以升高或降低，以方便其向上游或下游航行。20世纪初，工程兵团也开始在密西西比河上游修建大坝。[7]

另一个联邦机构则不同。1902年，美国内政部（Department of the Interior）成立了垦务处（The Reclamation Service），1923年改名为垦务局，为密西西比河以西各州的小农场提供灌溉用水。受益者是拥有160英亩①或更少土地的农场主，他们需要支付建造蓄水水坝的费用。垦务局在西部修建了一些灌溉大坝，但事实证明这些小农场主无力支付这些费用。直到20世纪30年代，在联邦政府为大型水坝提供新的资金之前，该局一直在努力寻找自己的定位。[8]

二、科罗拉多河协定

20世纪水坝建设的一次大飞跃始于美国西南部，这个干旱的区域的地形以沙漠和峡谷为主，只有一条大河从中穿过——科罗拉多河。科罗拉多河起源于科罗拉多州的山区，支流分布在怀俄明州、新墨西哥州、犹他州和亚利桑那州，向西南流去，将内

① 1英亩≈0.40公顷。

华达州、加利福尼亚州（简称“加州”）与亚利桑那州分割开来，然后进入墨西哥，最后汇入加利福尼亚湾（图 1.2）。科罗拉多河穿过一系列深邃的峡谷，其中之一便是壮观的亚利桑那州大峡谷。在沿河修建水坝之前，该河在河口的流量是每秒 22 000 立方英尺①，这种流量也说明了该地区的干旱状况。密西西比河的流量是每秒近 600 000 立方英尺。[9]

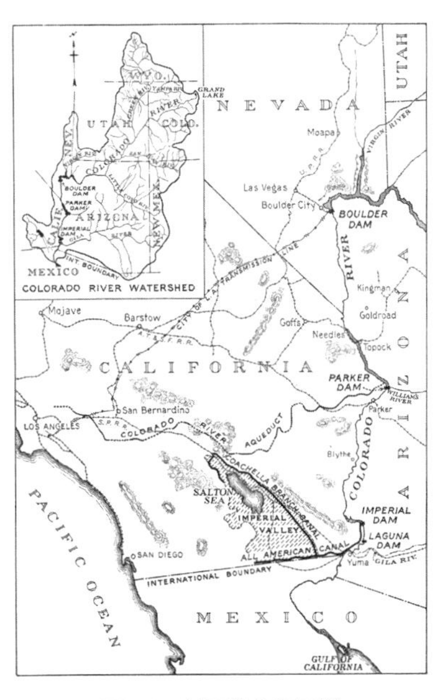

图1.2　科罗拉多河下游

资料来源：美国垦务局。

注：包括 1941 年的帝王谷和科罗拉多盆地。胡佛大坝当时被命名为“博尔德大坝”。

直到 20 世纪，水资源的缺乏限制了美国西南部的现代化。1900 年，一家私营公司开始治理科罗拉多河，以灌溉加亚南部的沙漠。这家公司在墨西哥边境挖了一条短运河，称为“索尔顿沟渠”，将河水引入一条干涸的天然河道流入美国，然后再从较浅的沟渠将水引到数百平方千米的沙漠。这家公司将美国境内一侧的灌溉土地改名为“帝王谷”（图 1.2），并修建一条铁路吸引农民来开发。然而，在 1904—1906 年的洪灾中，科罗拉多河摧毁了当时设计简单、建造粗糙的灌溉工程，淹没了新的农田。到 1907 年洪水被控制住时，该地区最低处已成为一个永久

① 1 立方英尺≈0.03 立方米。

性的湖泊，现在被称为“索尔顿海”。[10]

南加州不断发展的城市也需要水。洛杉矶的选民在1905年投票通过了使用在水务工程上的资金，这个措施使该市的水务工程师威廉·穆赫兰（William Mulholland）能够在南部内华达山脉东北部的欧文斯河谷购买私人农田。为了将欧文斯河（Owens River）的水引到233英里外的山地和沙漠，穆赫兰在1913年修建了一条输水管道，使洛杉矶的供水量增加了10倍。该市1900年的人口为102 479人，1910年增至319 198人，1920年增至576 673人；到1930年，人口又增加了1倍以上，达到1 496 792人。1920年之后，为了寻找更多的水源，洛杉矶开始寻求修建一条通往科罗拉多河的水渠的方法。[11]

加州对水资源的需求让科罗拉多流域的其他州感到震惊，其他州的城镇和农民不希望他们的邻居把所有的河水引走。1922年11月24日，在新墨西哥州的圣达菲，美国商务部部长赫伯特·胡佛（Herbert Hoover）使得科罗拉多河流域七个州，达成妥协，签定了《科罗拉多河协定》（*The Colorado Compact*）。各州同意分配河流的使用权，上游的怀俄明州、科罗拉多州、犹他州和新墨西哥州将获得与下游的内华达州、亚利桑那州和加州同样多的供水量。协议后来将这些份额按州进行了细分。亚利桑那州不接受分配给它1/3的下游流量，宣布退出协议，而加州则得到60%的份额。后来在1963年，亚利桑那州最终接受了38%的份额，当时国会同意建设一个新的渠道系统，即亚利桑那州中部项目（The Central Arizona Project），从科罗拉多河向该州供水。作为1922年协定的一部分，联邦政府拥有科罗拉多河下游的土地，也承诺在科罗拉多河下游建造一座大坝。该大坝将控制洪水，供水用以灌溉和其他用途，南加州（作为主要受益者）将承担该大坝的建造费用。[12]

1928年，洛杉矶和周边地区成立了一个新的公共机构——大都会水务局（The Metropolitan Water District），获得授权征税修建一条通往科罗拉多河的运河。大都会水务局说服国会通过了《博尔德峡谷工程法案》（*Boulder Canyon Act*），授权联邦政府修建大坝，并在墨西哥边境的美国一侧修建一条运河，为帝王谷供水。总统约翰·卡尔文·柯立芝（John Calvin Coolidge Jr.）在1928年12月签署了该法案，使其成为法律。[13] 事实上，大坝确实选了一个好位置，叫黑峡谷。1930年，内政部长将这一未来的工程命名为胡佛大坝。

三、设计胡佛大坝

垦务局接到了建造胡佛大坝的任务，并在20世纪20年代初开始了设计工作。该局决定用混凝土来建造大坝，但在设计上出现了两种截然不同的方案。一种是工程师们称为重力坝的方案，依靠质量或重量来阻挡水的流势。重力坝需要大量的混凝土。另一种是拱形水坝方案，以其形状或形态来减缓水势。拱形墙可以通过将水流的水平力传给两边的岩壁来阻挡水流，就像拱桥将其垂直重量和交通重量传给桥墩一样。与重力坝相比，拱形坝所需的材料要少很多，却能起到同样阻挡水流的作用。[14]

胡佛大坝的拱形设计对于当时的垦务局来说，是一个非常激进的想法。不过该局曾设计过一些较小的重力坝，并以一定的曲率来增加强度。1924年，该局的总工程师弗兰克·韦茅斯（Frank Weymouth）完成了胡佛大坝具有一定拱形曲率的重力设计

（图 1.3）。这个曲率不是必需的，因为巨大的重量就能保证大坝的安全。大坝设计的激进之处在于它前所未有的规模和建造速度。一个年轻的工程师——约翰 · L. “杰克” · 萨维奇（John L. “Jack” Savage）（图 1.4）——接替了韦茅斯的工作，并在接下来的 5 年里对设计进行了改进。[15]

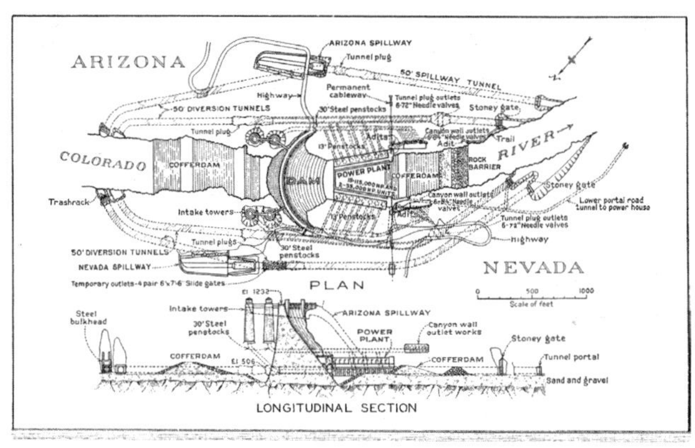

图1.3 胡佛大坝的设计

资料来源：美国垦务局。

图1.4 约翰 · L. “杰克” · 萨维奇

资料来源：伯克利 · 莱森工作室。

到 20 世纪 20 年代，土木工程师们已经掌握了如何设计重力坝——其中上游侧几乎是垂直的，而下游侧的坡度较平。这种形状可以理解为上游坝壁和坝基形成的是一个直角三角形。工程师们还了解了大坝需要抵抗的主要力量，主要是水压在大坝上所产生的倾覆力，还有一个较小的向上的压力，称为上浮力，这可能是大坝下的渗水引起的。利用一些公式（专栏 1.1、专栏 1.2 和专栏 1.3），工程师可以确定重力坝需要多少混凝土来抵挡坝后面的水并保证安全。[16]

专栏 1.1　胡佛大坝：水平力

混凝土重力坝的外形近似三角形，上游面与坝基（B）成直角形成坝高（H）。

水的密度为 62.4 磅 / 立方英尺①，在坝基处施加的最大压力（$P_{w\,max}$）等于水的密度 × 坝的高度（英尺）。对于胡佛大坝，$P_{w\,max}$ =（62.4）（726）= 45 302 磅 / 平方英尺②。为简单起见，可以表示为每平方英尺 45.3 基普（kips）③。一个基普，是 1 千磅的简称，相当于 1 000 磅。

上游面的总水压称为坝上水平力（F_H）。从坝顶延伸到坝基，宽 1 英尺④、深 1 英尺的坝体上，水平力等于坝基最大水压 × 坝高，除以 2。

$$F_H = (P_{w\,max})(H)/2$$

$$F_H = (45.3)(726)/2 = 16\,444 \text{ kips}$$

水平力是工程师在设计大坝时必须计算的两个主要力之一，另一个是垂直力（专栏 1.2）。

---

① 1 磅 ≈0.45 千克，1 立方英尺 ≈0.03 立方米。

② 1 平方英尺 ≈0.09 平方米。

③ 1 基普 ≈4.45 千牛。

④ 1 英尺 ≈0.30 米。

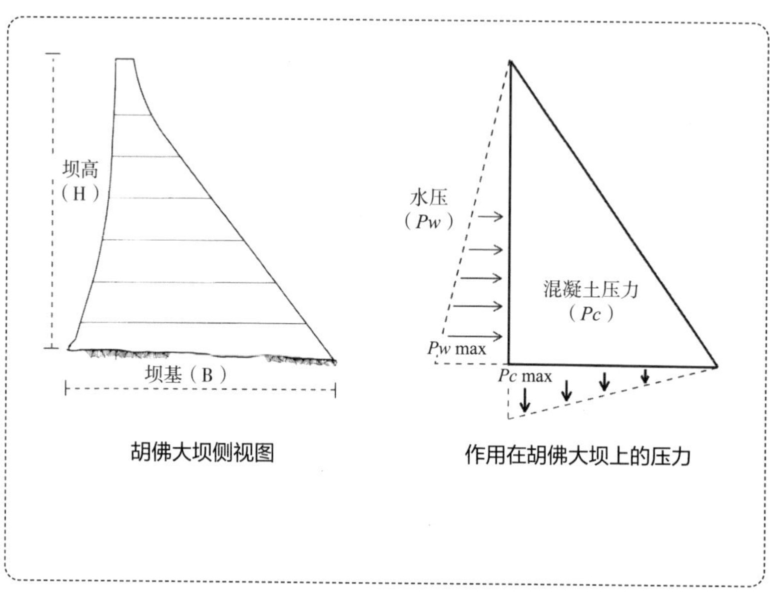

胡佛大坝侧视图　　作用在胡佛大坝上的压力

资料来源：胡佛大坝的尺寸来自博尔德峡谷工程的最终设计。水平力的公式来自戴维·P. 比林顿和唐纳德·杰克逊所著《新政时代的大坝》。

专栏 1.2　胡佛大坝：垂直力

胡佛大坝侧视图　　作用在胡佛大坝上的压力

胡佛大坝使用的混凝土密度约为 155 磅 / 立方英尺，混凝土施加的最大压力（$P_{c\,max}$）在基座与上游面相接处。在这一点上，也就是所谓的坝基，垂直压力（混凝土的重量）等于混凝土的密度 × 从坝基到下游端（或称坝头）以英尺为单位的测量值。对于胡佛大坝，从坝基到坝尖的基座为 660 英尺，$P_{c\,max}$ =（155）（660）=102.3kips / 平方英尺。

混凝土对坝基的总压力称为坝内垂直力（F_V）。在一个英尺宽的片上，这等于混凝土的最大压力 × 基础长度除以 2。

$$F_V = (P_{c\,max})(B)/2$$

$$F_V = (102.3)(660)/2 = 33\ 759\ \text{kips}$$

通过了解大坝的水平力和垂直力，设计工程师可以计算出对大坝安全至关重要的旋转力和阻力（专栏 1.3）。

资料来源：胡佛大坝每立方英尺混凝土的密度来自《大石峡谷工程最终报告》。垂直力的公式取自比林顿和杰克逊所著《新政时代的大坝》。

专栏 1.3　胡佛大坝：抗倾覆性

混凝土重力坝的主要危险是水的水平力引起的下游方向的旋转倾覆力。上游方向一个小得多的力——上浮力，也会破坏基础，使其向后滑动。下游旋转力被称为翻转力矩（M_O），等于水平力（F_H）× 高度（H）乘以 1/3。

在胡佛大坝中，F_H = 16 444kips，H = 726 英尺，得出的数字是以千英尺磅为单位的，或称英尺基普。一个英尺磅是指在 1 英尺的距离上，在力的推动方向上，有 1 磅的力。

$$M_O = (F_H)(H)(0.33)$$

$$M_O = (16\ 444)(726)(0.33) = 3\ 939\ 653\ \text{英尺基普}$$

大坝将通过一个相反的反应来抵抗旋转，称为阻力矩（M_R），等于垂直力（F_V）× 基础（B）×2/3。在胡佛大坝中，F_V=33 759 基普，B=660 英尺。

$$M_R = (F_V)(B)(0.66)$$

$$M_R = (33\ 759)(660)(0.66) = 14\ 705\ 420 \text{ 英尺基普}$$

通过以 M_R / M_O 比率为 3.73 来设计大坝，工程师们给胡佛大坝提供了接近其需求四倍的抗倾覆能力，这也足以抵消使大坝上浮和基座横向滑动的力。

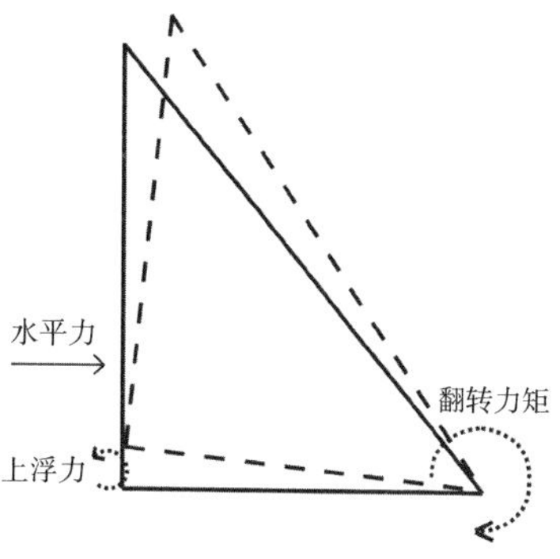

资料来源：戴维·P. 比林顿和唐纳德·杰克逊所著《新政时代的大坝》。

然而，1928 年 3 月 28 日晚上，一个刚刚完工的小曲率重力坝——圣弗朗西斯大坝（St. Francis Dam，位于洛杉矶西北 40 英里）——倒塌了。这成为了 20 世纪美国工程史上最大的事故。一面水墙呼啸着冲下一个 50 英里长的山谷，最终冲进了太平洋，导致超过 400 人死亡。这一事故使人们对胡佛大坝的设计产生了怀疑。但是对圣弗朗西斯大坝事故的调查结果认为，事故是威廉·穆赫兰的设计中有问题的地基和其他缺陷导致的，而不是拱形这一设计导致的。一批工程师检查了胡佛大坝的最终设计，并要求增加一些混凝土以使大坝的地基更宽。垦务局工程师杰克·萨维奇本可以拒绝再增加混凝土，因为最初的设计已经使用了 4 倍于安全所需的混凝土的量。[17]

四、建造胡佛大坝

胡佛大坝的建造计划要求在峡谷壁内挖掘四条隧道，科罗拉多河两岸各两条，每条隧道长约 3/4 英里，直径 50 英尺。挖掘这些隧道是为了使河流改道，以便在干涸的河底架设结构。大坝将高出基岩 726 英尺，是以往普通大坝的两倍，基座从后到前是 660 英尺，坝基在顶部逐渐缩小，从后到前是 45 英尺，宽度足以铺设一条道路。大坝的坝顶长度，即从峡谷一壁到另一壁的弧形坝顶长度，将达到 1 282 英尺。河流改道后，工人们将用混凝土筑起大坝。[18] 20 世纪的新工艺造就了这样的工程：现代的混凝土制造方法，运用电力来控制缆绳和灯光，由内燃机或电力驱动庞大机器。大坝建成后，将拦蓄形成一个长 115 英里、深 585 英尺的湖泊。

勘察现场并制定详细的建设方案后，垦务局于 1931 年 3 月向私人承包商招标，中标价为 4 880 万美元（相当于 2010 年的 7 亿美元），中标公司是一个被称为“六家公司”的西方企业联盟，包括莫里森·库努森（Morison Knudsen）大坝建设公司、柏克德工程公司（Bechtel Engineering Company）和久负盛名的工业企业家亨利·凯泽（Henry Kaiser）。1931 年夏天，大坝开始施工建设。为获得中标书，“六家公司”联盟曾求助于一位著名的建筑工程师法兰克·高尔（Frank Crowe），并在之后聘请他为建设胡佛大坝的工程师。[19]

高尔于1905年从缅因大学土木工程专业毕业后，加入了垦务处（后更名为垦务局），在美国西部修建水坝近20年，他以按时完工和低于计划的成本赢得了声誉。1924年，更名后的垦务局决定将大坝建设承包给私人公司，高尔当时正在爱达荷州的莫里森·库努森公司任职，并与他的技术工人团队一直从事着建造大坝的工作。20世纪20年代末，随着建造胡佛大坝的计划越来越近，高尔认为这个工程项目应该是属于他的。他后来回忆说："我疯狂地想建造这座大坝。"他的声望和信誉帮助"六家公司"联盟获得了合同。[20]另一位缅因大学的毕业生，高尔在垦务局的同事沃克·杨（Walker Young）在1924年后留在垦务局，并在胡佛大坝上担任监理工程师，以确保大坝建设符合要求（图1.5）。[21]

图1.5　沃克·杨（左）和法克兰·高尔（右）

资料来源：美国垦务局。

胡佛大坝是法克兰·高尔职业生涯中最具挑战性的工程，合同要求他在短时间内完成。如果在1933年10月1日之前不能完成引河隧道工程，"六家公司"联盟就会每天损失3 000美元，整个工程则必须在1938年3月之前完成。高尔需要招募新的工人来补充施工队伍，在为工人建成工地住房之前，大坝建造工程就于 1931 年春天开始了。工地上的生活条件非常简陋，工人们住在帐篷或棚屋里，白天温度达到 120 ℉①，水和食物都很缺乏。在一群工人罢工抗议后，高尔不得不在经济大萧条不断加剧的情况下重新雇用其他愿意接受这份工作的工人。但到了 1931 年秋天，大坝工人们终于住进了有空调的房间，得到了淡水、充足的膳食和医疗服务。[22]

第一年，主要工作是开挖四条引水隧道。高尔让工人们分三班，每班 8 小时日夜不停地在隧道里工作。开凿隧道需要用炸药爆破岩石，清理碎石后再爆破，每次只能前进几英尺。一位工人回忆说："高尔如果不在办公室，就在大坝下面。哪怕凌晨两点看到他在下面四处观察，我也不会感到惊讶。"[23] 随着隧道向深处挖掘，机动车发动机排出的废气损害了里面的一些工人的健康，但工程继续向前推进。到 1933 年初，隧道已经全部挖通，并铺上了混凝土（图 1.6）。当工人们把隧道挖到岩石深处时，另一些被称为"定高标尺工"的工人则在进行着更危险的工作：他们钻孔凿除石块来修整峡谷壁，使其表面更加坚硬和光滑，以便与未来的大坝相连接（图 1.7）。[24]

随着大坝修建工作的进行，美国经济陷入低谷。从 1929 年股市崩盘到 1933 年初美国的银行系统崩溃，工业生产减少了一半，全国失业人口达到 1/4。富兰克林·罗斯福（Franklin Roosevelt）在 1932 年赢得了美国总统大选，他承诺为美国人民实施新政，由联邦政府出资建设新的公用工程来促进经济复苏。1933 年 3 月就职后，罗斯福肯定了胡佛大坝对国家的重要性。

---

① 华氏温度（F）= 摄氏温度（C）×1.8+32。

为了不将功劳归于胡佛总统，罗斯福政府的内政部长将大坝改名为博尔德大坝。[25]

图1.6　引水隧道

资料来源：美国垦务局。

图1.7　悬崖上的定高标尺人员

资料来源：美国垦务局。

1933 年春天，高尔在河的上游筑起了一道临时屏障，即“围堰”，将科罗拉多河分流到引水隧道，而下游一侧的围堰则将科罗拉多河的水流拦阻在下游，防止回流。这道屏障可以让施工人员将河底挖掘到基岩。6 月，施工人员开始为大坝主体铺设混凝土，将沙子、砾石和水泥混合在一起，在硬化之前将其倒入巨大的木箱（模具）中（图 1.8）。混凝土在凝固时会释放出热量，管道将冷水引入每个木箱，加速冷却以防形成裂缝。混凝土凝固后，施工人员拆除的模具木板缝隙都用称为“灌浆”的水泥搅拌物密封，管道也被灌上灌浆料密封。[26]

由于大坝修建的高度超过了起重机所能达到的高度，高尔利用他早期在建造大坝时的一项创新——一条空中索道，可以运载 6 吨的巨量混凝土，浇灌到下方的木板模具里。高尔雇用的施工人员工作非常谨慎，每月的混凝土浇筑量从 1933 年 6 月的

28 000 立方码①提高到了 1934 年 3 月的 262 000 立方码。1935 年 2 月竣工时，工程比计划提前了 18 个月完工，大坝的混凝土量为 3 251 000 立方码（图 1.9）。1935 年 9 月 30 日，罗斯福总统为大坝举行了落成典礼。[27]

图1.8　胡佛大坝的混凝土浇筑

资料来源：美国垦务局。

图1.9　1941年的胡佛大坝

资料来源：美国国家档案馆。

把河水引至洛杉矶的最佳方案是从科罗拉多河南面的一个地方，即亚利桑那州帕克附近引出。1938 年，南加州大都会水务区在这里完成了一项较小的水利工程——帕克大坝，并修建了连接大坝和洛杉矶地区的 242 英里长的输水管道。胡佛大坝提供了从帕克大坝后面的水库抽水所需的电力，水库经过山脉和平原将水输送到洛杉矶。在更远的南方，亚利桑那州尤马的一座低坝，垦务局的工程师在墨西哥边境修建了一条新运河供水。新运河将科罗拉多河与帝王谷以及附近的科切拉谷连接起来。这些大坝建成后，南加州沙漠地区就可以顺利地进行农业生产了。1938 年，胡佛大坝的发电站也开始通过新建的输电线路向洛杉矶输

① 1 立方码 ≈0.76 立方米。

送电力，1941 年通向洛杉矶的科罗拉多水渠开始供水。1947 年，共和党占多数的国会将博尔德大坝改回今天的名称——胡佛大坝。[28]

尽管胡佛大坝在整体设计上不具有颠覆式的创新性，但它在建设上取得了突破性的成就，同时胡佛大坝的高度也是前所未有的。在加州中央河谷、太平洋西北地区和密苏里河流域的其他工程上，土木工程师还遇到了不同的挑战。这些工程共同重塑了美国密西西比河以西的风貌。

五、中央河谷工程

中央河谷长 450 英里，从其中流出了两条河流至加州内陆。萨克拉门托河发源于毗邻俄勒冈州边界的山区，流向州府萨克拉门托南部的三角洲，在那里与从内华达山脉向北流到弗雷斯诺附近的圣华金河汇合。这两条河流随后流入旧金山湾。中央河谷 2/3 的降水量都集中在河谷北部，经常造成萨克拉门托河泛滥，而圣华金河和南部河谷的雨水却很少。1923 年，加州水务工程师发布了一份报告，敦促在北部修建水库和渠道，以防控洪水泛滥，并将多余的河水引入南部。到了 20 世纪 30 年代初，这些想法已经形成更加全面的方案：在每条河流的源头附近修建大坝，灌溉北部和南部山谷并发电。1937 年，罗斯福政府指定垦务局建造和运营这两座水坝，作为中央河谷工程的一部分（图 1.10）。[29]

北部的大坝被称为沙斯塔大坝（Shasta Dam），因为附近有沙斯塔山，会拦截萨克拉门托河。法克兰·高尔同意为太平洋承包商工程公司建造沙斯塔大坝，该公司赢得了合同。沙斯塔大坝也是由杰克·萨维奇设计，这是另一个巨大的混凝土重力结构，这个大坝只有一个略微弯曲的拱形。高尔于1938年7月开始投入建造工作。沙斯塔大坝于1945年竣工时，总共浇灌650万立方码的混凝土，其体积大于胡佛大坝。沙斯塔大坝的高度为602英尺，坝顶长度为3 460英尺，是胡佛大坝长度的两倍。

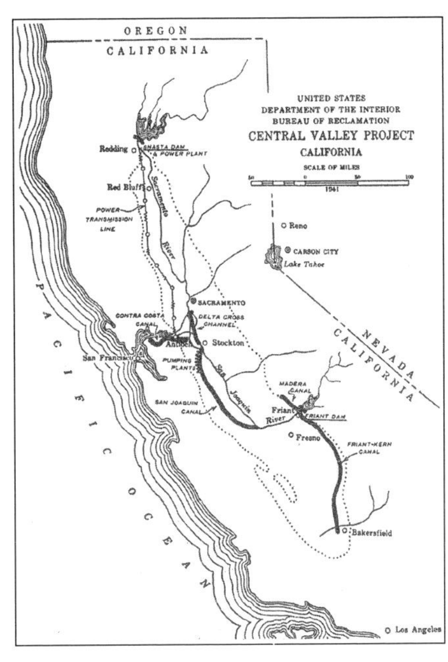

图1.10　中央河谷工程地图

资料来源：美国垦务局。

在圣华金河的源头，南部大坝——弗里恩特大坝（Friant Dam）——的工程也于1938年7月开始动工。洛杉矶的两名承包商将大坝建成了一个非弯曲的混凝土重力结构，坝顶长度几乎与沙斯塔大坝一样，但高度只比沙斯塔大坝高319英尺，原因是弗里安特大坝并不像沙斯塔大坝那样具有水力发电功能（为了节省经费，发电需要大坝后面储有更大的水量）。弗里恩特大坝于1942年完工。运河从大坝向北、向西、向南延伸，向圣华金河谷输送灌溉用水。[30]

大坝、运河和泵站使中央河谷的农业得到快速发展，还包括南部由科罗拉多河水供应的山谷，加州现在可以为全国供应50%的水果和蔬菜。但在河谷里新引入水引起了不可预见的社会变化。垦务局最初的目标是向独立的小农场供水，但灌溉用水供应的充足提高了土地的价值，鼓励了大农场经营者买断小土地所有者。大农场主雇用了较贫穷的墨西哥籍和美籍墨西哥裔劳工，这使得加州的水利工程不仅减轻了农村的贫困，而且产生了意想不到的效果。联邦政府对 160 英亩或以下农场的用水限制没有得到执行。[31]

20 世纪 40 年代和 50 年代，加州的城市和郊区呈爆炸性发展，非农业需求用水量增加了。20 世纪 60 年代，在一个被称为"加州水利工程"（California State Water Project）的项目中，州政府在萨克拉门托河支流奥罗维尔修建了一座水坝，用以在北部蓄积更多的水，并向南部一系列新的运河和水库供水。加州的人口从 1920 年的 340 万增加到 1970 年的近 2 000 万，而美国的总人口只从 1.02 亿增加到 2.03 亿。依靠政府国防开支的新工业如航空航天和电子工业，是人口增长的重要原因。但如果没有新的水利工程，加州不可能实现如此大规模的人口增长。[32]

六、哥伦比亚河

20 世纪 30 年代和 40 年代，联邦政府开始在太平洋西北地区的哥伦比亚河沿岸修建水坝。哥伦比亚河从加拿大的不列颠哥伦比亚省向南流入华盛顿州。一些支流，比如来自东部的蛇河（Snake River），与哥伦比亚河汇合，然后向西汇流，形成与俄勒冈州交界的一条支流，然后排入了太平洋（图 1.11）。与科罗拉多河不同的是，哥伦比亚河流经一个降雨量很大的地区，其河口的流量达到了每秒 265 000 立方英尺，是胡佛大坝修建之前科罗拉多河排水量的 10 倍以上。[33]

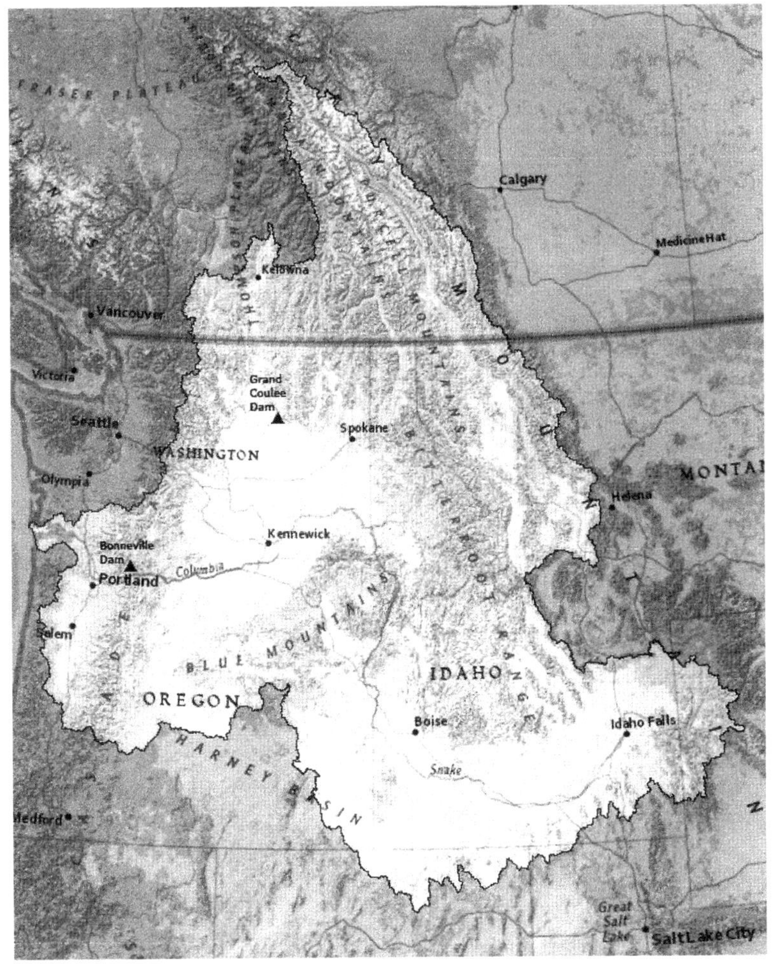

图1.11　邦纳维尔大坝和大峡谷水坝

资料来源：美国环境保护局。

为了利用这里的水力，工程兵团在哥伦比亚河上俄勒冈州波特兰以东 40 英里处的邦纳维尔修建了一座大坝，而垦务局则在该河上游的华盛顿州东部的大古力峡谷（Grand Conlee）上修建了一座大坝。为解决 20 世纪 30 年代美国的失业问题，每个州的参议员都同意，如果本州能建设一座水坝，也会支持另一个州建设一座水坝（俄勒冈州希望在邦纳维尔建设水坝）。罗斯福政府最初只计划投入低预算，把大古力峡谷大坝的功能设计成只用于灌溉，但工程界人士认为只设计这一个功能不划算。因而 1935 年，国会募集资金，在大古力峡谷建造了一座更高且可以发电的大坝。[34]

始建于 1933 年的邦纳维尔大坝是一座混凝土重力坝，建在河中心的两个岛屿之间，两边连接着岛屿和河岸。乔治·格德斯（George Gerdes）是中间溢洪道部分的设计师，他曾经以平民身份为工程兵团工作。格德斯没有将哥伦比亚河围堵住形成湖泊，而是将位于邦纳维尔的溢洪道结构设计成了一个低矮的“河道运行”大坝，一排闸门的坝顶长度为 1 450 英尺。春天，打开闸门可以让洪水涌入大坝，而在其他季节，可以闸门关闭，以保持足够为发电机供电的水位。大坝还使上游的卡斯卡德急流常年水量充足，这样远洋船舶在通过大坝旁边的导航闸后，可以向上游行驶。在围堰内清理出溢洪道结构的中心场地后，军队工程师在基岩上开出横向凹槽，以固定大坝的混凝土基座防止滑动，下游一侧的混凝土和挡板则防止溢水冲刷基座。主溢流坝完成后，各岛与岸线连接起来。该工程于 1937 年完工（图 1.12）。[35]

大古力峡谷上最终设计了一座高大的混凝土重力坝，能够蓄水用以灌溉和发电。垦务局将大坝的高度定为高出基岩 550 英尺，并建造了一个宽度为 450 英尺的基座。坝顶长度为 3 867 英尺，翼墙将坝顶长度增加到 5 223 英尺。杰克·萨维奇设计了这座大坝，他将主墙设计成一个没有任何弯曲的巨大的重力坝。与此前胡佛大坝不同，法克兰·高尔是在垦务局工程师沃克·杨的监理下建造胡佛大坝的，而监理大古力峡谷工程的垦务局工程师弗兰克·班克斯（Frank Banks）同时也负责建造。大古力峡谷大坝需要 1 200 万立方码的混凝土，足以容纳埃及吉萨的三座金字塔。工程始于 1933 年，1941 年完工（图 1.13）。[36]

图1.12　邦纳维尔大坝

资料来源：美国国会图书馆。

图1.13　大峡谷水坝

资料来源：美国国会图书馆。

邦纳维尔大坝和大古力峡谷大坝及时完工，为美国“二战”期间的生产力做出了超乎想象的贡献。飞机必须由铝制成，这种比钢铁还轻的金属需要大量的电力才能从铝矿中被提炼出来。为了冶炼矿石，电力必须采取直流电的形式，而直流电（与大多数家庭和工作场所使用的交流电不同）不能远距离传输。因此，铝制造商将冶炼厂设在西北太平洋的水坝附近以及全国其他能够就近发电的地方。[37]

然而，邦纳维尔大坝和大古力峡谷大坝无法控制哥伦比亚河下游的洪水。1948 年，在俄勒冈州波特兰被洪水淹没后，工程兵团的威廉·惠普尔（William Whipple）上校起草了一份总体规划，计划在哥伦比亚河及其支流上建造一系列新的水坝来控制洪水。一系列新的水坝于 20 世纪 70 年代基本建成，更有效地控制了哥伦比亚河的水流，并增强了发电能力，并使远洋船在哥伦比亚河和蛇河上可以航行远至爱达荷州的路易斯顿。[38]

20 世纪 50 年代和 60 年代，联邦政府通过 1937 年成立的机构——邦纳维尔电力管理局（BPA），管理邦纳维尔大坝和大古力峡谷大坝，使其为太平洋西北地区提供廉价的电力；1920—1970 年，该机构还向地区内的私营公共事业企业出售电力。华盛顿州和俄勒冈州的人口几乎增长了 3 倍，而整个美国的人口只增长了 1 倍。正是水力发电帮助该地区实现了人口增长。[39]

但是，太平洋西北地区修建水坝所带来的效益是以牺牲河流生态为代价的。20 世纪 30 年代，工程兵团就意识到，在哥伦比亚河上修建水坝会影响在其上游产卵的鲑鱼的迁徙。因而，工程兵团在邦纳维尔建造了鱼梯——这是一种阶梯式的水池，可以让沿河迁徙的鲑鱼绕过大坝。但这些工作还是未能阻止鲑鱼数量的大规模减少。水坝不是造成这种损失的唯一原因，但却是主要原因。近年来，联邦机构制订方案提高了洄游鱼类的存活率，但保护工作仍与该地区对大坝提供电力能源和水利建设的需求存在着矛盾。[40]

七、密苏里河

除了俄亥俄河，密西西比河最大的支流是密苏里河。它始于蒙大拿州，在圣路易斯附近与密西西比河汇合。密苏里河的水流量变化极大，低水位时驳船航行困难，而时常暴发的洪水又威胁沿河居民的生活。为此 1933 年，工程兵团开始在蒙大拿州的佩克堡修建大坝（图 1.14）。由于当地的地面由土而非岩石构成，工程兵团决定大部分使用土构筑大坝，因为土的黏性会更好。但与混凝土重力坝不同，土筑堤坝需要的材料量要大得多。

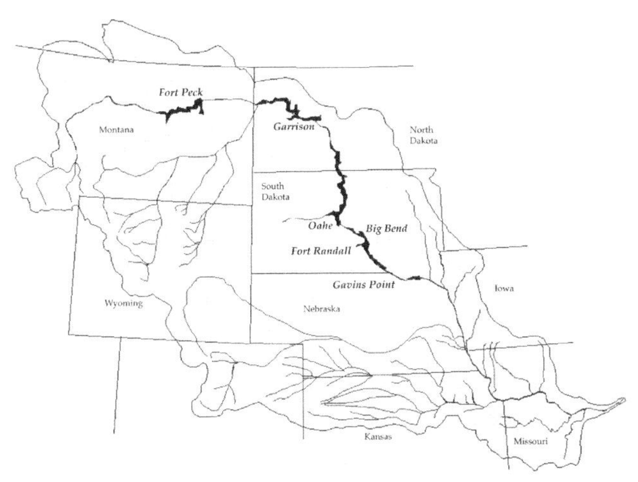

图1.14　密苏里河流域的六座“干流”大坝

资料来源：美国陆军工程兵团。

注：六座大坝分别为佩克堡、加里森、奥赫、大本德、兰德尔堡和加文斯角。

佩克堡大坝设计要求建造一个 2 英里长的堤坝，需要用 1.26 亿立方码的土堆砌，内部建有钢板墙，以防止水渗漏。旁边的泄洪道可以让河流绕过大坝，并调节下游的水位。大坝的设计高度为 250 英尺，要求高度每上升 1 英尺，其基座的宽度就增加 4 英尺。这座大坝所面临的挑战是要把 10 倍于大古力峡谷大坝所用的建筑材料运送到施工现场。工程兵团决定采用最新设计的施工方法——液压填土法，即从河底挖出泥浆和水，然后用管道输送到施工现场（图 1.15）。土壤力学工程师认为，这些泥浆干燥后，适合做土坝。1934 年，引河隧道（在软质页岩中挖掘）的工程

图1.15　使用抽水式液压填土加高佩克堡大坝
资料来源：美国陆军工程兵团。

很快就完成了，使得坝址可以用围堰清理，内板墙也可以上去。然后，工程兵团在上游疏浚河底，用管道将泥浆与水输送到施工现场。在大坝旁边，还修建了混凝土泄洪道和发电设施。[41]

1938 年 9 月 22 日上午，工程即将完工时，工人们发现大坝南端无法正常排水。下午 1 点 20 分，一位勘测员写道："我在安装时遇到了麻烦……当我注意到我脚下的地面有一条小裂缝时……几秒钟后，它就变得又深又长。"[42] 大坝的南端随后轰然坍塌（图 1.16 和 1.17）。勘测员幸免于难，但有几名工人遇难。随后，工程师们重新设计了大坝的坡度，使其宽度每隔 20 英尺高度就增加 1 英尺。工程兵团没有采用液压填土法，而是在两年后用卡车运来干土，用重型机动压路机压实，完成了大坝的建设（图 1.18）。[43]

"二战"期间，工程兵团和垦务局决定在密苏里河下游增建大坝。刘易斯·皮克（Lewis Pick）上校制定了修建几座用以控制洪水和进行水利发电的大坝的计划，而威廉·斯隆（William Sloan）领导的垦务局则计划在支流上修建一些小型水坝以促进灌溉。虽然是竞争对手，但两家机构在 1944 年同意相互支持，这样避免了再设一个独立的联邦机构来管控河流。"二战"后，工程兵团在北达科他州修建了加里森大坝（Garrison Dam），在南达科他州修建了兰德尔堡大坝（Fort Randall Dam），在密苏里河上又修建了三座大型干流大坝，而垦务局则在支流上修建了一系列小型工程。工程兵团用压路机压实的干土建造了这些大型大坝。[44]

图1.16　坍塌滑坡前的佩克堡大坝

资料来源：美国陆军工程兵团。

图1.17　坍塌滑坡后的佩克堡大坝

资料来源：美国陆军工程兵团。

图1.18　朝北方向的佩克堡大坝现状

资料来源：美国陆军工程兵团。

密苏里河即使建成了新的大坝也有不少争议。在河水流量小时，沿河农民希望大坝能蓄水灌溉农作物，而驳船和轮船船主则希望向河中放水，使河水深度能让满载谷物和其他货物的船只顺流而下。在大雨倾盆或大雪飘飞的年份，大坝管理者不得不排放水库的水，以防止因水库泄洪，给下游社区居民带来洪水灾害。但总的来说，这些大坝还是减轻了洪涝带给密苏里河沿岸生活的威胁，因为大型土坝控制了洪水，并为河流运输和灌溉带来了便利。

与太平洋沿岸各州不同的是，密苏里河流域的人口增长速度并不快。1920—1970 年，人口只增长了 30%，从 1 300 万增加到 1 700 万。由于平原上的农业大多是谷物种植，比加州的水果和蔬菜生产相对容易机械化。在“二战”期间和结束后，该地区并没有从联邦政府国防开支中获得多少支持。[45]

八、遗产和未来

虽然大坝建设始于 20 世纪 30 年代，但其规划始于 20 世纪 20 年代。胡佛大坝的规划始于 1922 年的《科罗拉多河协定》，而中央河谷项目则源于 1923 年的一项州倡议。哥伦比亚河和密苏里河上的大坝源于 1925 年的《河流和港口法案》（*Rivers and Harbors Act*），当时国会命令工程兵团对美国的主要河流进行调查，以评估其水力发电的潜力。这些被称为“308 报告”的调查为哥伦比亚河和密苏里大坝提供了初步的资料。[46]

但在 20 世纪 20 年代，联邦政府并没有计划建造大坝和发电设施；国会和联邦政府认为，如果这些投资值得，私营公共事业企业就会进行这些投资。然而，20 世纪 30 年代初的经济大萧条使得私人不可能进行如此大规模的投资。1933 年，联邦政府雄心勃勃地开始了胡佛大坝项目，一方面是为了缓解失业，另一方面是为了改善美国未来的公共基础设施。

20 世纪最伟大的大坝建设者法克兰·高尔是这个时代公共工程的代表人物。虽然垦务局和工程兵团进行了一些创新，但大坝的设计总体上是保守的。建筑工程师是创新者，高尔展示了如何以超乎寻常的速度进行规模空前的水利工程建设。虽然大坝建设所雇用的人员只占因经济大萧条而失业的人员的一小部分，但这些工程在经济低迷时期给国家带来了希望。

建设这些大坝在当时并非没有引起争议。私营企业接受了由联邦政府建设西部的大坝，因为私营企业还可以购买电力并转售给客户。[47] 但可悲的是，有几个大坝淹没了美国土著人祖先的土地，包括居住在沙斯塔大坝后面的温图人（Wintu）和加里森大坝后面的曼丹人（Mandan）、希达萨人（Hidatsa）、阿里卡拉人（Arikara）；虽然居住在大峡谷后面的科尔维尔（Colville）部落提出过抗议，但无济于事。[48]

到1940年，水电供应已占美国电力的1/3，并在1941年为“二战”时提供了急需的电力。“二战”后，电力需求的增长超过了现有水坝的供应能力，但美国建造的大型水坝的数量达到了极限。20 世纪后期，水电所占的份额下降到约占美国发电量的 9%。[49]

美国西南部的大坝依靠充足的降雨满足了水库的需求。到 20 世纪末，干旱使得胡佛大坝和其他大坝的水位下降。2017 年初，加州的奥罗维尔大坝（Oroville Dam）几乎坍塌。当时的情况是降雨异常，水量超出了警戒线，紧急泄洪通道面临了巨大考验。[50] 在接下来的几年里，大坝后面堆积的淤泥最终坍塌下来。胡佛大坝后面的水库——米德湖，泥沙淤积的速度也超过预期。[51]

为了减少淤泥堆积，给科罗拉多河流域上游各州储备更多的水——以备干旱时期使用，1956 年，垦务局决定在犹他州的科罗拉多河支流——绿河——上建造两座新的大坝。不过，因为建造这些大坝会使恐龙国家纪念公园被淹没，所以遭到了以塞拉俱乐部为首的环境保护主义者的反对。垦务局为达成妥协，同意取消大坝建设，塞拉俱乐部同意由垦务局在科罗拉多河上亚利桑那州的格伦峡谷（Glen Canyon）——一个更偏远的峡谷——建设一个新的大坝。格伦峡谷大坝的设计比胡佛大坝更接近拱形，与后者一样高，但坝基只占大坝面积的一半。该大坝于 1966 年完工，成为科罗拉多河蓄水工程的一部分，为上游各州供水。然而，如果西南部的降雨量不足，格伦峡谷大坝可能会被拆除，以使米德湖有充足的水源供应依靠胡佛大坝生活的大多数人口。[52]

20 世纪 30 年代，第三个联邦机构——田纳西河流域管理局利用水坝和其他措施，在东部一个水资源丰富但不富裕的地区营造了更加现代化和繁荣的生活。通过庞大的水利和电力工程，联邦政府促进了战后密西西比河以西地区的发展。田纳西河流域管理局的领导人试图以一种更直接的方式，利用公共工程来重构社会。

第二章

田纳西河流域管理局

美国东部的降雨量比密西西比河以西的各州要多，而且联邦政府在东部大河上的工程比西部大河上的少。1933 年，罗斯福总统和国会开始了一个雄心勃勃的计划——重建田纳西河流域。田纳西河流域是美国东部一个贫困的农业区，政府在此成立了一个新的联邦机构——田纳西河流域管理局（TVA），其主要任务是控制河水，使其更易于通航，改善河谷的土地使用方式，并为居民的生产生活提供水电。罗斯福希望 TVA 树立一个公共工程的榜样，成为一个不仅可以满足一个地区对水和电力的实际需求，还可以改善其生活方式的工程。

TVA 最初有三位负责人。土木工程师亚瑟·摩根（Arthur Morgan）监督田纳西河及其多条支流上的大坝建设；农业和林业专家哈考特·摩根（Harcourt Morgan）负责土壤和森林保护工作；律师和前公共事业管理者大卫·利连塔尔（David Lilienthal）创建了一个系统，使该地区人民负担得起电费。然而，其中两位负责人就该机构的社会愿景发生了冲突。亚瑟·摩根希望 TVA 成为一个小型且自给自足的机构，而大卫·利连塔尔希望TVA成为促进国家经济复苏的杠杆，并成为地区政府的榜样。1938年后，利连塔尔全面负责TVA，亚瑟·摩根被迫辞职离开。而由于“二战”，美国其他地区选择不设立类似的地区管理机构。TVA在“二战”后继续为田纳西河流域提供电力。为了满足战后的电力需求，该机构在50年代和60年代建造了新的电厂，使用煤炭和核能发电。然而，核电厂的运行煤炭开采和核电厂运营方式是有争议的，这些做法与早期TVA的改善土地使用的目的相冲突。TVA最初的负责人以各种方式尝试创建一个更好的社会模式，继任者也努力寻找地区电力需求与可持续生产方式之间的平衡。

一、亚瑟·摩根和迈阿密保护区

亚瑟·摩根出生于辛辛那提，在明尼苏达州的一个普通家庭长大。他由于体弱多病而显得性格孤僻，整日沉浸在书籍和思考中，认为社会需要进行渐进式的改革。他还迫使自己和周围的人都遵守高标准的道德操守，与其他改革者的冲突使他经常质疑对手的道德，这给他的生活带来困难。[1]

亚瑟·摩根因为负担不起大学教育的学费，早早就做了土木工程师的学徒。到1910年，他成了排水方面的主要专家，这是一个不需要他获得正式学位的专业。[2] 1913年3月，俄亥俄河的一条支流——迈阿密河（现在被称为迈阿密大河）——淹没了俄亥俄州西南部的城镇，包括代顿市（图2.1）。当地领导者聘请亚瑟·摩根为他们提供预防灾难的建议。亚瑟·摩根支持俄亥俄州议会授权该州周围的公共保护区管理河流和控制洪水的决定。迈阿密保护区于1915年成立，以治理迈阿密河，防止未来可能出现的洪水泛滥，摩根成为总工程师（图2.2）。[3]

图2.1　发生洪水的代顿市

资料来源：迈阿密保护区。

控制洪水的标准方法是在河流旁边修建起堤防或堤坝。1851年，国会通过委托开展了两项关于如何限制密苏里州吉拉德角以下的密西西比河洪水泛滥的研究。第一项研究的负责人土木工程师查尔斯·埃莱特（Charles Ellet）呼吁修建堤坝，还建议在河边修建排水口和河道，以分流洪水，将其逐步引入河中。埃莱特认为，堤坝会在河床上堆积淤泥，最终抬高河床。排水口和盆地将减少洪水泛滥的危险。[4]然而工程兵团的安德

图2.2　亚瑟·摩根

资料来源：安提阿学院奥利弗·凯特琳图书馆。

鲁·汉弗莱斯（Andrew Humphreys）上尉在另一项研究中得出了相反的结论。汉弗莱斯认为，埃莱特的提议不可行，将河流限制在堤坝之间将加速水流并冲刷河底，不会使泥土堆积，这是在浪费预算。同样，密西西比河沿岸的居民也不想为修建集水盆地而失去大量土地。南北战争结束后，负责防洪的工程兵团在密西西比河的一条支流上修建了堤坝。但是实际上，正如埃莱特所预言的那样，河床每年都在上升，这需要每年都加高加大堤坝，以容纳河流的洪水。[5]

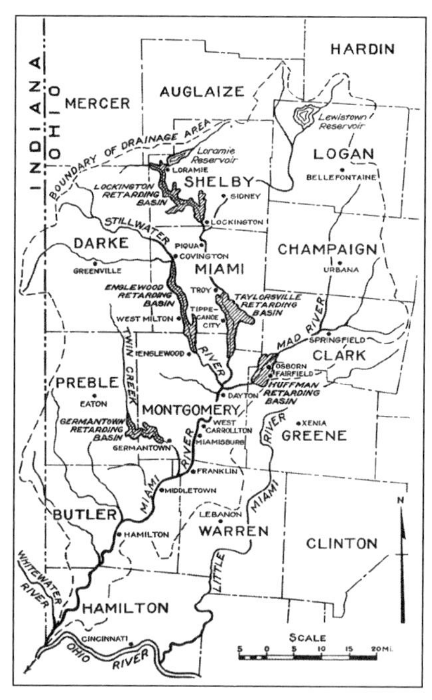

图2.3　迈阿密河和支流

资料来源：迈阿密保护区。

注：阴影区域表示可以暂时容纳并逐渐排放洪水的盆地。

亚瑟·摩根认为仅靠堤坝并不是防洪的关键。对于迈阿密河谷，他提议在多条支流上建造土坝，将盆地围在旱地上。每个大坝中的开口或管道使水流以正常速度流过大坝，但在暴风雨到来时，大坝将阻挡洪水，使水流降低到安全速度到达下游。迈阿密保护区接受了亚瑟·摩根的提议。[6]在州法院诉讼获胜后，该区从住宅和工业用地中获得了一些可以用于修建大坝和集水盆地的优质土地。亚瑟·摩根在该区组建了一个工程组织，雇用了2 000名工人。

1918—1922 年，这些工人在迈阿密河支流上建立了有着几条堤坝的土坝和盆地系统（图 2.3）。具有固定开口的大坝是一项创新，摩根拥抱了这项创新，他认为："应该探索每一种可能性，努力寻找还未实现的和意想不到的方法。"[7] 在后来的暴雨中，大坝和盆地收集洪水，然后逐渐排放洪水，从而防止灾难性洪水灾害（图 2.4 和图 2.5）。[8]

图2.4 施工期间的日耳曼敦大坝

资料来源：迈阿密保护区。

图2.5 日耳曼敦大坝出口

资料来源：迈阿密保护区。

在其存续期间，迈阿密保护区工程是美国最大的土木工程项目，吸引了许多人申请加入，亚瑟·摩根从中招募了一批有能力的工程师和工人。为了避免产生与工程相关的临时住房和社会问题，亚瑟·摩根为几个营地的工人（包括有家庭的人）建造了茅草屋。为了表现工人与雇主之间的合作精神，他让工人通过选举理事会来管理自己的临时社区。该社区还将部分土地卖回给农民，但保留在必要时将其淹没的权利。亚瑟·摩根认为洪水可以沉积肥沃的土壤，使农田受益，而其他地区则变成了公园。[9]

在担任工程师的同时，摩根还成为了一名教育家。1917 年，他在代顿设立了莫莱恩公园学校（Moraine Park School），使高中生可以自由设计研究项目并获得工作经验。1921 年，摩根成为位于黄温泉市附近安提阿学院的校长，他在这个学校引入了将学习与外部工作相结合并强调独立学习的课程。他还附设了一所小学，孩子们通过与教师共同参与学校治理来学习责任。作为一名教育家，摩根的目标是训练学生自强不息、积极进取，同时为社会服务并遵循高道德标准。[10] 20 世纪 20 年代，他在教育方面的成就引起了埃莉诺·罗斯福（Eleanor Roosevelt）的注意。她的丈夫富兰克林·罗斯福也被摩根的工程经验和理想主义吸引。1933 年，富兰克林·罗斯福成为美国总统后，开始寻找一名工程师来领导新的 TVA。[11]

二、田纳西河和威尔逊大坝

田纳西河始于田纳西州东部的阿巴拉契亚山脉，向西流入阿拉巴马州北部，又向北到达肯塔基州的帕迪尤卡，并与俄亥俄河汇合（图 2.6）。就在进入阿拉巴马州再次流入田纳西州之前，这条河是一条流速很快的急流，这条急流被称为“肌肉浅滩”（Muscle Shoals，指的是早先划艇逆流而上需要很大的肌肉力量）。1890 年，一条运河绕过了浅滩，但干旱和洪水的交替作用，使得这条河流难以通行，导致田纳西河流域与世隔绝。疟疾威胁着两岸，森林砍伐和土壤侵蚀也使该地区的农业状况持续恶化。因而，南部各州大多为农村和贫困地区，田纳西州山谷和南部阿巴拉契亚山脉的山谷是南部最贫困的地区。[12]

这种情况在 20 世纪初出现了一丝变化的曙光。田纳西河水位通过“肌肉浅滩”急剧下降，使该地成为一个潜在的水力发电的来源。而电力同样有利于农业，尤其是有机肥料的数量已不足以满足美国农业的需要，利用电化学的新工艺，可以制造无机硝酸盐取代有机肥料。当然，这些硝酸盐也可以用来制造炸药。第一次世界大战（简称“一战”）期间，美军硝酸盐依赖进口，并且供应可能会被削减。工程兵团雇用工程师休·林肯·库珀（Hugh Lincoln Cooper）在“肌肉浅滩”建造了一座大坝，为硝酸盐生产提供水电（图 2.7）。但这座以威尔逊总统的名字命名的大坝直到 1920 年才开始建造，1924 年才完工。哈丁总统（President Harding）提议将这座大坝出租给私营电力公司。但是，这个提议被由美国内布拉斯州参议员乔治·诺里斯（George Norris）领导的公共控制的倡导者阻止。后来，柯立芝总统和胡佛总统否决了诺里斯提出的议案，允许政府出售电力。[13]

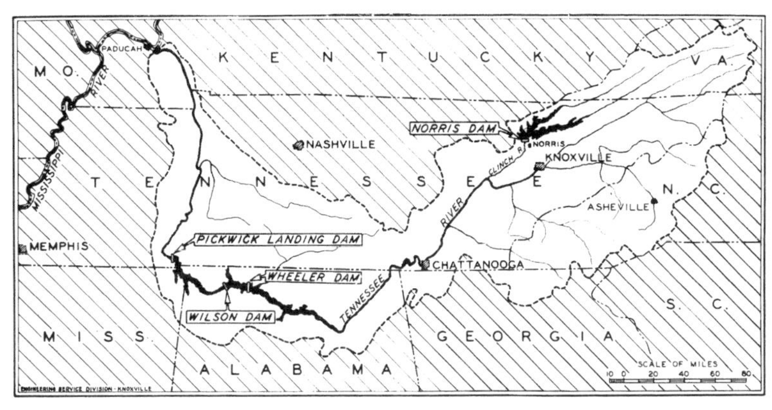

图2.6　田纳西河流域

资料来源：TVA。

注：显示了 20 世纪 30 年代 TVA 建造的威尔逊水坝和其他三个水坝。

在 1932 年的总统竞选中，富兰克林·罗斯福宣布，如果来自私营企业的电力有限或价格太高，联邦政府有权生产和分配电力。[14] 1930 年，约 1/4 美国人仍然生活在农场，且只有 10%的农民可以使用电力；而在居住于城市和郊区的人中，84%的人都可以使用电力。电力行业逐渐成为只有少数企业控制的行业。批评者认为，只有加大竞争电力价格才有可能下降，实现更大普及。罗斯福承诺就此问题进行改革。[15]

图2.7　下游视角的威尔逊水坝

资料来源：亚特兰大美国国家档案馆。

三、田纳西河流域管理局

在 1933 年 3 月就任总统后，罗斯福将田纳西河及其周边地区的开发列为优先工作。5 月 18 日，罗斯福签署了参议员诺里斯提出的创建田纳西河流域管理局的法案。不久后，该法案以其首字母命名为《TVA 法案》(*TVA Act*)。该法案要求 TVA 改善田纳西河上的航行状况，控制其流域的洪水，并管理在“肌肉浅滩”修建的大坝和两座生产硝酸盐的工厂。该法案还授权 TVA 建造新的大坝，并且可将自身不需要的电力出售给当地的居民。罗斯福希望 TVA 向居民收取电费的电价能形成与私营企业之间的竞争，这种竞争将促使后者降低电费并为更多人服务。该法案设立了一个由三位主管组成的管理委员会，并给 TVA 提供了 5 000 万美元的资金，在 1934 年又增加了 2 500 万美元。[16]

罗斯福上任总统后，立即邀请亚瑟·摩根担任 TVA 的主管及第一位主席。亚瑟·摩根请田纳西大学校长哈考特·摩根博士协助他的工作。哈考特·摩根是当地农业和粮食方面的专家，在 TVA 的三位主管中负责农业领域。同时，亚瑟·摩根任命威斯康星州公共服务委员会的律师大卫·利连塔尔为第三位主管，该委员会负责监管公共事业。威斯康星州是第一个在全州范围内对电力实行监管的州，而利连塔尔因他的小心谨慎而闻名全国（图 2.8）。[17]

经过一段初期混乱之后，管理委员会划分了他们的职责。哈考特·摩根负责改善农业和土地利用的工作；大卫·利连塔尔负责电力分配；亚瑟·摩根负责其他所有工作，主要包括新水坝的设计和建造。亚瑟·摩根计划的重点工作是建造一座多功能水坝：可控制洪

图2.8　第一任TVA管理委员会

资料来源：安提阿学院的奥利弗·凯特林图书馆。

注：从左到右：哈考特·摩根、亚瑟·摩根和大卫·利连塔尔。

水，方便航行并且可以实现发电。[18] 20 世纪 20 年代，工程兵团对田纳西河流域进行了勘测，以寻找有利于发电的地点，最后选择了位于田纳西州东部支流克林奇河上的科夫克里克。工程兵团认为只要大坝建成，就会有私营电力企业来购买电力。但直到罗斯福总统 1933 年上任时，该工程依旧未完成。TVA 决定完成科夫克里克工程并自主分配电力使用权。也许是为了调整对工程兵团的防洪理念，亚瑟·摩根要求垦务局重新起草科夫克里克工程的设计方案，但其结果与先前只有些许不同。亚瑟·摩根采纳了其方案，以参议员的名字命名为诺里斯大坝，并计划在 20 世纪 30 年代再建造四座大坝。[19]

为了建造这些大坝，亚瑟·摩根放弃了垦务局和工程兵团的惯常做法：由联邦工程师设计结构，与私营建筑商签订合同后进行建造，因为这种方法速度较慢。为了快速雇用人员并对工作有更密切的控制，他组建和部署了自己的工程师组织、领班和工人，就像早些时候在迈阿密工作时所做的那样。他招募了一些曾经在俄亥俄工程上工作过的工程师，并从全国各地招募了更多工程师。第一年，大约有 39 000 人加入，其中 9 173 人是在 1934 年 6 月被雇用的（图 2.9）。到 1935 年 6 月，雇员人数增至 16 457 人。在亚瑟·摩根的坚持下，《TVA 法案》将 TVA 从公务员法中脱离，从而可以更加方便地雇用专业人员，也就是说他可以根据技术背

图2.9 居民听TVA的招聘细则

资料来源：美国国家档案馆。

景而非政治背景来雇用工程师和经理。[20]

根据诺里斯大坝的设计，需要在克林奇河上建造一条笔直的（没有弧度的）混凝土重力坝。大坝的高度达到 265 英尺，坝底宽 208 英尺。长 1 570 英尺的混凝土墙外加一层土堤使大坝的总长达到了 1 860 英尺。混凝土墙中间的溢洪道允许水通过闸门流过大坝，闸门可以根据需要升高或降低。该大坝于 1935 年 7 月完工，用时 21 个月（图 2.10）。另外两个混凝土重力坝——惠勒大坝和皮克威克大坝——分别于 1936 年和 1938 年完工。而在额外的资助下，位于阿拉巴马州甘特斯维尔和北卡罗来纳州西部海沃西的重力坝则分别在 1939 年和 1940 年完工。5 个水坝的总成本为 87 044 451.21 美元。[21]

图2.10　诺里斯大坝

资料来源：美国国会图书馆。

威尔逊大坝以及新建的五座大坝使 TVA 能够自由调节田纳西河的水位，预防洪灾，并在低流量的时期排放更多的水，提高水位。这使得航行到诺克斯维尔成为现实，沿河的城镇可以与外界进行贸易。在不喷洒杀虫剂的情况下，工程师可以通过升高和降低水位，根除传播疟疾的蚊子的繁殖地。这些大坝的修建淹没了部分居民的土地，使得他们必须重新安置房屋和墓地，但是居住在田纳西河流域的大多数人都欢迎这项工程。[22]

TVA 建造的大坝也可以用来发电。每座大坝中的水通过压力管道到达大坝下游一侧的发电站，带动轴上的叶片涡轮机旋转。在每个轴的顶部，都有一个磁化的磁盘或转子在线圈中（定子）旋转。在定子中旋转产生的交流电被传输到变压器，变压器提高了远距离线路传输途中的电压，并在用户接收端的变压器降低至本地使用的电压（专栏 2.1、专栏 2.2 和专栏 2.3）。[23]

威尔逊大坝最早向外输送电力，该水电站发电量达到 184 000 千瓦，而 TVA 只需要其中 3/4 的电力就可以满足日常需求。在处理过剩电力时，《TVA 法案》优先考虑非营利机构，例如市政公共事业单位以及农业合作社。低电价使获得电力的居民能够购买和使用电熨斗、冰箱、收音机、水泵、洗衣机以及炊具（图 2.11）。1940 年，所有 TVA 的大坝的发电量都达到 970 000 千瓦，其中 38%的电量用于公共事业和农业合作社，另外 26%出售给工业制造，近 12%给私营单位进行转售，10% 用于其他项目，7% 在传输中消耗。此时，TVA 自身仅消耗所产总功率的 5%。1940 年，该河谷的近 40 万居民（约占该地区人口的 1/3）使用 TVA 输送的电力，其中有 45 000 名农民。[24]

哈考特・摩根没有利用威尔逊大坝附近的两座依赖硝酸盐工厂，而是通过鼓励农民将河谷中的农作物轮作，每隔一年以豆科蔬菜取代玉米和其他作物，如此土壤中的氮便可以得到补充。然而这样做更大的作用是补充了土壤中的磷酸盐，TVA 搭建了一些设施，用以生产含量比标准肥料更高的磷酸盐肥料（图 2.12）。TVA 在田纳西河谷招募了农民，将他们的土地变成示范农场以测试新肥料，并研究新作物和其他创新的耕作方法。同时 TVA 还推动将一些土地变为草场放牧，以保护表土，并且引入了新的实现可持续的木材采伐率的方法。

图2.11　电灶由TVA电力提供

资料来源富兰克林·罗斯福图书馆。

图2.12　未使用和使用新肥料处理过的土地

资料来源：美国国家档案馆。

专栏2.1　威尔逊大坝的水力发电 I

1924年，工程兵团在阿拉巴马州“肌肉浅滩”附近的田纳西河上建造了威尔逊大坝。在TVA的推动下，这座大坝于1933年完工。大坝高137英尺，长4 541英尺，利用水转动涡轮机轴上的叶片来发电。

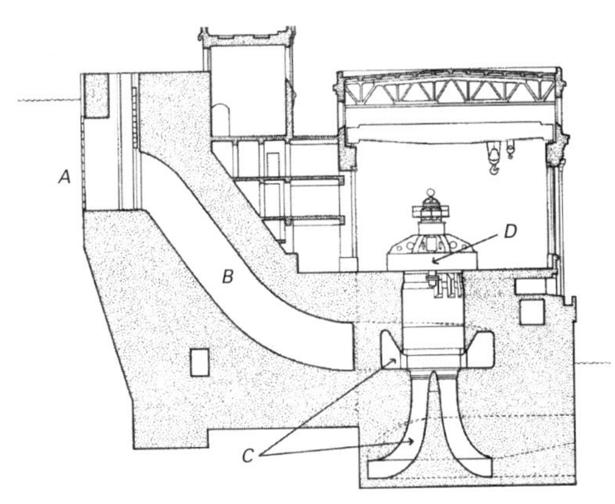

威尔逊大坝的压力管道和涡轮机的横截面

为了发电，大坝后面的水 A 进入水阀门 B 的下降通道，并通过连接在涡轮轴上的叶片 C 推动其转动，进而带动涡轮轴上的磁盘（转子）在固定线圈（定子）中旋转。

转子在定子内部旋转产生的电通过电线发出。因此，涡轮便将水的机械力转化为电力，而水从涡轮底部流出。

资料来源：美国国会图书馆。

专栏 2.2 威尔逊大坝的水力发电 II

水进入涡轮机的机械功率（P_{in}）是 3 个量的乘积：河流的流量（Q）以立方英尺每秒为单位，水的密度（W）以磅每立方英尺为单位，水源高度以英尺（H）为单位，（即离开大坝的水与离开涡轮机的水位之间的高度差）。

威尔逊大坝最初安装了 8 台涡轮机，其中 4 台涡轮机的平均流量为每秒 3 875 立方英尺。水的密度是 62.4 磅每立方英尺。(a) 威尔逊大坝的水源高度是 92 英尺，但有大概 1 英尺的功率因摩擦而损失，净高度为 91 英尺，除以 550，其马力（hp）：

$$P_{in} = Q\,w\,H / 550$$

$$P_{in} = (3\,875)(62.4)(91) / 550 = 40\,000\text{hp}$$

水从涡轮机中流出的功率（P_{out}）是水进入涡轮机的功率（P_{in}）乘以额定值的乘积，即除去涡轮机本身的摩擦损失的功率。(b) 威尔逊大坝的 4 台涡轮机的额定工作效率约为 87%，每台涡轮机的功率为 35 000 马力：

$$P_{out} = (P_{in})(0.87)$$

$$P_{out} = (40\ 000)(0.87) = 35\ 000\text{hp}$$

其他 4 台涡轮机每台的功率输出为 30 000hp。将涡轮机的马力转换为电能，使涡轮机成为发电机（专栏 2.3）。

资料来源：TVA。

注：（a）此处使用水的特定重量（62.22 磅力 / 英尺 ^{3}）而不是密度，则得到的马力数会略少。（b）这些涡轮机在总压头为 92 英尺且满负荷下工作条件下，额定功率为 87.75。上面详述的四个涡轮为 5–8 号机组。1–4 号机组的输出功率为 30 000 马力。

专栏 2.3　威尔逊大坝的水力发电 Ⅲ

威尔逊大坝的 8 台涡轮机中的 4 台通水，每台约产生 35 000 马力。

每台涡轮发电机将 1 单位的马力转换为 0.746 千瓦的电能（1 千瓦等于 1 000 瓦），且每台发电机将动能转换为电能的效率可以达到 97%。

将 35 000 × 0.746 × 0.97 得出结果，每台发电机约产生 25 000 千瓦的电能。其他 4 台发电机每台产生 21 000 千瓦的电能，得到大坝的总电力输出为 184 000 千瓦。

在通过传输线发送电力之前，威尔逊大坝的发电站必须改变电力中电压和电流的大小（电流是电荷的定向移动，电压是产生电流的电位差）。

发电机输出的电能（P）等于电压（V）× 电流（I），即 $P = VI$。传输中的功率损耗随电流的增大而增加，因此通过降低电流并提高电压，将远距离传输时损耗的功率降低。发电站用变压器升高电压并降低电流的方式进行传输。接收端的变压器再将电压降低，电流升高以供本地使用。

自 19 世纪 30 年代以来，威尔逊水坝便加大了发电能力，该水坝如今的电力输出约为 663 000 千瓦。

资料来源：美国国会图书馆。
注：来自 TVA 的数据显示，其他 4 台发电机的效率为 95.5%。

通过实践，这些新土地的水土流失情况开始改善，森林和农田得到恢复，土地可利用率提升。哈考特·摩根通过与现有的联邦、州、地方机构以及地方大学开展工作，以促进这些改革，而不是命令其改革或与其他公共机构竞争。示范农场很快扩展到田纳西河流域外的 22 个州，使 TVA 拥有了全国影响力。[25]

四、相互矛盾的愿景

TVA 建设的大坝属于重力设计，在水力发电和配电方面遵循标准工程实践。TVA 在农业和林业方面的工作具有创新性，但其带来的改善效果是一个渐进的过程。TVA 的积极作用在于其改变整个地区的使命。美国其他地区的机构同样针对更具体的问题采取了措施：纽约港务局试图缓解纽约都会区的交通拥堵；

邦纳维尔电力管理局向美国西北部供电；大都市水利局将水送到了加州南部。[26] TVA 的目标更加全面：控制洪水和河流通航、改善农民的土地耕作方式以及生产电力，所有这些都提高了该地区的生活水平。专门的工程组织和员工对田纳西河流进行了重新规划，并开始改变人们的生活和工作方式。

但是，3 位 TVA 主管无法就长期目标达成一致。亚瑟·摩根的目标是建立一个贴近大自然的小镇，这些小镇可以维持一种自然的优于大城市的生活方式。他在诺里斯大坝旁边的诺里斯村中为大坝的建筑工人建造房屋，作为模范社区，他希望这种模式在大坝建成后能够继续下去（图 2.13）。亚瑟·摩根鼓励手工业的发展，但他也希望居民从现代工程中受益，他为房屋、学校和社区中心供电。虽然亚瑟·摩根并未将水力发电的可再生特性视为主要优势，但他的愿景类似于如今所说的可持续性社会。不过，他最关心的是道德。他对 TVA 人员制定了行为守则，要求每位员工诚实守信，压制自私的野心，谦虚地生活，并为所有人谋福利。他希望田纳西河谷能以合作精神为美国其他地区树立榜样，并希望其他人能够自愿效法。亚瑟·摩根希望 TVA 电力的“准绳”（Yard Stick）展示如何以较低的成本为人们提供服务，但他反对与私营公共事业企业争夺客户。他希望公共事业企业看到 TVA 示范地区较低的电费，从而在电力需求增加时主动降低电费。[27]

大卫·利连塔尔认为，除非面对竞争，否则该地区的私营企业将永远不会降低收费。他修建了输电线路，以较低的电费向整个山谷的客户提供公共电力，从而迫使私营公共事业企业降低价格或倒闭。利连塔尔认为，随着电力需求以较低的速度增

图2.13　诺里斯村的房子

资料来源：美国国家档案馆。

长，对电气产品的需求还将增加，并有助于更广泛地振兴国民经济。TVA 能够向农村用户售电，价格约为私营公共事业企业向城市用户收费的一半。[28] 1933 年，亚瑟·摩根与温德尔·威尔基（Wendell Willkie）达成了为期 3 年的协议。温德尔·威尔基领导着联邦和南部公司（Commonwealth and Southern，是南方私营电力公司的主要控股公司）。TVA 同意将其销售范围限制在威尔逊大坝地区，前提是可以获取一些私营的分销设施以展示其在该地区的“准绳”方法。利连塔尔加入了该协议，继续建设与其他大坝相连的电力设施。

哈考特·摩根的目标是在当地社区的合作下以某种方式改善该地区的农业生活。但是，由于该地区的私营电力公司挑战了 TVA 的存续，因此他支持利连塔尔，反对亚瑟·摩根。1934 年，阿拉巴马州电力公司的股东提起诉讼，要求 TVA 收购某个小公司的设备。该公司是联邦和南部控股公司旗下的一家公司，为威尔逊大坝提供服务。股东们争辩说，联邦政府无权动用纳税人的资金来创建一个与私营企业竞争的公共机构。利连塔尔进行了有力的法律辩护。此案由美国最高法院审理，于 1936 年裁定，判定出售 TVA 本身不需要的威尔逊大坝的多余电力，是出售联邦财产的一种方式。法院裁定，联邦政府有权出售此类财产。[29] 作为回应，威尔基在法庭上对所有其他 TVA 建设的大坝出售低成本电力提出质疑。此案再次提交最高法院，最高法院于 1939 年初再次裁定 TVA 胜诉。结果，河谷中的私营公共事业企业败诉并将其大部分资产出售给了 TVA。威尔基赢得了 1940 年共和党总统候选人提名，但在当年秋天的选举中输给了罗斯福。[30]

在电力和其他事务上的分歧使 3 名主管组成的 TVA 管理委

员会分裂，最终无法共事。利连塔尔的任命于 1936 年到期，亚瑟·摩根试图说服罗斯福不要再任命他。但是，总统不希望在选举年时这家象征总统职位的机构发生令人尴尬的破裂。因此，他再次任命利连塔尔为主管。但管理委员会的关系不断恶化。到 1938 年，亚瑟·摩根公开提出了对另外两名主管的没有根据的指控，罗斯福将其撤职。亚瑟·摩根和利连塔尔的不同观点都吸引了罗斯福总统，但最终他不得不在两者之间做出选择。1941 年，由哈考特·摩根担任主席，而大卫·利连塔尔成为唯一的主管。[31]

到 20 世纪 30 年代末，亚瑟·摩根对 TVA 的社会愿景也失败了。1936 年，在诺里斯大坝竣工后，诺里斯村的居民却无法在大坝完工后靠手工业维持生计，来自诺克斯维尔的外来者最终取代了他们。哈考特·摩根计划的不足之处在于它没有使穷人受益。TVA 援助的大部分是农民，而不是租户和佃农。TVA 承诺不参与种族歧视，并在 1935 年 6 月之前为 2 105 名非裔美国人提供了工作，他们的工资与白人工人的工资相同。尽管如此，非裔美国人却生活在隔离的住房中，并只能获得技术水平较低的职业。[32]

尽管有缺点，但 20 世纪 30 年代的 TVA 是一项激进的公共创新。亚瑟·摩根证明，工程组织可以高效、快速地建立庞大的工程，并在多个地区建立现代化的水电网络。TVA 不受联邦和州控制的独立性赋予其独特的使命感，吸引了敬业且能干的工程师，并为数千人提供了就业机会，也结束了森林和农田的退化。大卫·利连塔尔的电力计划将电力带到了广大的农村地区和小城镇，成为 1935 年成立的全国农村电气化管理局的典范。到 1946

年，田纳西州有 670 000 人从 TVA 获得电力，随后的几年中该州大部分地区也获得了电力。[33]

大卫·利连塔尔在美国参加“二战”期间领导 TVA，后于 1946 年被任命为美国原子能委员会（AEC）的第一任负责人，该委员会接管了战时开发原子弹的军事计划——曼哈顿计划（请参阅第四章）。然而，随着“冷战”的开始，AEC 几乎所有的早期工作都必须致力于生产核武器，而不是像利连塔尔所希望的那样，开发和平时期使用的核能。1950 年，利连塔尔辞去公职，回归私人生活。[34]

五、战后的田纳西河流域管理局

随着“二战”的结束，TVA 启发了一些国会议员，他们提议在美国其他地区建造多用途大坝。利连塔尔在“二战”期间曾主张 TVA 标志着美国民主的进步。他认为，诸如 TVA 的地区机构对华盛顿的联邦政府负责，但在很大程度上进行独立管理，可能更有利于其所服务的人民。[35] 哈考特·摩根也尽最大努力消除 TVA 和地方政府机构之间可能的紧张关系。但是利连塔尔同时强调 TVA 的独立性，以及其在“二战”前与私营企业的冲突，突出了 TVA 模式对美国其他地方的私人利益，以及对那些负责河流集中管理的联邦机构的潜在威胁。20 世纪 40 年代后期，联邦政府和受灾州的反对者阻止了在西北太平洋建立哥伦比亚谷地管理局（CVA）和北部平原建立密苏里谷地管理局（MVA）的计划，人们对这种类型的地区机构的热情在 20 世纪 50 年代初便减弱了。[36]

“二战”后，TVA 也面临不确定的未来。继利连塔尔之后，由一位主管代替了原本由 3 人组成的管理委员会，作为电力公司服务社会成为该机构的主要任务。但是，该地区的水电潜力到 1945 年几乎被用尽，“二战”后田纳西河谷的大坝无法满足日益增长的电力需求。这种需求一半来自联邦政府，主要是为田纳西州橡树岭的核武器制造提供动力。为了满足新的需求，TVA 建造了煤炭发电厂。由于担心公共事业机构的发电能力会增强，导致其与私营公司的冲突复燃，1952 年后，德怀特·艾森豪威尔（Dwight Eisenhower）总统反对联邦政府为 TVA 的扩张提供资金。最终 1959 年，国会授权 TVA 通过出售债券私下筹集资金，这使得 TVA 能够在 20 世纪 60 年代和 20 世纪 70 年代初完成了一系列燃煤发电厂以及一些核电厂的建设。[37]

TVA 以附近肯塔基州的天堂村的名字命名了它最雄心勃勃的化石燃料发电厂（有些意想不到的讽刺意味）（图 2.14）。在两个大型发电机组的每个发电机组内，都有一个大型锅炉燃烧输送到天堂电厂的煤，产生的蒸汽使涡轮机旋转（专栏 2.4）。每个发电机组每小时消耗 306 吨煤炭，可产生 650 000 千瓦的电力。1963 年完工时，该电厂是世界上最大的燃煤电厂。1970 年增加了第 3 个发电机组，使该电厂可为近 100 万个家庭提供服务，并将其煤炭年消耗量提高到约 700 万吨，约占当时美国发电能源的 1%。[38]

图2.14 天堂电厂

资料来源：TVA。

专栏2.4　原始天堂电厂

1963 年完工的肯塔基州天堂村附近的 TVA 电厂是当时世界上最大的化石燃料电厂。它的两个大型发电机组中的每个发电机组都将煤炭供应给锅炉，通过管道回路将水送入锅炉，将其转化为蒸汽，使涡轮旋转，从而发电。蒸汽离开涡轮机进入冷凝器，在冷凝器中又变成水以重复使用。[a]

1 单位马力的动力为每秒 550 英尺磅，即每分钟 3.3 万英尺磅，燃烧一磅煤产生 810 万英尺磅。[b] 每个发电单位每 60 分钟消耗 61.2 万磅煤。将 1 磅煤中的力除以 3.3 万，再乘以 612 000 磅煤除以 60，得出该煤的潜在马力：

$$\frac{8\,100\,000}{33\,000} \times \frac{612\,000}{60} = 2\,500\,000 \text{ 马力（Hp）}$$

每个发电机组产生 650 000 千瓦的电能，相当于 871 000 马力。[c] 用这个数字除以 2 500 000 马力的煤，可以得到发电机组将煤中的能量转换成有用的能源的效率，即 34%。那以后，煤厂的效率也只上升到大约 40%。

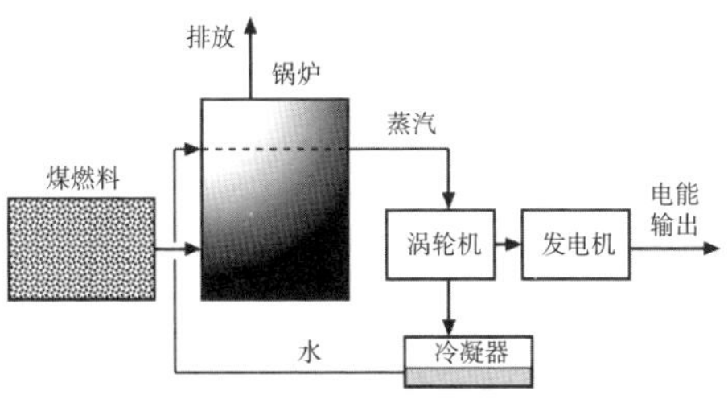

资料来源：里德·A. 埃利奥特等所写《TVA 的天堂蒸汽厂》一文。

注：（a）现场的冷却塔（图中未显示）也辅助冷却水。（b）煤的热量约为每磅 10 400 英国热量单位（BTU），1BTU 等于 778 磅力。（c）1 千瓦等于 1.34 马力。

但是，即使是最好的燃煤发电厂，也只能将煤炭中不到一半的能源转化为可用的电力，而且煤炭会对自然环境造成不利影响。天堂电厂和其他蒸汽厂的烟囱排出了煤燃烧后的飞灰和废气，尽管洗涤器和其他设备减少了排放，但无法彻底消除。同时，为了供应天堂和其他燃煤发电厂，TVA 与进行露天挖掘的私营采矿公司签约。这种开采严重破坏了植被，也破坏了该机构早先为控制土壤被侵蚀所做的工作。田纳西河支流上的一座新大坝——泰利科大坝（Tellico Dam），威胁着一种小型的濒危鱼类——蜗牛镖鲈——的生存，在 20 世纪 70 年代引起了全国性争议。[39] 早期 TVA 享有的经济优势也有所降低。事实证明，其核电站的建造成本出乎意料的高，煤炭价格在 20 世纪 60 年代后期开始上涨，迫使该机构在经营了 30 年后不得不提高了电价。[40]

2013 年，TVA 承诺到 2020 年将煤炭发电从 38% 降低到 20%。2017 年，TVA 关闭了原天堂电厂的 3 台燃煤发电机组中的两台，并开始在附近新的天堂电厂通过燃烧天然气发电。气体进入 3 个水平燃气轮机中，与压缩空气混合并被点燃。气体在涡轮机中燃烧产生高温高压使曲轴旋转，曲轴的末端带有转子和定子，由此来发电。电厂通过将热量传输到每个涡轮机上的蒸汽发生器来回收热量，在那里热量将水转化为蒸汽。蒸汽带动与蒸汽发生器一起工作的第四台涡轮机，产生额外的电力，冷凝器将蒸汽又转化为水。最初的天堂电厂将煤转化为电能，效率仅为 40%。新的天堂电厂以 60% 的效率燃烧天然气，而二氧化碳排放量仅是燃煤电厂的一半。TVA 认识到应该有长远眼光，并已经开始增加对太阳、风和其他可再生资源（除了其原始水坝）的利用，以在其服务区供电（图 2.15）。[41]

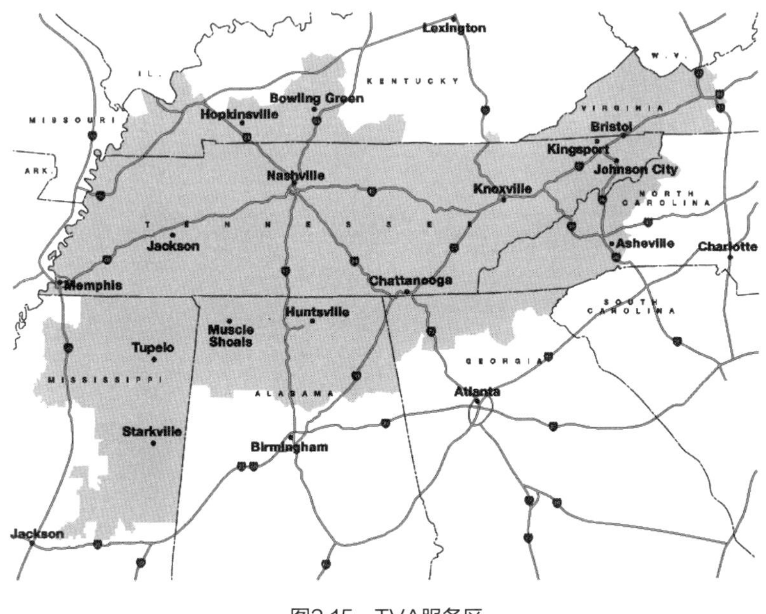

图2.15　TVA服务区

资料来源：TVA。

六、回顾三位主管

亚瑟·摩根建造的大坝无法实现他对小型社区的理想，而可再生能源成为更大、更传统的公共事业的一部分。但在他的工程组织中，亚瑟·摩根向他那个时代的美国提出了挑战，要求以更强烈的道德意识来管理公共服务和整个社会，而他的小型社区理念挑战了现代生活中的非人格主义。将 TVA 模式限制在其创始的地区，这种对公共权力的观点遭到了大卫·利连塔尔的反对。但他也证明了，如果私营企业未能做到，公共机构就应该满足社会对电力的迫切需求。TVA 之所以取得成功，是因为其在工程方面的公共投资是经济实惠的，从而以较低的价格迅速赢得了更多的电力用户。在一定程度上，它可以朝着无污染和更可持续的能源方向发展，并仍然提供负担得起的电力，该机构正在回归其本源。

作为一名工程师，亚瑟·摩根的第一项重大成就是俄亥俄州迈阿密山谷的防洪工程，该工程经受住了时间的考验。20 世纪 20 年代，工程兵团仍在密西西比河每条直流的河岸上维护堤坝，以控制洪水。然而，泥沙的堆积逐渐抬高了河床。1927 年，暴雨和洪水冲毁了一些地方的堤坝，造成数百人死亡、25 万人无家可归。工程兵团最终在河流下游增加了引水渠。[42]

对密西西比河沿岸定居点的两大威胁仍然存在：中西部上游的河流支流泛滥的洪水（城镇靠近河岸），以及热带风暴期间在墨西哥湾的密西西比河口涌入的海水。1993 年的暴雨过后，密西西比河及其支流在中西部上游地区泛滥。2005 年，“卡特里娜”飓风席卷了新奥尔良。在人口密集的地区，很难建造出更适应季节性洪水的防洪工程。[43]

除了修建水坝控制河流和发电，20 世纪美国公共基础设施的另一项重大投资是高速公路的修建。20 世纪 80 年代基本建成的国家高速公路网，使大多数美国人能够住在郊区，过着依赖私家车的生活。高速公路网络不是一个几年内就能完成的地方性或区域性工程，而是一个耗时数十年，覆盖整个美国的计划。

第三章

高速公路与摩天大楼

在 1939—1940 年的纽约世博会上，通用汽车展馆是最耀眼的明星。通用汽车展馆的主题是“高速公路与地平线”，馆内一组名为“未来世界”的巨型模型，向人们展示了 1960 年美国全是可能的样子。在“未来世界”中，美国到处是摩天高楼，各地均由高速公路相连。[1] 到 1960 年，“未来世界”真的变成了现实，乘坐飞机降落在美国任何一个城市，透过弦窗都能看到这样的风景。

20 世纪美国最伟大的基建项目当属全国公路路网。美国从 19 世纪 90 年代开始生产汽车，到了 1913 年，汽车实现量产，汽车也开始走入寻常百姓的家庭。20 世纪另一伟大进步是美国国内油田的发现以及石油精炼工序的改进，这也推动了汽车在美国的普及。1895—1920 年，美国国内汽车的登记数量从 4 台上升到 800 万台。[2]

到 20 世纪 20 年代，汽车的普及对美国的道路提出了更高的要求，联邦政府认为修筑更好的道路对于国防而言也是必要的。

由托马斯·麦克唐纳领导的公共道路局（The Bureau of Public Roads）筹划并建设了后来被称为美国高速公路（United States Highways）的公路体系。随着汽车数量的不断增加和汽车速度的不断提升，道路系统开始变得力不从心。在“二战”期间和战后，麦克唐纳领导的公共道路局计划修建没有交通信号灯的高速公路网络。1956 年，该网络开始修建，又称州际高速公路系统。

19 世纪，随着新的钢材料的诞生，建设更高层建筑成为可能。这些高层建筑让更多人得以在城市里生活和工作。被称为“摩天大楼”的高层建筑相继出现在芝加哥和纽约。到了 20 世纪 60 年代，建筑界出现第二次颠覆性创新，摩天大厦的高度突破了 100 层，造价也越来越低。这一划时代的创新应归功于工程师法兹拉·汗（Fazlur Khan）。

21 世纪初，美国城市的摩天大楼高耸入云，汽车和路网将整个国家紧密地联系在一起。近些年，人们越来越多地开始考虑自然环境保护的问题，这让人们针对汽车文明的未来提出了越来越多的问题。未来，美国的发展需要找到一个更好的平衡点。

一、现代道路建设

19 世纪初期，虽然美国已经开始出现一些由石子铺设的道路，但绝大部分道路仍是未经铺设的土路。人们的出行方式仍主要是无外骑马、坐马车或者步行。19 世纪 20 年代，工程师们开始用一种由英国人约翰·马卡丹（John McAdam）发明的方法来夯实路面。马卡丹发现用碎石铺路会使路面越碾压越坚实，他的设计还将道路的中部微微抬高，以便排水。那时，最主要的交通方式仍是河流、运河和铁路，这些方式承载了美国绝大部分的乘客和货物，也让公路的发展停滞不前。到了 19 世纪末，美国绝大多数的道路仍为原始土路。[3] 一些自行车骑行者在 19 世纪 90 年代开展了“好路运动”，但收效甚微。亨利·福特（Henry Ford）在 1908 年设计了一款 T 型车，开始了流水线作业量产汽车，这些汽车当时就在土路上行驶。[4]

T 型车的出现成了一个关键转折点，由此汽车开始普及。泥泞的道路让大众感到不满，他们要求修建更好的道路（图 3.1）。1900 年后，美国的一些州开始出资提升道路质量，方法是在土路上铺上一些碎石。1916 年的《联邦援助公路法案》（*Federal Aid Road Act*）计划向各州拨款用以筑路。该法案允许各州自行决定想要修建或改善的道路，但是各州要自己出资来维护道路。该法案还要求每个州都建立一个负责管理该州公路的部门，并且必须由专业的土木工程师领导。当时有 18 个州不符合这个条件，不过它们迅速按照该条例成立了相关部门，获得了援助资格。[5]

图3.1 爱荷华州某处土路

资料来源：爱荷华州交通部门。

为了筑路，相关政府部门需要先买下想要铺设的路段，并给这些路段原本的所有者补偿金。然后，土木工程师和工人要清理道路，并把凹凸不平的道路尽可能变得平整。在山区，这一步工作还包括清除和爆破岩石。接下来才是铺设路基，路基通常是由一层或多层沙子及碎石铺就。最后，工程师和工人将道路夯实形成一定宽度的路面，并让中间部分稍稍凸起，以便水能够排到旁边的沟渠中。路面的边缘还要有路肩，以便车辆暂时停靠。

进入20世纪后，一种能够更好承载汽车的材料被应用到筑路工程中，这就是混凝土。19世纪20年代，英国的砖瓦匠约瑟夫·阿斯普丁（Joseph Aspdin）和他的儿子发明了一种叫作“波特兰水泥”的关键材料（专栏3.1）。这种水泥由碾碎的石灰石和黏土组成，当它们遇到高温后，会形成一种混合物，冷却后呈颗粒状，再与另外一种矿物——石膏——进行混合，然后碾碎变成粉末。为了制作混凝土，工人们需要将粉末和水混合，变成水泥浆，当它遇到如沙子和碎石这样的骨料时，会起到黏合剂的作用。将骨料和水泥糊倒入木制模具里固化后，就形成混凝土（图3.2和图3.3）。[6]

专栏3.1 制作混凝土

混凝土是一种人造石头，通过混合黏合剂、水和粗骨料（碎石）与细骨料（沙子）制作而成。在现代筑路工程中，常用两种黏合剂：波特兰水泥和沥青。

波特兰水泥由一种存在于石灰石中的矿物质——碳化钙（$CaCO_3$）——和在黏土中的二氧化硅（SiO_2）合成。水泥工人碾碎石灰石和黏土混合（比例约为3∶1），然后将混合物在约2 700°F的高温下进行加热。

在这个化学反应中，3个分子的石灰石与1个分子的水泥进行反应，合成1个分子的硅酸三钙（水泥石）和3个分子的二氧化碳：

$3CaCO_3$	+	SiO_2	→	Ca_3SiO_5	+	$3CO_2$
碳酸钙		二氧化硅		硅酸三钙		二氧化碳
石灰石		黏土		水泥石		排放到大气中

在水泥石中混合少量其他矿物质，碾碎后形成水泥粉末。工人混合水泥粉末与水，产生水化硅酸钙，或者也叫水泥浆和氢氧化钙或熟石灰：

$2Ca_3SiO_3$	+	$6H_2O$	→	$Ca_3Si_2O_{10}H_6$	+	$3CaO_2H_2$
水泥石		水		水泥浆		熟石灰

在液态下，混合水泥浆、石灰和骨料，倒入木质的模具里变硬。

另外一种铺路方式是用沥青代替水泥浆作为黏合剂。沥青是原油在精炼出汽油后剩余的物质。沥青和碾碎的石灰石进行混合，倒入路床。压路机碾压沥青混合物，形成平整的道路。

不同季节的温度变化会导致材料裂缝或疏松，铺好的路每年都需要养护。制作水泥以及提取沥青的原油精炼过程都会产生大量二氧化碳。因此，残缺的混凝土都被回收再利用了，以减少新混凝土的生产。

资料来源：普林斯顿大学戴维·P. 比林顿教授关于混凝土制作的讲解。

图3.2 铺设混凝土道路（1920年）

资料来源：爱荷华州交通部门。

图3.3 铺好的道路（1923年）

资料来源：爱荷华州交通部门。

另外一种制作混凝土的方式是用沥青代替波特兰水泥作为黏合剂。沥青是原油在精炼过程中，汽油挥发后留下的残余物。沥青铺成的道路是黑色的，而用波特兰水泥铺成的道路是米黄色的。这两种路面都被称为混凝土路面，但我们通常说的“混凝土”指的都是波特兰水泥混凝土。筑路还需要蒸汽驱动的铲车和压路机，都发明于19世纪。到了20世纪20年代和30年代，工人们可以现场混合沥青和骨料，并且可移动的水泥搅拌器也诞生了，这些都让筑路变得更加快捷和经济。[7]

二、道路和研究

在美国参加“一战”期间，联邦政府决定用重型卡车把物资从北美五大湖区运输到东海岸，以缓解铁路交通的压力。但这一举措的后果是灾难性的，过去铺设的路面无法承受重型卡车的重量，导致大量出现裂缝和破损。[8]

为重建国内道路，伍德罗·威尔逊（Woodrow Wilson）总统找到一位来自爱荷华州的土木工程师托马斯·麦克唐纳（图3.4）。

图3.4　托马斯·麦克唐纳
资料来源：联邦公路行政处。

麦克唐纳出身贫寒，1904 年于埃姆斯的爱荷华州立学院（现在的爱荷华州立大学）毕业，并在 1907 年成为爱荷华州的首位公路工程师，开始骑着马到处宣传和推进筑路事业。1918 年，他当选美国高速公路官员协会（AASHO）的主席，这是一个由各州的道路工程师组成的国家政府机构。第二年，总统任命他领导公共道路局，该机构负责监管国家的所有公路。一直到 1953 年，麦克唐纳都领导着该局，在这期间他策划了覆盖全国的所有公路。尽管他的个性极其保守和古板，但他还是意识到，为了应对战时危机，道路修建需要采取大胆的行动。[9]

麦克唐纳将战争期间道路被卡车破坏的问题归咎于相关科学知识的缺乏。他相信，工程师需要对车辆与路面之间的相互作用有更确切的了解。[10] 麦克唐纳和他的同事们认为工程界迫切需要开展研究。当时，电话、钢铁、石油、电力等行业，在经历最初的火热后，都开始成立研究实验室，并且聘用大量的科学家和工程师。这些实验室的成立初衷并非纯粹为了科研，而是为了提升技术。这是一项复杂的工作，要求实验者在数学、科学和工程学方面都受过专业的训练。这些产业实验室也促使电灯泡、交流电和长途电话的技术变得更加成熟。[11]

于是，麦克唐纳也开始了一项研究计划，并取得了成功。研究显示，用波特兰水泥或沥青制成的混凝土重新铺设道路要好过整修过去用碎石铺设的道路。而埋设在路面下的感应器显示，路面不平整给道路带来的危害要大于汽车重量带来的危害。最重要的是，实验表明充气轮胎给路面带来的危害更小，远小于当时的实心轮胎，于是汽车都开始采用充气轮胎。在双向车道的道路上，公共道路局的研究显示，需要把路面的厚度从过去的4英寸提升到6英寸或者更多，并且让道路的宽度达到至少20米。[12]

秉着科学的态度，公共道路局希望能单独分析每一个问题。比如，为了测量混凝土路面遭受的冲击力和反应，道路局用测试机器分开测试这两项数据。这种方法使公共道路局得到了更加精确的数据，但这类实验环境远不是真实的道路情况。这类测试结果因其严谨性赢得了学术界的赞誉，但对于工程师而言，结果却没有多大参考价值。公共道路局还试图测量地基来掌握道路工程学的一般规则，但在实际情况中，道路的地基千差万别，公共道路局的研究不能得出一般性指导规则。道路局的工作确实在日后提升了整个路网的建设，甚至改变了整个国家。但到20世纪30年代，人们也逐渐明白，道路工程学可能永远无法成为一门精密科学。[13]

伊利诺伊州的公路工程师们在20世纪20年代，利用另外一种方式获得了重要发现。他们实施了“贝茨道路测试”，让重型卡车连续几个月沿着由不同材料铺设成的环形路行驶，最后证实混凝土是最佳的路面材料。并且发现当有双向车道时，司机倾向于开到道路的外缘以避开对面的车辆。所以道路需要在外侧进行额外加固。[14]

三、美国国家高速公路网

在托马斯·麦克唐纳的领导下，公共道路局在人们眼中成为一个具有极高专业性和致力于服务大众的工程组织，就像早期在亚瑟·摩根领导下的 TVA 一样。公共道路局的工程师们协助和监督全国范围内受到资助修建的路网。为确保工程的效率和安全，各州的公共道路部门接受来自公共道路局的建议，由此公共道路局和各州的公共道路部门紧密协作，统一了美国国内的筑路标准。

1921 年，麦克唐纳让美军指定未来国防需要用到的道路。“一战”期间，美国奔赴欧洲战场的远征军司令、当时的美军参谋长约翰·约瑟夫·潘兴（John J. Pershing）将军，提出了一个针对路网建设的提案，让车辆可以在人口密集区和工业地区能够更迅速地通行，并且该路网也可以让军队在东西海岸间迅速移动。麦克唐纳让 1921 年的《联邦援助公路法案》顺利通过，给了各州一笔新的资金来筑路或提升原有道路质量，使得道路能够符合联邦的标准并且联结各州。虽然各州在修建哪条道路上拥有自主权，但大部分都遵从了原有的提案（图 3.5）。[15]

国家路网，又称美国高速公路的公路体系，由双向车道组成。有交叉路口、入口和出口。车速限制为 25—35 英里 / 小时。麦克唐纳领导的由联邦和各州的道路工程师组成的委员会为这些道路命名：那些从北到南走向的用奇数标记，从东到西走向的道路用偶数标记。奇数道路从东海岸开始，从美国 1 号公路开始编号；偶数道路从美加边境附近开始，从美国 2 号公路开始编号。路牌为盾形标志（图 3.6）。

图3.5　1926年美国路网地图

资料来源：美国联邦道路行政部门。

注：人口密集地区道路密度更大。

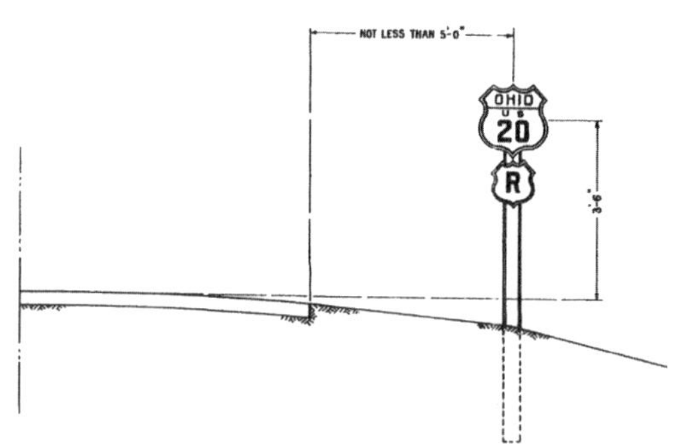

图3.6　美国国道路牌（1927年）

1921—1928年，用波特兰水泥或沥青制成的混凝土铺就的公路从22 190英里增加到67 399英里，道路总长从387 760英里上升到626 137英里，其中绝大部分仍为碎石铺筑。遗留下2 390 000英里的原始土路。各州用发放驾照所得的费用和汽油零售税费抵消本州修筑公路的成本。[16]

1920 年，公路的修建带动了美国郊区的迅速崛起。从 19 世纪 80 年代起，美国人开始搬到大城市外的规模更小的社区居住。因为当时美国已经有了有轨电车和通勤铁路，让富裕阶层的人们可以在郊区居住，同时在城市里工作和购物。有轨电车的发展也提高了城市生活质量，减少了马车带来的马粪等污染物，也让没有车的人能够去到更远的地方。20 世纪 20 年代，美国开始兴起分期付款，这让人们可以通过借贷购买房屋和汽车。随着更多的人拥有汽车，越来越多的人搬到郊区那些没有电车站和火车站的社区。私营有轨电车公司也在 20 世纪初开始衰落，因为成本上涨的速度已经超了它们提高票价的速度，汽车成了有轨电车公司最大的竞争对手。20 世纪 30 年代，更灵活的公交车服务开始取代过去有轨电车系统。[17]

四、现代高速路

在 20 世纪 30 年代的大萧条中，美国加强了基础设施建设。除了水利、电力项目之外，联邦政府投入资金进行道路修复并开始新的筑路工程。在胡佛总统任期内，联邦政府在道路上的开销更大，用以雇用更多的工人修路以降低失业率。1933 年后，罗斯福总统和国会给道路工程拨款大大增多，并且一半用于就业救济。1930—1940 年，美国修筑的道路长度从 694 000 英里增加到 1 367 000 英里，其中，由波特兰水泥或沥青制成的混凝土铺筑的道路里程从 84 000 英里增加到 153 000 英里。[18]

20 世纪 30 年代，汽车的普及带来两个挑战。第一个挑战是进出城市的车流辆急剧增多，让城市内的交通变得拥挤不堪。根据 1916—1921 年的《联邦援助公路法案》，城市之外的筑路项目也可以得到资金补助，而过去这些区域的道路一直是自给自足的状态。1933—1934 年，国会下令让各城市负责国道修建基金的筹集，尽管“二战”前新修的国道并不多。[19] 第二个挑战是由车速提升带来的。20 世纪 30 年代，随着汽车引擎变得越来越强以及汽油化工动力技术的进步，汽车的时速达到了 60 英里 / 小时甚至更高。美国早期投资的长途公路，是为时速在 25—35 英里 / 小时的车辆设计的，无法保证更高时速的汽车在路面上安全行驶。美国人认为更高时速的汽车是生活的必需品，道路工程师们认为建设能够承载更高时速汽车的道路对于国防很重要。[20]

道路工程师意识到，只有从匝道或者斜坡进入和离开的高速路对于高速驾驶更为安全。高速公路的上方或者下方可以再架设带有十字路口的公路。对于有四条车道的道路，应该在中间建立一道墙或者绿化带来隔开相向的车道（图 3.7）。到了 20 世纪 30 年代，工程师有了计算刹车距离的公式，这让高速公路在设计上能更好地考虑安全问题（专栏 3.2）。工程师们也认识到，车辆在道路上高速行驶时转弯会产生离心力，这有可能引起翻车。为了避免事故，工程师们在转弯处设立限速标志，并且抬高外侧路面，这被称作“弯道超高”，使得转弯处外侧的路面要高于内侧的路面。[21]

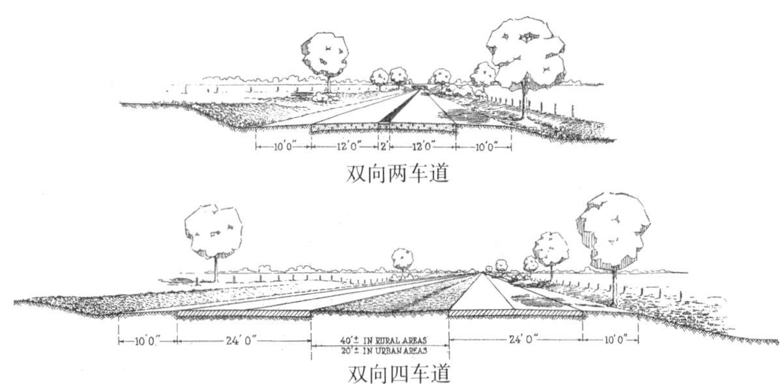

双向两车道

双向四车道

图3.7　1939年设计高速公路的图纸

专栏 3.2　高速行驶时的刹车距离

随着汽车速度不断提升，工程师开始担心行车的安全问题。一个急需解决的问题就是在设计道路时要保障司机有足够的安全视距。

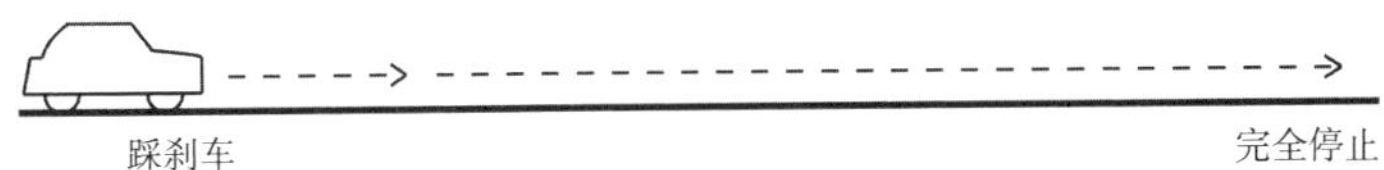

新泽西的道路工程师在 20 世纪 30 年代发现，四轮盘式制动器的汽车在平整的道路上刹车，会以 17.4 英尺 / 秒的减速。根据这个数据，工程师可以用以下方程计算出平整路面所需的刹车距离：

$$S = (1.075)V^2 / 17.4$$

S 代表距离，以英尺为单位，指的是车从开始刹车到停止的距离。V 是速度，单位是英里 / 小时。在 60 英里 / 小时车速的情况下，刹车距离是 222 英尺：

$$S = (1.075)(60)^2 / 17.4$$

$$S = 222 \text{ 英尺}$$

在司机意识到需要刹车，和实际踩下刹车之间，有0.75—1.5秒的延迟，刹车距离会相应增加。工程师在设计时，假设司机在平视时，能够看到路面上4英尺左右的高度。

如果对方正以最高时速行驶，这时要超车，那么视距至少为刹车距离的3倍或更多。道路中间（或者路旁）画有双实线时，意味着超车是不安全的或者不被允许的。

1966年之前，驾驶者和乘客的安全并非汽车设计考虑的重点。但1966年之后，安全带和另外一些安全设施被强制性要求安装到每一辆汽车上。道路上的安全设施也在20世纪末期得到提升。

资料来源：查尔斯·M·诺贝尔所著《现代快速公路》。

当时，麦克唐纳和公共道路局都认为没有必要在乡村地区架设高速路。公共道路局发现交通流量全部发生在城市或者距离城市很近的地方，根据当时的数据，他们认为未来也会如此。麦克唐纳和他的工程师们呼吁建设更多的城市高速路，这让公共道路局第一次招致各州的批评。各州希望在乡村地区也架设更好的道路，并呼吁修建收费的道路，而这一提议也给各州惹来争议。[22]

收费道路设有收费路口，比如位于康涅狄格州的莫利特公园大道。该道路在1938年开放，景观可与美国1号公路相媲美，该公园大道非常成功，这也证实了麦克唐纳的设想是错的——他坚信没有人会在有免费选择的情况下为公路付费。[23] 在罗斯福总统的呼吁下，国会要求公共道路局研究建立国家高速路路网并探讨通过收取过路费筹资的可能性。公共道路局在 1939 年的《收费公路与免费公路》（*Toll Roads Free Roads*）的报告中，筹划了长达 14 336 英里的高速路网（图 3.8）。但是，该报告认为，由于交通流量不足，难以通过过路费支撑修建这些公路。[24]

图3.8　1939年的高速路网

五、州际公路系统

"二战"期间，美国的道路体系成功满足了军队物资运输的要求，但由于疏于维护，这些道路在 1945 年战争结束时大量老化。[25] 预测到战后的劳工市场会迎来大量退伍军人，罗斯福总统在 1941 年要求由麦克唐纳领导的专家委员会提交一份战后高速道路规划，覆盖城市和乡村。《区际道路》（*Interregional Highways*）报告于 1944 年面世，规划了长达 33 920 英里（约 54 588 公里）长的道路路网。[26] 这也是 1944 年《联邦资助公路法案》的雏形，后来共和党人将"区际"（Interregional）的说法改成了“州际”(Interterstate)在战争结束时实施。然而，该援助法案只为资金短缺的州提供援助资金。20 世纪 30 年代，机动车登记量从 2 300 万台上升到 2 700 万台；1946—1950 年，之前被压抑的购车需求爆发，机动车登记量蹿升至 4 000 万台。铺设的道路里程数在同期只是从 170 000 英里增加到了 220 000 英里。[27]

德怀特·戴维·艾森豪威尔(Dwight D. Eisenhower)将军 1953 年当选美国总统，并把高速公路的修建作为他任期里的头等大事。从小在堪萨斯州阿比林长大的艾森豪威尔，小时候他的家乡附近只有土路，所以他对公路修通后带给乡村的变化有切身体会。1904 年从西点军校毕业后，艾森豪威尔于 1991 年参加了护送军用坦克横穿美国的任务。在那次任务中，他看到很多原始的道路和十字路口，深感美国需要更好的公路系统(图 3.9)。“二战”期间，在西欧担任联军最高统帅的他，依赖路网来补给他的军队。在德国的时候，他偶然看到德国建于 20 世纪 30 年代的高速公路能让汽车在上面高速行驶。[28]

麦克唐纳于 1953 年退休。次年，艾森豪威尔向各州州长提出了一项议案——修建跨越各州的道路，建立覆盖全国的道路网络。两年后，国会通过了这一议案，总统签署了《国家州际及国防公路法案》(*National Interstate and Defense Highways Act*)，在未来 3 年内将提供资金修建总长达 41 000 英里的高速公路(图 3.10)。1980 年，该高速公路网络的建设已大部分完工。联邦政府支付了 90% 的建设费用，剩余由各州支付。零售汽油联邦征税和其他收费组成的联邦道路信托基金支持了道路的建设和后期的维护。该项目中的绝大部分的公路都是新建的，而非对过去公路的重新编号命名。当然路网中也包括很多之前已经修好的道路，与新修的道路相互连接。新建成的公路不收费，除非它连接着需要收费的道路。[29]

图3.9　1919年美军横跨美国时在一座桥前面停下

资料来源：艾森豪威尔总统图书馆。

注：标题讽刺地写道“美国现代工程典范”。

图3.10　1955年提出的州际公路草案

资料来源：联邦道路行政部门。

在州际公路修建的过程中，采用了自20世纪30年代起不断被改进的各种规范。每条州际公路在一个方向都至少有两条车道，双向车道中间设有隔离带。州际公路要设在交叉道路和铁路线的上面或者下面，最大限度保障汽车在行驶时不用停车，入口和出口的匝道设计要让车辆能够安全行驶（图3.11）。同时，AASHO决定在1958—1960年进行一系列大规模的实地测试，以确认和提升铺设人行道和立交桥的标准。

图3.11　95号州际公路

注：位于弗吉尼亚州，中间有绿化带隔开，路两边有入口和出口，路面上设有桥梁。

在伊利诺伊州临近渥太华的一个测试点，AASHO设立了6条环路。在4条主环路上，不同厚度的沥青混凝土铺设半边弯道，不同厚度的波特兰水泥混凝土铺设另外半边弯道。小型桥梁模拟高架桥，铺设在最后两条环路上测试钢铁和混凝土支撑横梁（专栏3.3）。重型卡车是导致道路老化的主要车型，美军派出的司机驾驶不同体积和载重的卡车沿着每一条环路，昼夜不停地行驶了两年。AASHO发现利用一个公式可以在允许的误差范围内，在一定程度上预测不同路面在不同载重下的变形情况。桥梁在实验中的表现和预想的相近。这时对于道路的理解要比麦克唐纳刚开始公共道路局工作的时候要更好，可以说实地测试是获得实用知识的关键。[30]

专栏 3.3　AASHO 公路测试

1958 年，ASSHO 在伊利诺伊州一个临近加拿大渥太华的试验场建成了 6 条环道，每一条都分成两部分，每部分铺设不同材质的路面：阴影部分是相对“柔性”的路段，为沥青路面，相对“硬性”的路段是波特兰水泥路面（图中无阴影部分），被测试的桥梁横梁架设在最后两条环路上。在每条双向环路上，美军的司机驾驶不同载重的卡车，在这里昼夜不停地测试了两年。

测试路面承受的压力（边缘部分的受力单独考虑），工程师用公式 $S=(2.4)W/d^2$ 计算。W 是轴负载，单位是千磅，或者 kips（1 kip = 1 000 lbs），d 指的是混凝土的厚度（单位是英寸），S 指的是混凝土每单位英寸受到的磅力（psi）①。

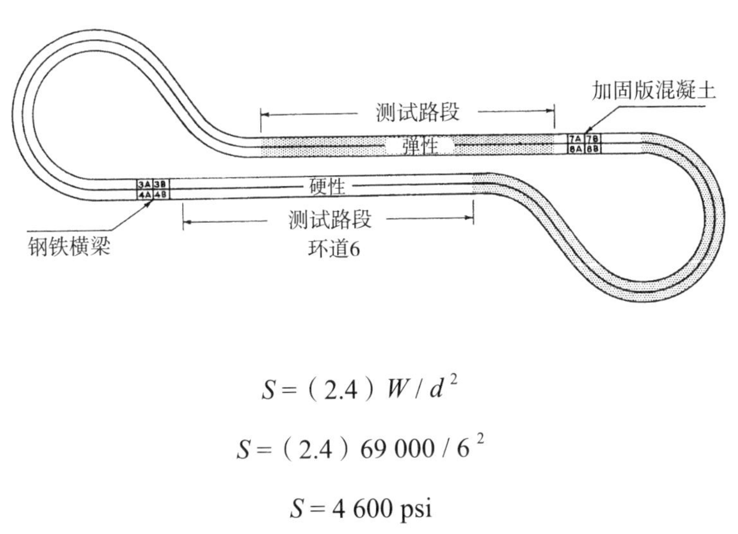

$$S=(2.4)\,W/d^2$$

$$S=(2.4)\,69\,000/6^2$$

$$S=4\,600\text{ psi}$$

① 1 磅力 ≈4.45 牛顿。

在压力到达 3 000 磅时，混凝土就会开裂。在一条 6 英寸厚度的路面，一个重 69 千磅的卡车就能超过混凝土承受的极限。

如果路面厚度为 8 英寸，那么卡车的轴负载降低到 2 587psi 时，还在安全范围内。所以工程师在设计州际公路时，会让公路的厚度都能够承载典型重量的载重卡车。

资料来源：公路研究委员会所著的《AASHO 路面测试》。

州际公路的路号标识就像美国国道一样，但是起点与之前修建的美国国道相反。奇数号的州际公路从北到南，西海岸的数字最低，比如州际 5 号公路，或者称为 I–5。数字较高的公路从东海岸开始标记，比如 I–95。偶数标记从东到西的公路，从 I–10 开始，沿着美国的南边界线，最高标记到 I–90 和 I–94，到达美加边界。美国高速公路的路牌是一种特殊的白色盾形；而州际公路是另外一种盾形，颜色有红、白、蓝三种。[31]

新修的道路有贯穿和围绕主要城市的，也有穿越乡村的，这样覆盖全国的路网让美国的交通更加通畅。“二战”后，数百万的退伍老兵从联邦政府获得补助和贷款以继续他们的学业并且在郊区购房。开发商如加州的大卫·博汉农（David Bohannon）、纽约州和宾夕法尼亚州的威廉·莱维特（William Levitt），在当地开发了一系列廉价住房供退伍老兵选择（图 3.12）。围绕新建住房和新修的道路，又相继建起学校和购物中心。[32]

1950 年，美国有 1.5 亿人口，拥有 4 000 万台汽车；到 1980 年，美国基本完成了向汽车社会的转型，2.26 亿人口共拥有 1.21 亿辆汽车；20 年后，人口数量上升到 2.81 亿，车辆的数量仅仅上升到1.33亿辆。1980年，沥青混凝土路面的长度达到1 032 000英里；到1995年，这个数字仅增加了316 000英里。州际公路的长度增加到42 000英里，只有1/5的道路是未铺设路面的。[33]

图3.12　纽约长岛战后新修的房屋

资料来源：美国国会图书馆。

1920年，大约有一半的美国人生活在人口为2 500人或稍大的社区里，只有1/3的人生活在人口密集的大城市或繁华的大都市区域；到1950年，超过一半的人生活在大都市区域；到20世纪末，80%的人都生活在大都市区域，其中一半生活在都市郊区。汽车的普及和路网的修建，在"二战"后让大量的美国人搬往郊区成为可能。[34]

这一变化引起很大争议。20世纪30年代，人口稀疏的州抗议联邦政府的公路政策倾向于城市地区。20年后，随着城市高速路的大量修建，原有的社区分布被打破，生活在城市里的人口开始逆向流动。大量中产阶级搬往郊区，城市里滞留的大多是低收入人群，这也让城市内的公共交通系统难以维持。城市铁路系统受到很大冲击，人们更倾向于驾驶自家的汽车，而非乘坐有固定时刻表的火车。人们对于汽车的依赖急剧增加，不仅是为了个人出行，还因为大量的零售商场开始设在郊区，只有开车才能到达。[35]

自从拉尔夫·纳德（Ralph Nader）的《任何速度都不安全》（*Unsafe at Any Speed*）在1965年面世，人们开始关注安全驾驶的问题。该书揭露了汽车在安全设计上的缺陷，联邦法律迅速要求汽车生产厂商在每辆车内设置安全带和防碎挡风玻璃。[36]“二战”后的美国人习惯了低价格的汽油，当汽油价格在 20 世纪 70 年代攀升时，较低油耗的日系车开始在美国市场大受欢迎。在失去了近 1/3 的市场份额后，美国的汽车厂商也开始生产低油耗汽车。政府颁布新规，要求减少尾气中有毒气体的排放，但化石燃料的使用还是不断增加着二氧化碳的排放。在城市里，交通变得日益拥堵。这些变化都挑战着美国和全球进入 21 世纪后的现代生活。[37]

六、公路与桥梁

桥梁和立交桥的修建对于新修的路网至关重要。大多数桥梁为钢架桥和由混凝土路墩与混凝土路面组合而成的混凝土桥。这些桥梁在“二战”后被大量建造，为配合新修建的道路，均采用当时的标准设计。这些桥梁在建成时是可使用的，但在使用过程中暴露出了它的设计缺陷，再加上桥体本身的老化，一些桥梁发生了塌方事故。现在的设计标准要比过去好很多，但是仍有很多过去留下的老旧桥梁需要重修或更换。[38]

立交桥指的是用环形设计让两条交叉的公路彼此错开（图3.13）。加州的首位女土木工程师玛丽琳·里斯（Marilyn Reece）改进了这一设计（图 3.14）。当洛杉矶的 10 号州际公路和 405 号州际公路相遇时，里斯巧妙地让不同方向的车道更平缓地延伸下降（图 3.15）。这一新形式的立交桥在 1964 年完工，这为立交桥的设计在保障行车安全的同时更为简洁和优雅设下了标准。[39]

图3.13　加利福尼亚110号公路与州际10号公路交叉处

图3.14　玛丽琳·里斯

图3.15　10号州际公路与405号州际公路交叉处

横跨主要河流和海峡的桥梁需要更大。“二战”前，美国最长跨度的桥梁均为悬索桥。比如1931年完工的横跨纽约哈德逊河的乔治·华盛顿大桥，跨度有2 500英尺；还有位于旧金山海湾入口处的金门大桥，跨度达4 200英尺。[40]

“二战”后，美国的工程师开始利用拉索设计不同形式的桥梁，使之更适合于短距离的跨越。这种桥被称为“斜拉桥”，用形似塔状的拉索固定住一段路面。由土木工程师阿维德·格兰特（Arvid Grant）设计的横跨俄亥俄河的东亨廷顿大桥具有双向车道，连接着西弗吉尼亚和俄亥俄，跨度为900英尺（图3.16），于1895年完工，因其优美的外形备受赞誉。到了21世纪，斜拉桥的形式仍在被使用。[41]

图3.16　俄亥俄河上方的东亭廷顿桥

七、不断攀升的天际线

随着美国现代文明向郊区和乡村扩展，城市内部的建筑高度开始急剧增加。19 世纪 60 年代，电梯被发明，让人们能够建设高于 3 层或 4 层的建筑。到 20 世纪，城市的地价已经到了寸土寸金的地步，开发商开始大量建造高层建筑作为办公大楼。随着高层建筑的高度不断创下新的记录，人们将这些高楼称作“摩天大楼”。建造摩天大楼的工程学核心是一个由钢铁垂直柱和横向的水平梁结构交错组成的支撑结构。

位于芝加哥的蒙纳德诺克大厦始建于 1891 年，共有 16 层（图 3.17），由丹尼尔・伯纳姆（Daniel Burnham）和约翰・威尔伯恩・鲁特（John Wellborn Root）设计。该大楼由两栋一模一样的建筑相接而成，整体结构为砖石，但是有铁支架予以支撑。

1893 年，随着新增的两栋位于南侧的建筑建成，蒙纳德诺克大厦终于完工，最后建成的两栋建筑由钢结构支撑。位于西杰克逊大街 53 号的蒙纳德诺克大厦占据了城市的一整个街区，是当时全世界最大的办公楼。最后两栋大楼中钢支架支撑砖石建成的墙壁被称为“幕墙”，幕墙不用承担建筑的重量，而只有承载玻璃和防风等作用。从此以后，钢结构承重框架和幕墙成了建造摩天大楼的设计标准之一。[42]

20 世纪初，摩天大楼如雨后春笋般出现在纽约。1913 年完工的伍尔沃斯大楼主体建筑有 30 层，主体建筑上面又建了高 30 层的窄塔。到了 20 世纪 20 年代，随着高 77 层的克莱斯勒大楼在 1930 年完工，高 102 层的帝国大厦在 1931 年完工，纽约的天际线显著提升。帝国大厦也是当时全世界最高的大厦（图 3.18）。[43]

图3.17　蒙纳德诺克大厦

图3.18　帝国大厦

八、摩天大楼新时代

图3.19 法兹勒·汗

1945 年后，美国大城市核心商业区的地产价格仍在攀升，对新的办公大楼的需求也只增不减，这让高层建筑向更高的空间攀升。当楼高超过 40 层时，造价就会极高，因为越向上需要抵御的风就越强。如何让高层建筑的修建变得更加经济高效成为来自孟加拉的移民土木工程师法兹勒·汗想要解决的问题（图 3.19）。

法兹勒·汗出生在孟加拉的达卡，父母都是受过教育的穆斯林教徒。他曾在位于当时英属印度殖民地的加尔各答的一所工程学院学习。1948 年，印度和巴基斯坦独立成两个国家，政治动荡使他未能完成学业。达卡和周边的穆斯林区域成了巴基斯坦的一部分（该区域于 1971 年独立为巴格达）。1948 年，当地爆发动乱，法兹勒·汗被迫回乡。他很崇拜他的父亲。法兹勒·汗的父亲是达卡当地一所学院的院长，是一位温和派人士，他为印度教学生提供庇护并抵抗极端派的威胁。法兹勒·汗随后在达卡完成了土木工程专业的学业，并作为富布莱特学者到美国的伊利诺伊州州立大学进行深造。之后，他回到东巴基斯坦，但在当地他的专业没有用武之处。1960 年，他在芝加哥的 Skidmore, Owings & Merrill（SOM）建筑设计事务所找到一份工作。在那里，他开始构想高层建筑的新的建造方式。[44]

高层建筑的钢结构框架由垂直立柱连接水平横梁组成。楼体的重量会对立柱造成压力，立柱也必须承受水平方向的风力以及地基移动产生的作用力。20 世纪初，钢结构摩天大楼由紧密排列的立柱和水平横梁支撑，再用幕墙包裹钢结构。幕墙虽然没有承重墙厚重，但是这些墙仍然很重，并且挤压了留给窗户的空间。从 20 世纪 50 年代到 20 世纪 60 年代，建筑师和工程师设计的玻璃和钢铁结构建筑相对较小。而一旦建筑层高超过 40 层，每平方英尺的建筑成本就大大增加，因为必须解决楼层越高，需抵御风力越强的问题。

法兹勒·汗在20世纪60年代开始思考摩天大楼的造价问题，并用框架筒（Framed Tube）体系解决了这一难题。就像空心纸箱能抵御外力一样，法兹勒·汗意识到，如果一个大楼能通过外部的框架受力，形成盒状，比起过去利用立柱和横梁平均分担的方式，能更好抵御风力。如果这种洞察是正确的，那么高层建筑就将可以使用较少的钢材，但仍然能保障安全。[45]

法兹勒·汗相信，如果建筑有更坚固的外部结构，将建筑包裹成正方体或者长方体一样的桶，那么就能以更低的造价把大楼建造到 100 层左右。作为测试，他利用框架筒体系在芝加哥建造了一座 43 层高的混凝土公寓——德威特·切斯纳特公寓。1965 年，他利用该体系又设计了芝加哥汉考克中心（专栏 3.4 和图 3.20）。1969 年，高 100 层的汉考克中心完工，高度达 1 100 英尺，平均每平方英尺用钢量仅为 29.7 磅。而高 102 层的帝国大厦，虽然占地与汉考克中心几乎相同，平均每平方英尺用钢量却是 42.2 磅。除了框架筒体系设计，汉考克中心的外侧墙壁还有交叉支架来更好地支撑建筑，使建筑内部的立柱数量减少。法兹勒·汗的框架筒体系迅速在美国和全世界设计高层建筑的通用方法。但像汉考克中心这样在外围有支叉支架的建筑并不多。[46]

专栏 3.4　芝加哥汉考克中心（密歇根北大街 875 号）

法兹勒·汗将建筑结构设计成了框架筒，由外围一圈和核心一圈组成，并由联结对角线的钢梁固定外围。每根垂直立柱需要用足够的钢材来承重，以保障安全。汉考克中心使用钢材的承重能力是 29 000 磅，即 29kips。

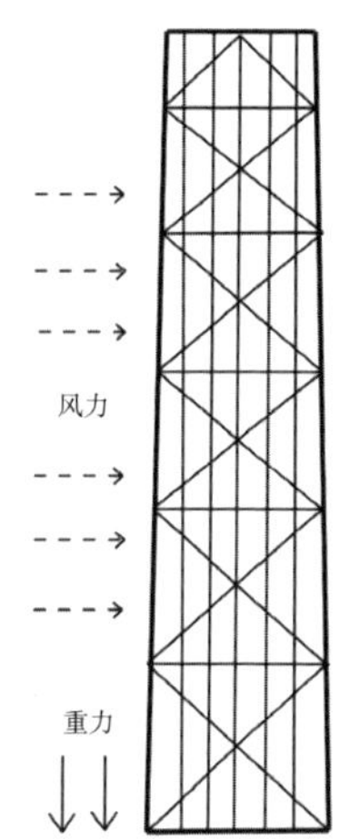

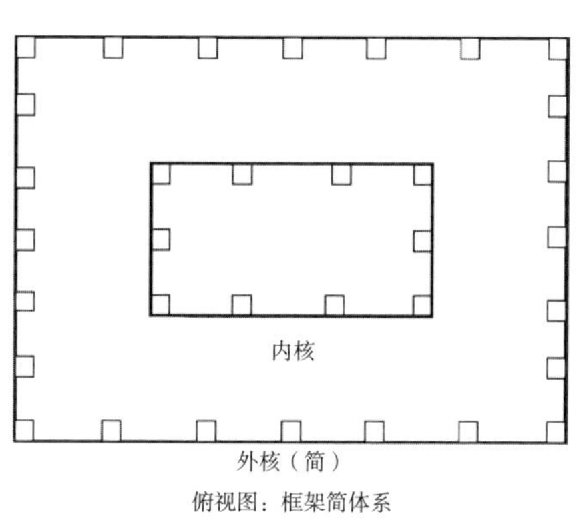

俯视图：框架筒体系

受力包括垂直方向的重力和水平方向的风力。核心筒承担一半的重力，外侧筒承担另外一半的重力以及全部的风力，底部的受力最大。底部外侧钢筒平均每个立柱承受 19ksi 的重力，9.5ksi 的风力，总受力为 28.5ksi，小于 29ksi，因此

在承重能力范围之内。[a]

建筑结构的使用率是用总应力除以容许应力，即 28.5ksi/29ksi，等于 98.3%。建筑的外围框架承担了绝大部分重力和风力，从而减少了钢材的用量。

资料来源：戴维·P. 比林顿所著的《结构研究》。

注：（a）钢的容许应力通常是断裂应力的一半，因此该建筑相当安全。

汉考克中心是一座多功能建筑，低层为办公室和购物场所，高层为居住公寓。这样的新式建筑在 20 世纪末吸引年轻人重新回到城市。[47] 汉考克中心是法兹勒·汗与布鲁斯·格雷厄姆（Bruce Graham）共同设计的，但法兹勒·汗为建筑注入了他独特的美学思想。[48] 建筑的外观也方便大众理解它的结构：可见的立柱、横梁、外部的交叉支架，让它的结构一目了然。2018 年，汉考克中心根据它的地址更名为北密歇根大街 875 号。

法兹勒·汗的下一个伟大作品，也是他最高的建筑作品是芝加哥的西尔斯大厦（现更名为威利斯大厦）（图 3.21）。法兹勒·汗应用了束筒结构的概念，用 9 个竖筒束在一起支撑大厦。其中两个筒有 50 层高，另外 2 个筒有 66 层高，3 个筒有 90 层高，剩下 2 个有 110 层高，即 1 450 英尺的高度。低层的筒可以更好地支撑上层，并且在外观上也有所体现。1974 年，西尔斯大厦完工，成为当时全世界最高的建筑，现在也仍然是美国楼层最高的建筑。框架筒结构让摩天大楼的高度实现了新的飞跃。

图3.20　芝加哥汉考克中心

图3.21　芝加哥威利斯大厦

九、机器和基建

汽车是20世纪最主要的机器。汽车的量产化和私有化，让它成为帮助人们实现移动自由的工具。但如果没有公共道路和桥梁，汽车没有无用武之地。这些大型基建项目都建设在固定位置，它们由人造材料建成，并且以满足当地需求为首要目的。对于现代技术，人们脑海中总是出现一幅单调的图景，所有东西均为统一制造，应用在各个地方，并很容易被新一代的制造取代。但是随着科技进步，我们会看到技术带给我们的独特性和持久性。

为了能有一个可持续性的未来，我们不仅需要新的科技，还需要机器与基建之间创新的平衡。机器是量产的，由私人使用，更新换代很快。而现在，我们开始越来越多地关注地区的差异性和独特性，这些是公共领域基建考虑的事情，我们希望基建能够突出地区特性并且能够持久。[49]

1945 年后，工程师们在三大领域取得了突破：核能、喷气发动机和把人类宇航员送到外太空的火箭。核反应堆改变了我们使用能源的方式，喷气发动机和火箭让人们能飞得更高、更快。

第四章

核 能

20世纪伟大的基础建设项目为美国带来了新的水利、发电设施以及高速公路。1945年后，美国政府实现了三项新的工程突破：释放原子中的能量，采用喷气式发动机在空中达到前所未有的速度，以及将宇航员送上月球。第一项突破最初利用核能制成了核弹，进而又使核能成为一种可控的能源。

“二战”期间，美国陆军的一个研究项目发明了通过核裂变释放爆炸能量的核弹。其中两枚核弹在1945年夏天加速了日本投降。在“二战”后的几年间，美国海军上校海曼·里科弗研制出了一种以可控的核裂变作为动力的潜艇。在美国海军内部反对这一创新的情况下，里科弗得到了美国国会的支持，才使里科弗免于在20世纪50年代初被迫退役。1954年，里科弗研制的首艘核动力潜艇“鹦鹉螺”号（USS Nautilus）成功试航。1958年，“鹦鹉螺”号穿过北极冰盖航行至北极，展示了核动力潜艇的实用性，美国海军随后增加了更多的核动力潜艇。

20世纪50年代和60年代，美国开始通过陆上核电站进行民用发电，其中大部分核电站是基于里科弗的工程技术。支持者们认为核能比化石燃料更经济。但事实证明，核电站建造成本高昂。1979 年，美国宾夕法尼亚州三里岛核电站的反应堆发生事故，导致美国新核电站的建设陷入了长期停滞的状态。但美国仍有 1/5 的电力来自核电站。核电站不会像化石燃料发电厂那样向大气中排放二氧化碳。然而，公众对核电仍然存在分歧。自 20 世纪 50 年代以来，核聚变作为替代核裂变的技术一直是研究焦点，但该技术到目前为止仍无法稳定持续地产生高于其消耗的能量。里科弗认为成功的工程管理是从核聚变中获得能量的关键所在，承受巨大风险的工程能源系统需要有良好的安全管理准则。

一、核能与原子弹

在化学反应中，如燃油燃烧反应，分子分裂或合并使原子重新排列成新的分子时以热的形式释放能量。20 世纪初，科学家发现原子核也可以分裂或融合，并以热的形式释放能量。原子核分裂的反应称为核裂变，而原子核融合的反应称为核聚变。1905 年，阿尔伯特·爱因斯坦（Albert Einstein）提出了 $E=mc^2$ 的关系式，其中能量（E）等于原子体的质量（m）乘以光速（c）的平方。科学家计算出核裂变反应释放的能量是化学反应的数百万倍。[1]

20 世纪 30 年代，欧洲的一些科学家开始认识到，核裂变有可能被用在工程中用来制造爆炸物。发现这种可能性的多位科学家在“二战”前到美国避难，其中一位便是阿尔伯特·爱因斯坦。他在 1939 年 8 月写给罗斯福总统的信中警告说，如果美国不率先获得核武器，美国的敌人就可能先于美国研制和使用核武器。1941 年 12 月 7 日，美国参加“二战”后，工程兵团制订了一个代号为“曼哈顿工程区”（Manhattan Engineering District）的项目来开发核弹。[2]

用铀元素的原子制造核武器最为实用。大多数原子的原子核周围有一个或多个电子，但有相同数量的质子。原子核也包含一个或多个中子，最简单的氢原子除外，它没有中子。当一个自由中子穿透一个有质子和中子的原子核时，就会引发原子核分裂并释放能量。较重的原子核更容易分裂，由于铀的原子核最重，曼哈顿计划（Manhattan Project）便开始研究铀。但该项目需要一种特殊形式的铀来实现裂变。

质子数量相同的原子核偶尔会改变它们所包含的中子数。同一元素中质子数相同中子数不同的各种原子互为同位素。天然铀中大多数原子的原子序数为 238，即原子核中的 92 个质子和 146 个中子之和。这些原子也被称为铀 -238 同位素。天然铀中约 0.7% 的原子含有 92 个质子和 143 个中子，被称为铀 -235 同位素，它们的原子核不太稳定，最容易裂变。

当一个外部中子使铀 -235 的原子核发生裂变时，核裂变会释放中子，进而使附近的其他铀 -235 同位素发生裂变。科学家们相信，浓缩至 3% 铀 -235 的天然铀将以恒定速率裂变，产生稳定的热量；浓度为 70%—90% 的铀 -235 将加速裂变，在数秒内产生威力巨大的爆炸。如此高浓度的铀 -235 是制造核武器的必要原料。受控裂变还导致少量铀 -238 吸收一个中子，变成钚 -239，钚元素也是极易裂变的。曼哈顿计划旨在制造铀弹和钚弹。

首先需要产生一个可控的反应。1942 年 12 月，科学家们在芝加哥大学将天然铀样品与石墨块逐层放置（图 4.1）。铀会自然地释放出少量的中子，一种称为减速剂的流体或固体物质可以减缓中子释放。这种减速对于受控的铀裂变是必要的，而石墨是一种很好的减速剂。随着抽出吸收自由中子的镉控制棒，减速的中子使测试样品中少量的铀 –235 发生裂变。裂变以恒定的速率产生了一定量的热量。重新插入控制棒就可以结束裂变。芝加哥大学的实验证明可控的核裂变反应能够实现，并验证了某些与裂变率相关的计算。[3]

图4.1 1942年芝加哥大学石墨反应堆（“芝加哥一号堆”）的图纸

资料来源：阿贡国家实验室。

核弹需要加速反应。在美国田纳西州的橡树岭，军方建造了一套设施来提高或浓缩天然铀中的铀 –235。浓缩过程是将粉末状的天然铀与一种化学物质混合，产生一种气体。经过处理后，这种气体在离心机中旋转，留下含有高浓度铀 –235 的残留物；重复旋转增加了残留物中铀 –235 的含量。浓缩过程需要大量的电力（以直流电的形式），为了给浓缩过程提供电力，TVA 在附近修建了丰塔纳大坝（Fontana Dam）。在俄勒冈州的汉福德，一个拥有数个石墨反应堆的工厂生产出了钚 -239，使美国也具备了积累钚的能力。

到 1945 年，汉福德和橡树岭工厂生产的裂变材料足以制造一枚铀弹和两枚钚弹。这些核弹最终在新墨西哥州洛斯阿拉莫斯的实验室中完成了组装。钚弹的设计更为复杂，该实验室于 7 月在新墨西哥州的沙漠里成功引爆了一枚用作测试的钚弹（图 4.2）。1945 年 8 月，美国在日本广岛投下了一颗铀弹，在长崎投下了剩下的钚弹，结束了“二战”。[4]

图4.2 钚弹在新墨西哥州沙漠中试爆

资料来源：洛斯阿拉莫斯国家实验室。

一年后，杜鲁门政府将曼哈顿计划变为了一个新的民间机构——AEC，由前 TVA 主席大卫·利连塔尔领导。20 世纪 40 年代，在美苏冷战深化期间，AEC 的主要任务是为美国武装部队提供核武器。[5] 而对核能的控制工作不可能由一个民间机构完成，而必须有一个军事机构——美国海军——进行。

二、核能与海曼·里科弗

美国海军在“二战”时没有参与核能的研发。“二战”后，一位杰出的军官使美国海军成功进行了核能研发。海曼·里科弗出生于波兰，父母是犹太人，6 岁时移民至美国伊利诺伊州的芝加哥，后来担任电报员。由于“一战”对军官的需求不断增长，1918 年他得到了入学美国海军学院的机会。他当时先经过独立学习弥补了教育上的不足，而后进入了学院。里科弗忍受着同学们的反犹太主义倾向，于 1922 年接受了一项任务，并首次在舰上任务中因工作认真而广获好评。里科弗对技术探索有着浓厚的兴趣，于 1929 年获得哥伦比亚大学电气工程硕士学位。在潜艇上服役数年后，里科弗于 1937 年转任全职工程人员。工程职位并不是一个有声望的岗位，这意味着要在岸上工作。1940 年 12 月，他开始在美国海军船舶管理局（Bureau of Ships）负责电气工程，该机构主要负责美国战舰的设计，以及战舰建造监督工作。里科弗在“二战”期间从事电气相关工作，在战争结束时他是海军上校军衔。[6]

1946 年 6 月，美国海军船舶管理局派出了包括里科弗在内的一小批具有工程经验的军官到橡树岭，与美国陆军和私营企业的工程技术人员一起开展核能发电的可行性研究。里科弗很快意识到核能对潜艇的重要意义。当时的潜艇在海面采用内燃机航行，在下潜时采用电池航行，这就要求潜艇经常浮出海面为电池充电并更换燃油。如果能利用少量铀产生的核能将水加热成蒸汽，使这些蒸汽来驱动发动机，那么潜艇就能一次在水下工作数周或数月。

里科弗也清楚利用核能的技术难点，首先是没有将裂变能量转化为电能的实用系统，并且用于潜艇的系统尤具挑战性。由于空间有限，艇上核动力系统必须能承受运动和作战带来的冲击。此外，还存在核辐射的危险。原子核分裂时释放出的单个中子对人体无害，但释放出的质子簇和中子簇会伤害人体。核裂变还会释放出最高频率的电磁辐射、伽马射线，长时间暴露在这些辐射下可能会致命，艇上人员需要时刻确保辐射已被屏蔽。[7]

里科弗掌握了当时已知的核工程技术，并负责橡树岭的海军小组，组员们认定海军的未来在于核动力。然而，对于管控核技术的 AEC 来说，制造核弹才是其首要任务。美国海军虽十分关注核能，并派出里科弗和他的小组来开展研究，但并不认为发展核能为舰艇提供动力是迫切的需要。里科弗的犹太血统以及性格中刻薄的一面也阻碍了他的发展。尽管他本人因高效率而受人尊敬，但他经常会对别人的缺点表示不满。1947 年秋，美国海军船舶管理局解散了里科弗的小组，将他安排到华盛顿一间由洗手间改造而成的办公室里，希望他会借此退役。[8]

不过，在一位同样看好核动力前景且与里科弗私交良好的热心年轻军官的帮助下，时任海军作战部长、前潜艇艇长、海军上将切斯特·尼米兹（Chester Nimitz）批准了由里科弗来负责核动力潜艇的研发项目。1948 年 7 月，美国海军船舶管理局改变了之前的决定，正式任命里科弗主持该项目。1949 年 2 月，里科弗担任 AEC 的海军联络员，从而成了 AEC 的官员。由于双职岗位的便利，里科弗能从 AEC 获得必要的帮助来推进相关工作。[9]

为了从裂变中产生能量，里科弗和他招募的工程技术人员设计了一种动力系统，包括一个核反应堆、一个主回路管道和一个二次回路管道（图 4.3）。该反应堆采用不锈钢安全壳，将浓缩至 3% 的铀 –235 浸泡在一种起减速剂作用的液体中。浓缩度至 3% 就可以维持可控的反应，由此将周围的液体加热至恒定的温度。主回路会把加热的液体输送到一个容器中，在容器中将二次回路中的水加热成蒸汽，蒸汽会带动水平涡轮轴的叶片转动，从而带动潜艇上的螺旋桨旋转，产生供潜艇使用的电力。两个回路中的液体被冷却后可以循环使用。由于反应堆和主回路中的液体具有放射性，因而必须为二次回路中的水以及潜艇的其余部分和艇员提供保护。[10]

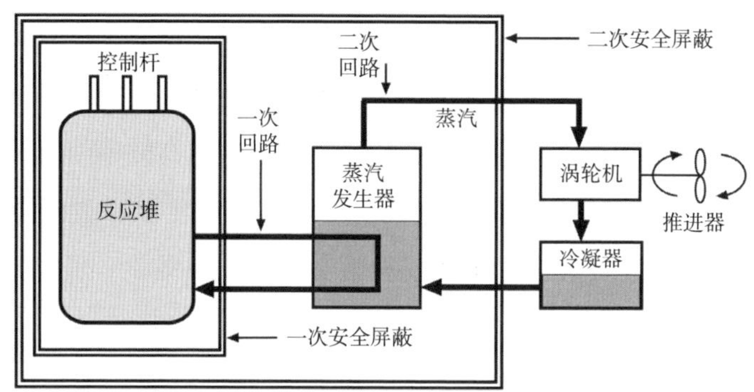

图4.3　压水反应堆和动力系统

资料来源：美国海军。

里科弗决定开发两种反应堆。第一种是压水反应堆，主回路中的减速剂和流体为普通水，持续加压使水温达到 600 ℉，这高于未加压下 212 ℉的水的沸点。在第二种反应堆中，采用液态钠作为减速剂和一次热媒。虽然液态钠需要比水更高的温度，但所需施加的压力低很多。西屋电气公司同意在位于宾夕法尼亚州匹兹堡附近的实验室为里科弗制造压水反应堆，而通用电气公司同意在纽约州斯克内克塔迪附近的实验室制造钠反应堆。首艘核潜艇“鹦鹉螺”号采用了压水反应堆。由于液态钠经验证具有很强的腐蚀性，里科弗放弃了在第二艘核潜艇“海狼”号（USS Seawolf）上使用钠反应堆的计划，决定让“海狼”号也采用压水反应堆。[11]

1946 年，橡树岭核电站的负责人、物理学家阿尔文·温伯格（Alvin Weinberg）在一份 8 页纸的手稿中提出了小型压水反应堆的想法，但是橡树岭核电站并未进一步考虑建造这样一种反应堆。[12]里科弗的一位同僚回忆起了当时的重点："在针对反应堆的大多数讨论中，大多数焦点都集中在反应堆的物理学方面，而这又主要依赖于复杂的数学方法……但里科弗以他特有的直率提出了一个更简单的问题：'你们打算怎样把那该死的东西做出来？'"[13]

核裂变反应堆及其管道需耐高温、抗腐蚀。不锈钢原本是制作反应堆安全壳和管道的合适材料，但小球状的浓缩铀燃料需要堆放在长支架或燃料棒中，并插入安全壳内的水中以保持自身的反应。由于不锈钢吸收中子，如果用在这种燃料棒中会干扰裂变。安全壳内的这些燃料棒必须足够坚实，耐热、抗腐的同时还不会干扰核裂变。

里科弗发现了一种稀有金属锆，它以合金的形式存在，能够承受安全壳内特殊的环境，并且不会吸收中子。然而，由于难以制造，美国当时仅存有数磅的锆，而里科弗快速决定订购数吨。美国海军将这些合同授予了私营供货商，这些供货商在拖延了一年后也未能交货。最后，锆订单交回了里科弗手里，里科弗开始在一个特殊的工厂内自行生产。为了满足使用需求，需要从锆中去除铪元素。幸运的是，铪元素满足了另一项需求，即可以制作成一种调节反应堆中子裂变的装置。铪吸收中子，插入或抽出铪控制棒，可以更精确地调整反应堆中的裂变速率，并在必要时停止反应。[14]

三、建造“鹦鹉螺”号

由于许多工程问题仍有待解决，1950 年夏，里科弗决定在美国爱达荷州的一处偏远实验室（现在的爱达荷国家实验室）中建造一个全尺寸测试型动力系统 Mark I。里科弗的设计是先将测试系统封闭在一个钢船体中，然后将其淹没在一个巨大的水缸中（图 4.4）。“工程技术人员都对这一想法表示不满”，其中一个工作人员写道。制造一种复杂而不熟悉的机械组件的通常做法是先制造各个部件，然后在具有足够大空间的设施中分别测试所有部件。“我们没有时间这样做。”里科弗回答说。[15] 他建造了一个巨大的水缸，并将一个内含西屋电气公司反应堆和涡轮机系统的全尺寸潜艇舱沉于其中。里科弗训练了一批亲手挑选的军官，招募了海员来操作和修理这些复杂的设备，向他们传授了需要掌握的工程和科学知识，并强调应严格遵守安全程序。

图4.4 Mark I测试系统

资料来源：爱达荷国家实验室。

1953 年 3 月 30 日，Mark I 系统完成了一次产生热量的可控裂变反应。同年 6 月，该系统可在全功率下安全驱动其涡轮机

48 小时。里科弗之后要求该系统在上艇前保持运行 96 个小时以发现所有缺陷，这一决定震惊了当时的工程技术人员。最终该系统通过了这次测试。当美国海军在缅因州的造船厂拒绝建造采用新系统的潜艇时，里科弗找到了康涅狄格州的一家私营造船厂——通用动力公司的电动船分部。里科弗要求在 1955 年 1 月 1 日前完工。[16]

1951 年，里科弗获得了由海军上校晋升为海军少将的提名，但他仍然不受美国海军许多高级军官的欢迎，负责晋升的委员会并没有举荐他。未获得晋升的军官在服役 31 年后必须退役，次年将是他服役的最后一年。1 年后即 1952 年的 6 月，晋升委员会再次拒绝提拔他。曾帮助里科弗的年轻军官再次采取了行动。在里科弗的领导下，核项目以惊人的速度向前推进，没有任何人具备取代里科弗的专业知识和能力。在国会作证时，里科弗给参众两院有权势的议员留下了深刻印象，几位参议员和众议员在里科弗同僚的提醒下，对核项目即将失去其核心人物表示震惊。一位富有同情心的《时代》杂志记者抨击了美国海军的反犹太主义和保守做法，在他的推动下，公众也强烈抗议，这导致美国国会推迟了美国海军所有的晋升。艾森豪威尔政府在 1953 年初执政后，对晋升重新进行了审查，里科弗最终被晋升为海军少将（图 4.5）。[17]

图4.5　海曼 · 里科弗

资料来源：美国海军历史和遗产司令部。

1954 年底，新潜艇准备就绪。美国海军“鹦鹉螺”号与 1870 年儒勒·凡尔纳（Jules Verne）的小说《海底两万里》（*Twenty-Thousand Leagues Under the Sea*）中的潜艇同名；罗伯特·富尔顿在 1800—1801 年建造的实验潜艇也使用了这个名字；一艘“二战”时的潜艇同样以这个名字命名。里科弗的“鹦鹉螺”号约 320 英尺长，28 英尺宽，满载时水下排水量约 4 000 吨，配有约 12 名军官和 90 名水手。这艘潜艇在水下和水面均能以超过 23 节（26 英里 / 小时，或约 41 千米 / 小时）的速度航行（图 4.6）。普通潜艇可以在水下待两天；而“鹦鹉螺”号可以在水下待两周。到 20 世纪 60 年代，核潜艇已可以在水下潜航 3 个月。[18]

图4.6 1955年1月正在海试的“鹦鹉螺”号

资料来源：美国国家档案馆。

里科弗项目的显著特征是他对人员的选择和对责任的坚持。里科弗亲自面试参与核项目的人员，使面试者承受很大的压力，以测试申请人在压力下保持镇定的能力。里科弗还要求，分配到核项目的人员必须责任明确，一旦出现任何问题都可以找到有关责任人员。1979 年 5 月，在国会作证时，他说道："除非你能在出现问题时指出一个应该负责的人，否则没有人会真正负责。"[19]

在海试之后，"鹦鹉螺"号于 1955 年 4 月开始服役，而在数月前，美国海军的军官们意识到指挥核潜艇将是一项职业荣誉，纷纷申请这一职位。里科弗没有选用他们，而是做出了自己的选择。1958 年，"鹦鹉螺"号创造了历史，成为首艘在北极冰盖下航行到达北极的潜艇。继"鹦鹉螺"号之后，第三艘核潜艇"鳐鱼"号（USS Skate）于 1959 年在北极浮出水面。"鹦鹉螺"号一直服役至 1980 年。[20]

里科弗继续建造压水反应堆，为航空母舰和其他大型水面战舰及更多的潜艇提供动力。然而，核动力舰队的迅速发展带来了新的危险。1963 年，核潜艇"长尾鲨"号（USS Thresher）在北大西洋深海潜航时沉没，艇上人员全部遇难。美国海军的一项调查将事故归因于蒸汽管道故障（造船厂维护不当），导致电力系统和核反应堆相继关闭。随后，美国海军对动力系统以及艇上所有关键部件的设计与装配都采取了严格的管理措施。里科弗针对核作业人员，开展了发生意外故障时快速恢复动力的培训。[21]

里科弗最终晋升为海军上将，并一直负责美国海军的核计划直到 1982 年退役，成为了当时美国海军历史上服役时间最长的军官。由他训练的一批海军核工程人员继续执行他严格的标准。1952—1953 年在里科弗手下服役的海军少校詹姆斯·厄尔·卡特（James Earl Carter，后称吉米·卡特）于 1977—1981 年成为美国第 39 任总统。在一本回忆录中，卡特写道："他期望我们能做出最大的贡献，而他总是贡献的更多。"[22] 里科弗在美国海军创建了一个新型公共工程组织，该组织在 1963 年后创造了令人印象深刻的安全纪录。遗憾的是，民用核能开发业不得不自己制定周密细致的管控流程。

四、民用核能与三里岛

起初，核技术不能民用。然而，苏联在 1949 年 8 月引爆了一枚裂变核弹，这让许多美国人担心国家未来的核竞争力。1953 年，艾森豪威尔总统执政后承诺和平利用原子能。1954 年 7 月，美国国会通过了《原子能法案》（*Atomic Energy Act*），批准将核反应堆民用化。由于保险业仍然对核项目的风险保持警惕，美国国会于 1957 年通过了《普莱斯—安德森法案》（*Price-Anderson Act*），同意为公共事业机构承担超过一定数额的核电站损失。[23]

里科弗提议为一家私营公共事业企业建造一座压水反应堆，前提是该企业同意运营和维护该反应堆。匹兹堡的杜肯照明与电力公司（Duquesne Light and Power）接受了这项提议，这座反应堆于 1954 年在宾夕法尼亚州的希平港——匹兹堡以北几英里俄亥俄河边的一座村镇——开工建设。西屋电气公司获得了建造反应堆的合同，里科弗一如既往地严格要求细节，对该项目实施监督。由于重重困难和紧张的日程安排，成本持续超支，翻了一番，达到 7 600 万美元。但最终，1958 年 5 月，希平港核电站开始向匹兹堡地区提供年发电量 6 万千瓦的电力。这家电厂之后一直正常运行，直到 1982 年关闭。[24]

民用核电从 1960 年占美国总发电量的不到 1% 增长至 1978 年的 12%。但核能问题重重，尽管运营成本较低，但核电站的建造成本高于燃煤电厂。对消费者来说，核能发电并不比化石燃料发电便宜。核反应堆的乏燃料具有高放射性，没有哪个国家愿意接受并处理它们，因此每座核电站都必须自行储存废物。1969 年《美国国家环境政策法案》（*National Environment Policy Act*）实施后，公共事业企业建造新的发电厂必须提交环境影响报告书，这限制了可选用的场地。此外核能反对者的诉讼也开始拖延新的建设计划。最严重的是，管理民用核电站的私营公共事业企业并非全都遵循里科弗的高安全标准和严格管理控制。[25]

在美国宾夕法尼亚州哈里斯堡附近的三里岛上，当地公共事业企业建造了 3 座核反应堆来发电（图 4.7）。1979 年 3 月 28 日，阀门故障导致一座反应堆的温度和压力升高，从而破坏了顶部的一个泄压阀。几秒钟后，所有的控制棒都降下来了，阻止在紧急情况下的核裂变。反应堆内降压时本应关闭的泄压阀却没有关闭，导致放射性的水和蒸汽逸出并进入混凝土安全壳建筑内。混乱和设计低劣的监控设备误导了操作人员，切断了用于降温的再冷却水的水流，使其无法进入反应堆，燃料棒因此发生了部分熔毁，泄漏的水和蒸汽放射性浓度上升，其中一些进入了外部环境。新闻媒体很快得知了这场危机，在不确定严重程度的情况下，政府官员差点就下令疏散这个地区。在联邦官员控制了这座反应堆后，美国新核电站的建设也被叫停了。[26]

此次三里岛的事故未造成人员死亡，而总统委员会的调查结论是，这起事故主要是由运营者、管理者和监管者的行为造成的，他们未采用或未执行安全操作标准。培训不足、操作程序不清晰和控制室设计不当是导致此次事故的原因。委员会的建议是必须更好地培训核电站工作人员。1979 年 12 月，核能事业部门在美国佐治亚州的亚特兰大成立了核电运行研究院（Institute of Nuclear Power Operations）——一个认证核电站运营商的国家项目。核管理委员会（The Nuclear Regulatory Commission）也开始执行更严格的标准。[27]

图4.7 三里岛核电站

资料来源：美国国家档案馆。

注：背景中的两座高混凝土结构是水冷塔。前景中的两座圆顶混凝土建筑是反应堆，前面为反应堆 TMI-1，后面为发生事故的反应堆 TMI-2。

三里岛事件后，美国的公共事业企业没有再建造新核电站，许多在建或接近完工的核电站也被关闭。其中一些符合新标准的核电站修建完工，有些甚至还可以增加反应堆。在三里岛事件之前，新建核电站的成本就已很高，后来更严格的监管迫使核电站的设计建造成本变得更加高昂，且建造时间也延长了。[28]不过，已建成的核电站运行安全，并且通过提高发电量，提供了美国约20% 的电力。1970 年之前，核电站能将一半的额定功率转化为实际功率；自此之后，公共事业企业通过将利用率提高至 80%—90% 来维持其在美国电力供应中的份额。[29]

五、对核聚变的探索

20 世纪 50 年代，核裂变是利用核能发电的最实用方法，但它并不是唯一引起人们关注的方法。核聚变也能释放核能，即原子核相互融合产生能量。自然界中最重的元素铀最易发生裂变，而最轻的元素氢最易发生聚变。大多数氢原子由 1 个电子和 1 个质子组成。科学家们已测定，原子核为 1 个质子和 1 个中子的氢同位素氘，与原子核为 1 个质子和两个中子的另一种氢同位素氚最易融合，释放的能量约为铀 -235 裂变时的 4 倍。

核聚变除了释放更多的能量外，还有几个优点。裂变反应堆需要一种稀有元素——铀，而氘可以从海水中获得。氚虽难以找到，但一个氘和一个氚原子的聚变会产生一个氦原子和一个中子。如果聚变反应堆中有锂，锂可以吸收喷射出的中子，并产生更多的氚，从而实现再生供应。核裂变所产生的乏燃料，其放射性会持续数千年，而核聚变工厂的反应堆和防护层在停运后，放射性只会持续 100 年。核聚变产生的唯一废物是无害的氦。如果核聚变经济可行，它就能取代裂变燃料和化石燃料，成为一种新的发电方式。

技术人员所面临的挑战是设计一种可发生持续核聚变反应的系统。太阳的巨大引力自然地将其原子核融合在一起，释放能量。在地球上，20 世纪 50 年代的氢弹使用裂变炸药，引发少量氘和氚原子核融合，在不受控的反应中释放出比裂变核弹更多的能量。但要在地球上以可控的方式维持核聚变，就需要将氘和氚加热到接近 1 亿摄氏度的温度，这是太阳内核温度的 6 倍。在达到这一温度后，氘和氚燃料必须熔合足够长的时间来“点火”实现自燃，直至需更换燃料。[30]

科学家们采用了两种方法开展核聚变研究。普林斯顿大学的天体物理学家莱曼・斯皮策（Lyman Spitzer）在 20 世纪 50 年代提出，由于已知物质无法承受所需的高温，应将反应控制在一个强磁场内。他在美国新泽西州的普林斯顿离子物理实验室启动了他的研究项目，该实验室后来成为美国磁聚变研究中心。在对各种形式的磁容器进行实验之后，20 世纪 70 年代，科学家们决定采用一种称为托卡马克（tokamak）的环形容器，这种容器看起来像一个空心的甜甜圈。包围托卡马克装置的磁体隔离氘 – 氚燃料，将其驱入内部的环形通道，然后由电流进行加热。这些热量导致原子分解成等离子状态并发生燃烧。另一种方法由美国加州伯克利的劳伦斯・利弗莫尔（Lawrence Livermore）实验室提出，该研究机构的科学家们采用激光压缩和加热氘 – 氚燃料颗粒。美国政府资助了磁聚变和激光聚变研究。

科学家们已能实现短暂的聚变。麻烦的是，磁约束等离子体的不稳定性，以及激光核聚变过程中粒子表面的不稳定性使这两种聚变都无法持续。产生核聚变所需的能量也高于核聚变释放的能量。为了克服这些问题，研究人员建造了越来越大的机器——而这需要越来越多的经费。然而，持续的核聚变仍然难以实现。20 世纪 90 年代，美国政府决定不再增加支持力度。磁聚变研究现在是一项以欧洲为中心的国际行动，而激光聚变目前主要由美国资助，作为一种测试核弹头中的燃料的方法。尽管核聚变研究仍在继续，但过去的经验表明，核聚变实用化仍是一个长期的愿景。[31]

六、核能的经验教训

里科弗的核裂变项目之所以取得成功有三个原因。第一，巨大的工程难题是可能在几年内得到解决的，而他确实破解了这些难题。第二，核能满足了其他能源无法满足的独特需求。只有采用核能，潜艇才能在水下潜航数周或数月。相比之下，民用核能最初就面临来自化石燃料的竞争。第三，由于里科弗本人创造了一种制度化的核能利用方法，他定义了如何开展工作，并设定苛刻的标准，由他和他的团队在美国海军内部强制推行，从而保障了安全有效的运行。

里科弗首先强调安全要落实到责任人身上。这条规则应适用于所有危险的能源技术，而不仅仅是核能。例如，2010 年春季和夏季，一场深海钻井事故将数百万加仑的石油泄漏到墨西哥湾。“深海地平线”钻井平台的灾难管理责任不明，是造成事故的原因之一，事后的调查发现，钻井作业设计和灾难前的巡检都存在不足。[32]

近年来，美国开发了新的化石能源。垂直钻探一直是开采地下矿物燃料的传统方法，不过，如果大型矿藏与其他矿物混合在一起，进行回收是不经济的。通过一种称为水力压裂的方法，工程技术人员发现，可以先垂直，然后水平钻探到沉积物，再加压注入含有某些化学物质的水，就能从这些混合物中释放出天然气和石油。水力压裂法开采出了大量的化石燃料，但也引起了人们对废水的妥善处理以及在地质敏感地区采用这种方法产生地震效应的担忧。[33]

核能从一开始就备受争议，时至今日依然如此。1945 年以来，人们认为核武器既可以防止大国冲突，也可以毁灭文明。直到 20 世纪 90 年代，全世界只有 5 个国家拥有核武器；从那时起，其他国家也开始通过建造核反应堆和浓缩铀设施来研制核武器。[34]民用核能一直在经济和环境问题上存在反对和支持两种声音，自 20 世纪 70 年代以来，一直争议不断。[35]如果可再生能源成为化石燃料、核裂变和核聚变能源的实际替代品，人们可能会放弃后三种能源，或对它们进行更深入的研究。

在开发核能的过程中，里科弗延续了公共领域激进的工程创新传统。1945 年后，获得公共资金支持的航空航天工程技术人员实现了两个新的激进想法：在更高空中以更快速度飞行的喷气发动机以及飞向外太空的火箭。

第五章

喷气发动机和火箭

“二战”前，专家们认为用喷气发动机为飞机提供动力是不现实的。但英国空军军官弗兰克·惠特尔（Frank Whittle）不这样认为。1929 年他提出这个想法时没有人理会，但到了 1936 年，随着新的外国威胁迫在眉睫，英国皇家空军开始资助惠特尔的研究。1939 年，他研发出一台喷气发动机。两年后，惠特尔开发出了一架喷气式飞机。“二战”期间，德国工程师也生产出喷气式飞机，但喷气式飞机在“二战”期间对双方都没有发挥重要作用。之后，战机开始使用螺旋桨发动机。20 世纪 50 年代，喷气式飞机开始用于民航旅行，曾习惯于铁路和船运的乘客表现出愿意选择飞机进行长途旅行。

火箭推进的原理可以追溯到几个世纪前的古代中国，当时装满炸药的罐子推动火箭升高达数百英尺。现代火箭技术起源于工程师们开始了解如何到达更高的高度。1926 年，美国物理学家罗伯特·戈达德（Robert Goddard）率先提出了一些对太空旅行至关重要的见解，之后他自筹经费用液体燃料进行了首次现代火箭发射实验。德国工程师在“二战”期间依靠戈达德的创意，研制出运送炸药的火箭。随后，美国和苏联开始了大规模的火箭和载人飞船的开发计划，由此产生的太空竞赛推动美国宇航员在1969年实现了历史性的登月。

一、螺旋桨飞机的局限性

第一代动力飞机使用活塞发动机来使螺旋桨转动。发动机中汽油的燃烧带动活塞转动曲轴，曲轴带动与螺旋桨相连的轴转动。莱特兄弟在1903年驾驶使用这种发动机的第一架比空气重的飞机，完成了稳定的水平飞行。20世纪20年代，工程师们在飞机设计上做出了重大改进，安装了螺旋桨发动机的飞机可以运载一名飞行员和一个小型有效载荷。20世纪30年代中期，飞机有了全金属框架和封闭的流线型机身，机翼由单翼改为双翼，甚至有些飞机的每个机翼上都安装了发动机。20世纪30年代，新型炼油工艺的革新改善了汽油的性能，使其作为航空燃料更安全、更高效。[1]

然而，到了20世纪30年代，工程师们发现螺旋桨航空技术也是有局限性的，螺旋桨的旋转速度快于其推动飞机前进的速度。实验表明，随着螺旋桨的旋转速度接近声速，机头的空气阻力急剧上升。因此，螺旋桨驱动飞机可以达到的最高速度为350—450英里/小时。[2]螺旋桨驱动的飞机的飞行高度受到限制。1936年引入的客机道格拉斯DC-3的巡航高度为11 000英尺，时速为192英里/小时，飞行高度最高为23 000英尺。[3]

喷气发动机将涡轮和空气压缩这两种已有的工程理念结合在一起，形成了一种新型的无需活塞的发动机。19 世纪时，涡轮机是将水输送到纺织厂的动力机械，后来涡轮机作为发电机安装在水坝上。英国的查尔斯·帕森斯（Charles Parsons）于 1884 年发明了固定式涡轮机，以蒸汽代替水来转动带叶片的轴。帕森斯蒸汽轮机比现有的任何活塞式蒸汽机都更高效。但是，汽轮机太重了，无法为机动车辆或飞机提供动力。[4] 1907 年，美国通用电气公司工程师桑福德·莫斯（Sanford Moss）设计了一种通过燃烧液体燃料驱动的固定式涡轮机。但是这种固定式涡轮机在每小时提供相同的马力的情况下，所需的燃料是活塞发动机的 4 倍。[5]

20 世纪初，工程师在飞机发动机中应用了空气压缩技术。“一战”期间，飞机制造商设计了带有进气口的活塞式发动机，进气口的功能是限制进入发动机的空气流，从而压缩空气。这种压缩被称为增压，空气与燃料混合时气流更加均匀，使燃烧更为充分，而增加的氧气提高了飞机燃烧燃料的效率和飞行的高度。然而，采用活塞式发动机的战机无法保持高于 40 000 英尺的巡航高度。[6]

1926 年，英国政府实验室皇家飞机研究所（Royal Aircraft Establishment, RAE）的研究员艾伦·A. 格里菲斯（Alan A. Griffith）提出使用压缩空气推进涡轮机。他的想法是先压缩空气，然后再与液体燃料混合，燃烧产生的废气使叶片轴（涡轮）旋转，同时带动前面的螺旋桨旋转。格里菲斯的想法仍然依托于螺旋桨。[7] 然而，到了 20 世纪 20 年代和 30 年代，美国兰利航空实验室（RAE 的对应机构）选择了用活塞发动机改进螺旋桨飞机，世界范围内的私营飞机工业也是如此。

专家意见也不鼓励开发真正的喷气发动机，在这种发动机中，压缩空气与液体燃料混合、点燃，并通过喷嘴排出的气体，使飞机在排气射流的推力下向前移动。1924 年，美国国家标准化所的一位物理学家埃德加 · 白金汉（Edgar Buckingham）撰写了一份报告，得出的结论是这种发动机要达到 250 英里 / 小时的推力，所需燃料是常规螺旋桨发动机的 4 倍。然而，在计算时，他把一个用于压缩空气的活塞式发动机的重量计算在内，没有考虑喷气发动机在更快的速度和更高的海拔下效率可能提升，[8] 直到 1940 年，美国的专家仍对喷气推进器持怀疑态度。同年，由美国国家科学院任命的一个专家委员会得出结论，认为由喷气发动机提供动力的飞机是不现实的愿景。[9]

二、弗兰克 · 惠特尔与喷气式飞机

真正的喷气发动机是弗兰克 · 惠特尔的创新，20 世纪 30 年代末，他在英国设计并制造了这种发动机。惠特尔在英格兰利明顿镇长大，父亲是一名机械师。弗兰克 · 惠特尔博览群书，并掌握了内燃机的工作原理。16 岁时，他两次因体检不合格而无法加入皇家空军（RAF），为此他开始了体能训练，并申请在附近郡的皇家空军克伦威尔基地当学徒，在那里他接受训练并成为一名合格的飞机机械师。三年后，由于工作出色，他进入了位于克伦威尔的皇家空军学院，接受训练成为一名军官（图 5.1）。其他大多数学员是寄宿学校毕业的学生而不是学徒，但惠特尔在学院学习期间表现出非凡的能力，证明了他是一名优秀的飞行员，冒

险飞行被认为是他唯一的缺点。惠特尔于1928年毕业，那一年他21岁。[10]

图5.1　弗兰克·惠特尔（后排中）

资料来源：英国机械工程师学会档案馆。

惠特尔撰写了一篇关于如何在高空飞行的论文，他的结论是，螺旋桨发动机借助后置汽油涡轮机有可能会达到更高的速度。[11]尽管如此，毕业一年后，惠特尔完全放弃了螺旋桨，转而选择通过使用液体燃料在燃烧室形成压缩空气，然后喷射出来形成推动力量。他后来说，“这个想法成形后，我感到我花了这么长时间才得出一个如此明显且非常简单的概念，这似乎很奇怪。”[12]惠特尔相信，他可以设计出在70 000英尺的高度，以500英里/小时的速度飞行的喷气发动机。在一定的能量下，此高度的低气温将比低空具有更大的动力。他在1930年提出一项专利申请，概述了这种发动机的设计。[13]

英国航空部（皇家空军的政府主管部门）拒绝了该申请，专家艾伦·格里菲斯同意对其申请进行审查，但发现惠特尔的计算存在错误（后来发现没有错）。一些领先的飞机制造商也拒绝了这一想法，他们不愿在20世纪30年代初日益严重的萧条中冒新的风险。1934年，惠特尔被剑桥大学录取，在两年内完成了三年的数学和科学课程。1935年1月，因为缺乏资金更新他的专利并且对其前景感到沮丧，他允许专利失效。[14]

然而，几个月后，两名退役的皇家空军军官说服一家小型投资银行提供 10 000 英镑（约为 1936 年的 50 000 美元，相当于 2010 年的 80 多万美元），支持惠特尔研发喷气发动机。惠特尔及其合伙人成立了喷气动力有限公司（Power Jets, Ltd.），而惠特尔的股份则由皇家空军持有。由于“二战”即将爆发，英国皇家空军的上级决定看看惠特尔能做什么，因而他们免除了他的常规职责。惠特尔对失效的专利设计进行了一些更改，以便他的合伙人可以获得一项新的专利。制造发动机的英国汤姆逊－休斯顿公司同意制造该设备。[15]

三、研发喷气发动机

即使得到了新的资金支持，弗兰克·惠特尔也面临着一系列非同寻常的挑战。在他起初设计的原型机中，空气会进入发动机前部的一个开口，然后撞击安装在轴上的叶片式转轮（专栏 5.1）。这个叶轮，也就是压缩机，将使空气转向并压缩到一个通向燃烧室的漏斗中，在那里空气和液体燃料将持续燃烧。然后，热气会穿过涡轮。通过涡轮的气体会使轴旋转，并使前面的压缩机叶片转动。同时，通过涡轮机的气体作为一个排气喷口离开发动机，为飞机提供向前的推力。

专栏 5.1　惠特尔涡轮喷气发动机

弗兰克·惠特尔的第一台涡轮喷气发动机由三个基本部件组成：轴、压缩机叶轮和一个涡轮（发动机外壳省略）

惠特尔涡轮喷气发动机带有较大压缩机叶轮（中间）
和较小涡轮叶轮（右侧）的发动机轴

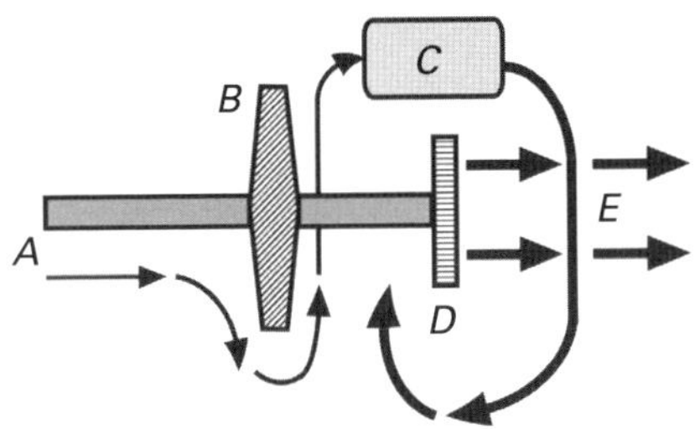

惠特尔发动机图（简图）

上图概括了发动机的工作原理。空气将从进气口 A 流入发动机。进气口内的压缩机叶轮 B 将空气压缩并将气流引至燃烧室 C，在那里空气和喷射的燃油将被点燃，产生的热气随后会环绕轴的管道循环到涡轮叶轮 D，气体通过涡轮的角叶片、旋转涡轮和固定压缩机叶轮的连接轴。E 处的废气推动飞机前进，旋转的压缩机叶轮会将更多的空气吸入发动机。

据说，惠特尔的发动机为了将空气分流到压缩机叶轮周围，采用了一种称为离心流的进气方式。[a] 后来的喷气发动机采用了轴向流，空气通过几个压缩机叶轮的叶片，在叶轮后面的一个气室中点火，然后通过涡轮将热气排出。[b]

喷气发动机不再需要飞机前部的螺旋桨，然而构思一个能让所有组件协同工作的机器在开始时肯定异常困难，惠特尔尝试了许多不同的设计，最后才确定了设计方案并使发动机能够正常工作。

资料来源：轴和轮叶来自惠特尔所著《惠特尔喷气推力气体涡轮机的早期历史》。

注：（a）惠特尔设计的是离心流动发动机，因为他了解采用该方法的早期压缩机。（b）轴向流发动机简图请参看下文的图 5.6。

为了使重量 2 000 磅的飞机达到 500 英里 / 小时的速度，发动机中的轴转速需要达到每分钟约 17 000 转（rpm）。这在大型固定式涡轮机中并不罕见，但从未在飞行器中尝试过。道格拉斯 DC-3 上的螺旋桨是以 2 000 rpm 的转速旋转的。运动部件上的应力以及更高的燃烧温度在以前任何飞机发动机中都没有采用过。由于资金有限，惠特尔无法单独制造和测试其组件，这意味着他必须将发动机作为一台机器进行组装和测试（图 5.2）。[16]

图5.2 惠特尔的第一台实验性喷气发动机

资料来源：英国机械工程师学会档案馆。

1937 年 4 月，这台发动机在英国汤姆森·休斯敦工厂一间大厂房的试验台上准备就绪，排气喷嘴从窗户伸出。在用电动机将其提高到 2 000rpm 后，惠特尔切换到柴油供油，接着伴随着加速出现了可怕的尖厉的声音。除了惠特尔以外，其他人都逃离了大楼，前者试图关闭发动机只是为了让发动机继续加速。最终，在达到预期速度的一半后，发动机开始减速。此后，惠特尔发现燃油泄漏导致了加速，直到泄漏的燃油耗尽。这是一系列可怕事故中的第一个，因为惠特尔和一些工程师和机械师将要在接下来的两年中解决一个又一个问题。为了安全起见，测试转移至一栋单独的建筑物中，惠特曼在获得一些额外资金后，继续对发动机进行改进。此时他们设计的发动机有 10 个较小的燃烧室，而不是一个大燃烧室。燃油喷射仍然是个难题。最后，1939 年 6 月 30 日，在伦敦官员的见证下，新发动机在台架试验中成功达到了 16 500rpm。[17]

英国于 9 月 3 日加入“二战”，此时，英国皇家空军对惠特尔开发一种实验性喷气式飞机提供了支持。一家小公司——格罗斯特飞机公司（Gloster Aircraft Company）与惠特曼合作，设计了由该公司命名的 E.28/39 飞机。这种飞机将喷气发动机置于飞行员的身后，在机身的后部以及在飞行员前方的飞机两侧各有一个进气口，将空气送入发动机，从机身尾部的一个喷嘴排出尾气（图 5.3）。

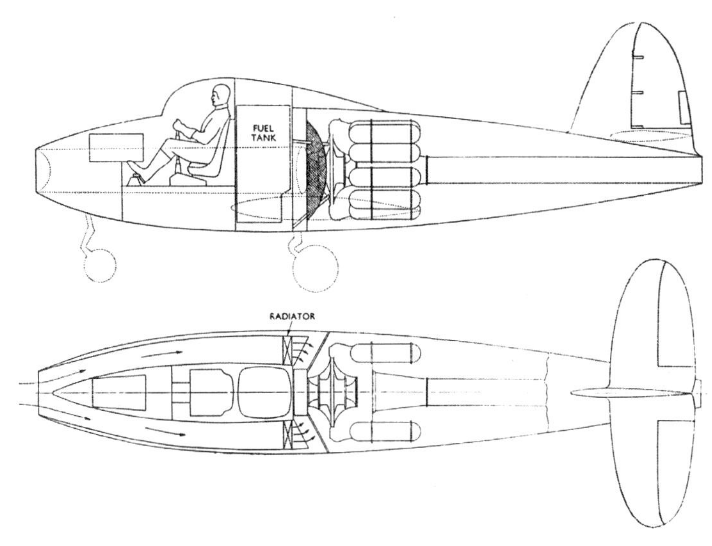

图5.3 E.28/39飞机的结构

困难依然存在，主要是涡轮部分需要一种更耐用的金属，直到一家专业公司发明了一种镍合金——Nimonic-80，它可以承受排气火焰的温度。1941 年 5 月，喷气式飞机终于准备就绪。在克伦威尔，惠特尔进入驾驶舱，亲自打开点火装置，然后出来把飞机交给试飞员，试飞员以 17 000rmp 的速度进行了一次成功的飞行试验。试验表明，与英国最好的螺旋桨战机相比，喷气式飞机的速度和机动性具有极大优势（图 5.4 和 5.5）。[18]

图5.4 弗兰克·惠特尔上尉

资料来源：伦敦帝国战争博物馆。

图5.5 内部装有离心式发动机的格洛斯特E.28/39实验性喷气式飞机

资料来源：伦敦帝国战争博物馆。

惠特尔的飞行试验成功后，英国皇家空军订购了一架喷气式飞机用于作战，在每个机翼上都装有喷气发动机的“格洛斯特流星”（Gloster Meteor）飞机从 1944 年开始服役。不过，该机主要部署在拦截被称为 V-1 炸弹的德国喷气式巡航导弹上。1941 年，英国与美国共享了惠特尔的发动机设计。通用电气公司的工程师们很快就制造出了喷气式发动机，贝尔飞机公司将这种发动机——“艾拉科梅”（Airacomet）——组装到了飞机上，并于

1942年10月首飞。洛克希德飞机公司也制造了一架喷气式飞机，即洛克希德P-80。然而，美国高级军官们犹豫不决，新型飞机并没有在战斗中服役。[19]

德国也研制了喷气式飞机。1932年，德国工程师汉斯·冯·奥海恩（Hans Joachim Pabst von Ohain）提出了制造喷气式发动机的想法，并得到了恩斯特·海因克尔（Ernst Heinkel）的支持——他是一家公司的创始人，该公司在“二战”中成为德国空军的主要战机供应商。在这种支持下，奥海因在1939年8月之前就制造并试飞了一架实验性的喷气式飞机。德国其他飞机公司很快也设计出了自己的喷气式飞机。不过纳粹领导层将喷气式飞机的生产推迟到了1943年底，然后将这些飞机用作低空轰炸，而不是更适合的高空拦截。当它们在1944年末被用作拦截战机时已经太晚了，无法真正影响战争的结果。[20]

四、从涡轮喷气发动机到涡轮风扇发动机

1945年以后，美国及其主要盟友和“冷战”对手苏联将他们的空军作战力量转向使用喷气推进法。“二战”后，军用喷气式飞机实现了两项改进。首先，针对发动机本身，一种被称为轴向流的不同类型的空气压缩方式，被证明比惠特尔发明的离心压缩更有效。在轴向流中，空气通过连接在轴上的多个压缩机轮，而不是绕着单个压缩机轮偏转。每个轮子上的叶片排成一排，与一排固定在发动机壳体上且不旋转的叶片交替（图5.6）。这种装置在空气进入燃烧室之前稳定并压缩了空气。轴向流使发动机变得更窄，并为空气通过提供了更简单的路径。[21]

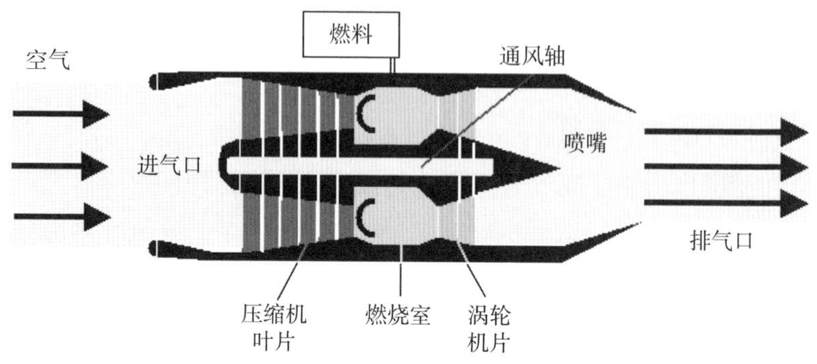

图5.6 轴向流发动机

资料来源：美国宇航局格伦研究中心。

其次，从 1949 年在美国服役的 F-86“佩刀”（F-86 Sabre）喷气式飞机开始（专栏 5.2）（图 5.7），“二战”后的喷气式飞机的翼展变为后掠式倒“V”形。当飞机接近并超过声速时，后掠翼使飞机的空气阻力较小。后掠翼军用喷气式飞机的成功，促使民用航空公司在20世纪50年代末开始从螺旋桨转向喷气发动机，并设计出具有后掠翼的客机。[22]

专栏 5.2 后掠翼

1945 年以后，随着喷气式飞机的速度接近并超过声速，喷气式飞机机翼的设计发生了变化。

在更高的速度下，机翼垂直于机身的飞机会遇到更大的空气阻力。如果在声速以上，这种阻力会产生冲击波，空气的可压缩性突然增加。下图显示了模型飞机的垂直翼展在风洞中迎着 1.72 倍声速的风所产生的冲击波：

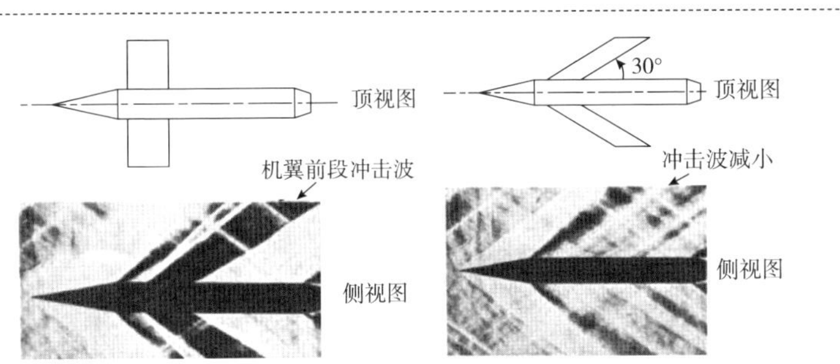

垂直机翼上下的冲击波很严重，后掠机翼阻力要小得多

如上图所示，后掠式机翼可以在相同的超音速下，大大降低飞机的阻力和由此产生的冲击波，只留下了由飞机模型的正面区域形成的小得多的阻力。

飞机的速度与声速的比值被称为马赫数（Mach）。上面迎风的飞机模型的马赫数是1.72。

资料来源：西奥多·冯·卡门所著的《我们的立场：AAF科学咨询小组的报告》。

图5.7　一架F-86“佩刀”喷气式飞机（左）追赶一架喷气式飞机

资料来源：美国宇航局阿姆斯特朗飞行研究中心。

英国是首先在民用飞机上使用喷气发动机的国家，为长途旅客提供了更快的速度和高空飞行的舒适感。“二战”期间，英国著名飞机制造商杰弗里·德·哈维兰（Geoffrey de Havilland）根据惠特尔的设计制造了喷气发动机。1952 年，德·哈维兰公司推出了彗星客机，这是一种每一个机翼上都装有两个喷气式发动机的飞机。不过，在接下来的两年里，4 架彗星客机都因机身故障坠毁。四年后，德·哈维兰推出了重新设计的更安全的彗星客机。1958 年，美国的波音公司（Boeing Company）推出了波音 707（Boeing 707），这是一种装有 4 个喷气发动机的客机，最多可搭载 189 名乘客进行洲际飞行，是彗星客机的两倍（图 5.8）。[23]

图5.8　飞行中的波音707

资料来源：波音图像档案馆。

紧随波音飞机之后的是道格拉斯 DC–8，占据了民航客机的大部分市场。喷气发动机的使用引起了一场地面交通和空中交通革命。到 1980 年，美国的铁路运输量比 1950 年下降了 2/3，从每年 320 亿人次英里下降到 120 亿人次英里，而航空旅行量则从 100 亿人次英里增加到 2 190 亿人次英里。地面交通大量转向私人汽车是铁路旅行减少的主要原因，但航空旅行的增加反映了相比长途列车，乘客更偏爱喷气式飞机。[24]

民用喷气式飞机旅行需求的急剧增长导致飞机上安装的喷气发动机的类型发生了变化。涡轮喷气发动机为军用战斗机提供了短时间激烈交战所需的高速，但其发动机消耗燃料的速度也非常快。客机不需要如此高的速度，但需要更大的推力来运载更多的人。涡轮风扇发动机满足了这种民用需求（专栏 5.3）。在涡轮风扇发动机中，一个较大的机壳包裹着涡轮喷气发动机，为冷空气在发动机周围流动提供了空间。轴上有大型风扇叶片，安装在压缩机之前的涡轮轴上。一部分空气被风扇叶片吸入涡轮喷气发动机，剩余的空气保持低温，绕着发动机流动。涡轮风扇发动机无法达到纯涡轮喷气发动机的速度，但具有向后排出的冷空气的附加推力。涡轮喷气发动机使用煤油而不是汽油，每小时每磅推力消耗大约 1 磅燃料，而涡轮风扇发动机每小时每磅推力仅需要约一半多一点的煤油燃料。[25] 除了燃油的经济性外，涡轮风扇使涡轮喷气发动机的噪音更低，由于这些特点以及推力的增加，民用客机改为涡轮风扇发动机。波音 747（Boeing 747）飞机于 1970 年推出，配备 4 台涡轮风扇发动机，可搭载 382 名乘客，在 30 000 英尺的高空飞行 608 英里 / 小时。以几乎相同的高度和速度飞行，采用 4 台涡轮喷气发动机的波音 707 客机只能搭载 189 名乘客；4 台涡轮风扇发动机带来的更大推力，使得波音 747 的载客量增加了一倍。[26]

客机航空旅行扩大了对机场的需求，刺激了新的航站楼建设。跑道类似于铺筑的高速公路，但混凝土需要用钢筋加固，以保持其光滑和强度，抵御更重的大型喷气式客机的重量。新的空中航线网络与新的州际公路网相平行，但航空旅行受地面无线电控制，以确保安全和高效。[27] 喷气式飞机旅行的兴起促进了美国文明从中心城市向郊区的转移，因为郊区有足够的空间建造机场。

专栏 5.3　从涡轮喷气发动机到涡轮风扇发动机

起初，1945 年以后的喷气发动机是轴向流涡轮喷气发动机。空气进入进气通道，压缩机叶轮压缩空气，然后将其送入后面的燃烧室，在燃烧室中空气与燃料混合、燃烧，并产生一个排气喷流（下图）。

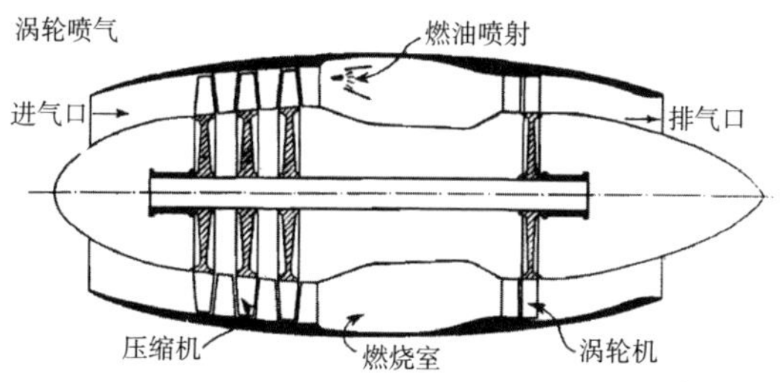

军用飞机依靠涡轮喷气发动机在空中可以实现短时间内高速飞行。相比之下，客机的巡航速度较低，但每次在高空停留时间较长。涡轮风扇发动机满足了这种民用需求。

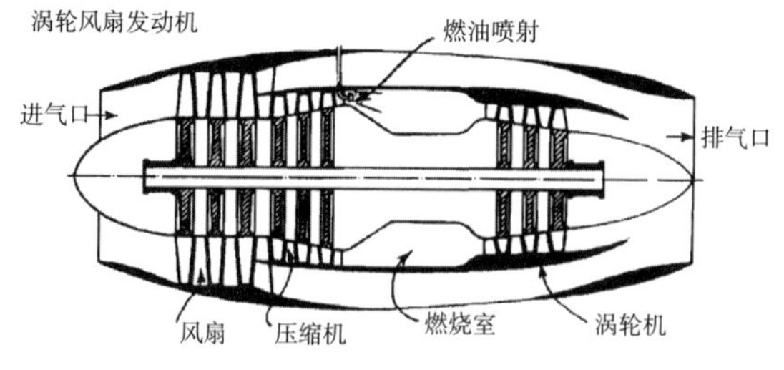

在涡轮风扇发动机（见图）中，涡轮喷气发动机安装在一个更大的机壳内。由安装在涡轮风扇进气口内部的风扇叶片吸入空气，其中一部分空气进入涡轮喷气发动机，在那里被压缩，与燃料混合，进行燃烧并产生排气喷射。剩下的空气绕着发动机流动，然后从后面排出去。这种冷空气不会增加速度，但会增加发动机的推力并节省燃油。

1970年以后，客机改用涡轮风扇发动机，以承载更多的乘客和重量。新发动机也比涡轮喷气式飞机安静。军用飞机也最终获得了可以同时实现高速和高推力的涡轮风扇发动机。

资料来源：西奥多·冯·卡门所著的《我们的立场：AAF科学咨询小组的报告》。

弗兰克·惠特尔并不是唯一一个反对喷气推进的飞行员。1927年，驻扎在夏威夷珍珠港的美国海军军官西德尼·帕拉姆·沃恩（Sidney Parahm Vaughn）中尉申请资金开发涡轮喷气发动机。管理兰利实验室的联邦机构——美国国家航空咨询委员会（National Advisory Committee of Aeronantic）——的专家审查之后拒绝了他的建议，认为这样的发动机不实用。[28]

喷气发动机的发明需要一个概念上的飞跃，从使用压缩机和涡轮来驱动螺旋桨，发展为使用喷气发动机而不用螺旋桨来实现前进推力。一旦早期的喷气式飞机证明了这一飞跃，其他工程师就欣然接受了这一突破。民用喷气式客机在20世纪70年代和80年代发展成熟。新材料和新发动机可能会进一步改进客机，但在可预见的未来，涡轮风扇发动机似乎仍是长途民用航空旅行的主要动力来源。

五、罗伯特·戈达德与现代火箭

现代火箭和太空旅行起源于俄罗斯人康斯坦丁·齐奥尔科夫斯基（Konstantin Tsiolkovsky）和美国人罗伯特·戈达德的思想。由于患有部分耳聋，齐奥尔科夫斯基自学成才，成年后获得了中学教师的工作。儒勒·凡尔纳的小说激发了他遨游太空的畅想；不同于凡尔纳以巨型大炮发射宇宙飞船的想法，齐奥尔科夫斯基在 1903 年提出了用液体燃料来驱动火箭。他提议用液氧和液氢点火，在火箭尾部采用一个锥形喷嘴来排出膨胀的燃烧气体，而这种膨胀的爆炸力将推动火箭前进。不过，齐奥尔科夫斯基终生没能制造出一枚火箭，当时他的想法在俄罗斯以外还不为人所知。[29]

美国火箭技术的先驱罗伯特·戈达德年轻时也饱受病痛的折磨。1899 年，17 岁的戈达德爬上一棵树，幻想着去往火星；从那以后，他将太空旅行作为人生目标。1911 年，他在马萨诸塞州伍斯特的克拉克大学获得物理学博士学位。在普林斯顿大学从事了一段时间的科研工作后，戈达德于 1914 年进入克拉克学院工作。戈达德独立地得出了类似于齐奥尔科夫斯基的结论。不过，戈达德也开始测试火箭模型，并提出了对太空旅行至关重要的一些原理。[30]

飞机飞行时需平衡 4 种作用力：必须在机翼下方产生足够的升力来承载重量，必须产生足够的推力来克服空气阻力。火箭则不同。一枚飞往外太空的火箭并不像飞机那样在恒定高度、恒定密度的空气中飞行，在向外太空垂直移动的过程中，空气密度会迅速减低，离开大气层后空气阻力便会消失。阻力并不是一个重要的因素，火箭的主要任务是产生足够的推力来克服重力飞行至所需的高度。

戈达德抓住了这些想法。他还认识到，当火箭耗尽燃料时，只有一个燃料箱的火箭会携带多余的重量。戈达德在更早的时候就有了这个想法，并实际开发了一种多级火箭，以保持在更高高度上飞行。他设想让一系列火箭叠加在一起，当这一系列火箭中的一枚耗尽燃料后，就可以被弹出以减轻重量。戈达德最重要的见解是火箭可以在真空中运动。艾萨克·牛顿（Isaac Newton）爵士的第三运动定律指出，每一个作用力都有一个大小相等、方向相反的反作用力。而当时许多人都认为，火箭发动机排出的废气必须与某种介质（如空气）发生相互作用，才能推动火箭前进。戈达德通过实验证明，在真空中推进火箭是可能的。他在1919年发表的报告引起了广泛的关注，尽管他对太空旅行的信心也引发了部分公众的质疑。[31]

戈达德一开始用装满火药的小型火箭做实验。但他很快发现汽油和液态氧的混合物更有效。1926年3月16日，他在姑姑艾菲的农场附近发射了一枚装填这种混合物的小型火箭（图5.9）。火箭在2.5秒内上升了41英尺，降落在一块卷心菜地里。3年后，在农场上发射的一枚更大的火箭所发出的噪音吓得邻居们报了警，戈达德被勒令禁止在马萨诸塞州再次发射火箭。史密森学会（The Smithsonian Institution）在20世纪20年代初曾支持过他的研究，但这时也削减了经费。[32]

幸运的是，查尔斯·林德伯格（Charles Lindbergh，林德伯格于1927年历史性地单人架机飞越大西洋的举动震惊了全世界）

成为了戈达德的崇拜者，他说服了飞行员、慈善家哈里·F. 古根海姆（Harry F. Guggenheim）为这名火箭科研人员在新墨西哥州罗斯威尔附近开展工作提供资助。[33] 1930 年，戈达德搬到罗斯威尔，那里广袤的沙漠正是他开展研究的理想地点。他和一些助手在这里设计建造了 20 英尺长的火箭，采用更好的设计来控制燃料流动，进而控制火箭飞行（图 5.10）。1937 年，戈达德已能将火箭发射至约 9 000 英尺的高空，但只有私人资金的支持使戈达德无力进行更多研究。“二战”期间，戈达德曾为美国海军提供有关火箭的建议，但他于 1945 年去世，那时“二战”后的太空探索尚未开始。[34]

图5.9 罗伯特·戈达德和试验火箭的发射架

资料来源：美国航空航天局马歇尔太空飞行中心。

图5.10 罗伯特·戈达德在工作室中

资料来源：克拉克大学档案馆。

20 世纪 30 年代，戈达德并不是唯一对火箭技术感兴趣的美国人。1939 年，加州理工学院的一小群研究生开始设计火箭发动机，并得到了古根海姆的支持。在加州理工学院空气动力学专家西奥多·冯·卡门（Theodore von Kármán）的指导下，学生们从理论上提出了自己的想法，但初期实际测试的结果并不理想。但是在“二战”期间，他们利用火箭发动机帮助螺旋桨飞机起飞。“二战”后，加州理工学院的研究小组制造了一枚火箭，并为在加州帕萨迪纳建立喷气推进实验室提供了帮助。[35]

德国启动了一个影响力更大的火箭项目。赫尔曼·奥伯特（Hermann Oberth）在1923年出版的一本著作中认同了多级火箭的理论，这进一步激发了业余爱好者对火箭技术的兴趣。[36] 1933年，希特勒（Hitler）执政后，民用火箭研究在德国成为非法活动，但德国军方资助了一个军事用途的火箭项目，该项目中的关键人物便是沃纳·冯·布劳恩（Wernher von Braun）——一名刚毕业的航空工程师，他研究了戈达德的工作，并在德国波罗的海沿岸的佩内明德监督了火箭的设计和测试。“二战”期间，英国轰炸了波罗的海基地，导致德国人把火箭装配工作转移到德国中部的一处地下设施中，由附近集中营的劳工在那里组装火箭。冯·布劳恩纵容了对这些劳工的虐待。[37]

1944年9月，德国开始向英国发射一种以乙醇和液态氧为燃料的单级火箭V–2（命名为V–2源于之前已于6月发射了喷气式巡航导弹V–1）。V–2火箭以超音速飞行至55英里的高度，能携带爆炸性武器攻击200英里外的目标。德国的火箭炸死了许多英国平民，但并没有影响战争的进程。1945年，冯·布劳恩和他的大部分同僚向美军投降，美军将他们和留存下来的V–2火箭带回了美国。[38]

六、美国国家航空航天局与登月

“二战”后，美军开始研发火箭，他们的“冷战”对手苏联也是如此。美国陆军上校查克·耶格尔（Chuck Yeager）于1947年驾驶一架火箭动力飞机“贝尔”XS-1实现了超音速飞行。[39]然而，美国的研究缺乏紧迫感。1957年10月4日，苏联将一颗小型卫星斯普特尼克1号（Sputnik-1）送入了地球轨道。由于担心在太空领域落后，艾森豪威尔总统和国会加大了对航天防御与高等教育的拨款。一家联邦民间机构——美国国家航空咨询委员会（NACA）——与美国陆军弹道导弹局（Army Ballistic Missile Agency）合并，成立了一个新的民事机构——美国国家航空航天局（NASA），由其负责运载宇航员的太空火箭工程。美国空军开始发展能装载核弹头的洲际导弹，而美国海军则致力于开发同样能装载在核潜艇上的“北极星”导弹。[40]

1961年5月5日，美国将宇航员艾伦·谢泼德（Alan Shepard）送入太空。然而，在同年的4月12日，苏联的尤里·加加林（Yuri Gagarin）已成为进入太空的第一人，并实现了绕地球轨道飞行。[41]为了回应苏联，1960年当选的美国新任总统约翰·F.肯尼迪（John F. Kennedy）为美国设定了一个宏大的目标。1961年5月25日，肯尼迪在向国会发表的讲话中宣称：“我相信，美国应该致力于在十年内实现人类登月并安全返回地球的目标。”[42]肯尼迪要求NASA完成这一历史性任务。

登月飞行有两个基本的工程要求。一项要求是具有极高精度的制导系统：导航中一个微小的错误都可能导致宇宙飞船撞上月球，或者在返回途中错过地球。幸运的是，麻省理工学院的工程师查尔斯·斯塔克·德雷珀（Charles Stark Draper）在20世纪50年代开发了一种称为惯性制导的方法，可以在无须参考地面的情况下检测飞机何时偏离水平飞行路线。相关装置可在航天器上运行，辅助地面雷达控制系统，将相关装置与一台小型计算机连接起来，使外太空导航成为可能。20世纪60年代早期和中期，借助于新发明的微芯片（见第七章），德雷珀在麻省理工学院的仪器实验室设计了一种小型机载计算机用于宇宙飞船的导航。[43]

另一项要求是火箭的推力要超过地球的引力——足以将100吨的有效载荷举升到地球引力之外。位于阿拉巴马州亨茨维尔附近的NASA的马歇尔太空飞行中心（Mashall Space Flight Center）在沃纳·冯·布劳恩的指导下接手了火箭的设计工作。[44]马歇尔中心的工程技术人员得出的结论是，一枚能飞离地球、在月球表面着陆、然后返回地球的火箭因过于庞大而无法实现。取而代之的是，冯·布劳恩和他的团队推荐了一种被称为地球轨道交会的方法，即用几枚火箭将宇宙飞船的部件送入轨道进行组装，宇宙飞船从那里往返月球。然而，华盛顿郊外兰利实验室的工程师约翰·霍博尔特（John Houbolt）却主张采用第三种称为月球轨道交会的方法（图5.11）。根据这种方法，一枚火箭将推动一个指挥舱、一个附属的服务舱以及一个单独的着陆器——登月舱，进入登月之旅。一旦进入月球轨道，执行此次任务的3名宇航员中的两名将进入登月舱并着陆在月球表面，然后再返回轨道上的指挥舱，搭乘指挥舱重回地球，而其他两个舱留在太空中。霍博尔特的方法比地球轨道交会法更经济，NASA（和冯·布劳恩）在1962年接受了这种方法。[45]不过，为执行这一任务，宇航员必须携带3个互连的太空舱，并需要学习如何在太空的环境下执行对接操作。

NASA 在佛罗里达州卡纳维拉尔角新建了多个发射场，那里的盛行风和东面广阔的海洋既利于火箭发射，也适合火箭脱落。[46] 于 1959 年启动的“水星”计划从 1961 年开始将宇航员们分批送入太空。一年后，其中一位宇航员约翰·格伦（John Glenn）实现了绕地球轨道飞行。随后在 1965—1966 年实施的“双子星计划”中，两名宇航员在地球轨道上执行了舱外活动和对接等操作。登月计划——“阿波罗”计划——于 1962 年启动。即使有了更经济的月球轨道交会方案，冯·布劳恩和他的工程师们还需要设计和建造一枚规模和功率空前的三级助推火箭。[47]

20 世纪 50 年代，美国最大的导弹是“木星”火箭，因而马歇尔太空飞行中心的工程师们将“阿波罗”计划的新式大型火箭以下一颗行星的名字命名为“土星”。一架波音 747 的 4 台涡轮风扇发动机的总推力约 18 万磅。“土星”火箭的第一级将需要 5 台 F-1 型发动机（图 5.12），每台发动机都能提供约 150 万磅的推力。NASA 委托私人承包商建造火箭的各级：波音公司建造第一级，北美航空公司建造第二级，道格拉斯飞机公司建造第三级，洛克达因公司将制造第一级的 5 台发动机、第二级 5 台较小的 J-2 型发动机以及驱动第三级的单台 J-2 型发动机。[48]

在第一级中，液态氧和高度精炼的煤油装在两个独立的燃料箱中，将在每部发动机的燃烧室中混合然后燃烧，从下方的每个喷嘴中释放出一股热气流。进入燃烧室时，燃料会通过一个带孔的圆形“喷射器”盘，在小型的 H-2 发动机上进行的测试显示，燃烧很难被控制。通过扩大小孔，重新排列，并在会发生燃烧的圆盘一侧放置挡板，工程师能够在引导燃料进入燃烧室时形成平稳的流动。然而，当工程师们将 H–2 扩大为 F–1 发动机时，重新设计的喷射器盘无法工作。这一问题如不解决会影响整个登月计划。在其他 NASA 中心和几所大学的帮助下，经过反复试验，洛克达因公司最终设计出了能产生可接受燃烧效果的圆盘及其他相关部件。参与其中的工程技术人员和科学家们并不能完全了解燃烧室里的情况。现代工程常常依赖于这样的“黑匣子”解决方案，在这种解决方案中，工程技术员只需可靠地知道什么进入了流程和流程产生了什么，而无须完全了解流程中发生了什么。[49]

图5.11　约翰·霍博尔特解释月球轨道交会

资料来源：NASA 总部。

图5.12　“土星5号”火箭第一级

资料来源：NASA 马歇尔太空飞行中心。

第二级遇到了另一个问题。NASA 决定，第二级和第三级的发动机采用液态氧和液态氢，因为液态氢每磅能提供比煤油高得多的能量，从而能减轻重量。液态氧可以储存于 –297 ℉的温度下，而液态氢必须储存于 –423 ℉的温度下。火箭外表面附着的合成绝缘泡沫板（用于保持内部燃料处于低温）会吸收空气并将其转化为液态氧，从而导致隔热层失去附着力。道格拉斯飞机公司的工程技术人员通过在第三级火箭内壁上附着隔热泡沫瓦解决了这个问题，然而，规模更大的第二级需要在外部附着泡沫层。

为了保持附着力，工程技术人员将氦气充入绝缘材料底部的凹槽，因为氦气在液态氢的低温下不会发生凝结。然而，这一方案并不完全奏效，工程师们最终意识到，如果在燃料箱外表面喷涂隔热材料，就可以完全消除吸入空气的影响。类似的情况在工程中并不少见，工程技术人员想要解决一个设计缺陷，首先要对设计进行调整，使存在缺陷的设计能更好地运行，然后再找出一个消除缺陷的设计或方法。[50]

"土星"火箭是工程师、技术人员和工作人员在紧迫计划安排下长期努力的成果。火箭在尺寸上经历了几次变化，其数百万个部件经过了数千次试验。NASA 和承包商强调可靠性，竭尽所能地开展一切测试。这种高 393 英尺的三级助推火箭最终被命名为"土星 5 号"，它必须在卡纳维拉尔角巨大的航天器装配大楼中竖立着组装。一辆巨型拖车会将它运送到附近的发射台，之后它将从那里飞入太空。在各级火箭的工作不断取得进展的同时，其他工程技术员也研制完成了将飞向月球的宇宙飞船：容纳宇航员的指挥舱、服务舱和登月舱。[51]

1967 年 1 月，一次载有宇航员的指挥舱试验以悲剧告终，电气短路故障点燃了舱内富含氧气的空气，导致舱内宇航员身亡。这场悲剧推动了改善宇航员安全的变革。[52] 一枚无人搭载的"土星 5 号"火箭终于在 1967 年 11 月成功发射。在又开展了多次无人发射之后，1968 年 10 月，指挥舱和服务舱（由一枚较小的火箭发射升空）在地球轨道上成功进行了试飞。[53] 1968 年 12 月 21 日，一枚"土星 5 号"火箭将执行"阿波罗 8 号"任务的

3 名宇航员送上了月球轨道，他们绕月 10 圈后于 12 月 27 日返回地球。“阿波罗 8 号”的宇航员拍摄了一张月球地平线上“地球升起”的照片（图 5.13）。“阿波罗 9 号”的任务是在地球轨道上测试登月舱。“阿波罗 10 号”随后开始执行任务，宇航员操纵登月舱飞至距月球表面不足 5 万英尺的地方，之后宇航员返回指挥舱飞回了地球。[54]

图5.13 由“阿波罗8号”的宇航员拍摄的首张“地球升起”照片

资料来源：NASA。

1969 年 7 月 16 日清晨，一辆巨大的拖拉机将一枚“土星 5 号”火箭运送到发射台（图 5.14），这枚“土星 5 号”火箭将把“阿波罗 11 号”飞船上的 3 名宇航员送入太空。这是月球登陆的历史性时刻。在绕地球轨道飞行两圈后，第三级火箭再次点火，将指挥舱和服务舱送向月球轨道。宇航员随后操纵指挥舱先从第三级火箭中取出登月舱，之后抛弃第三级火箭，向着月球飞去。经过中途的一次修正后，飞船于 7 月 19 日进入月球轨道。7 月 20 日，登月舱中的尼尔·阿姆斯特朗（Neil Armstrong）和埃德温·奥尔德林（Edwin Aldrin）开始了 12 分钟的月球表面降落过程，迈克尔·柯林斯（Michael Collins）则留在月球轨道上。在着陆前几秒钟，阿姆斯特朗从一扇窗户观察到，程序设定的着陆地点布满了大圆石。在仅剩余可用几秒钟的燃料时，他从自动控制切换为手动控制着陆器，并将登月舱降落在月球表面被称为“宁静海”

（Sea of Tranguility）区域附近的空地上。

此次任务的指挥官阿姆斯特朗成为首个登上月球的人，全世界有 1/5 的人在电视上观看了登月的过程（图 5.15），奥尔德林紧随其后。两名宇航员在接下来的 6 个小时里拍摄了照片，收集了岩石和土壤样本，并在月球表面进行实验。宇航员们随后返回登月舱，登月舱从基地起飞返回绕月飞行的指挥舱。宇航员们将地质样品带回了指挥舱。3 天后，也就是 7 月 27 日，指挥舱与服务舱分离，服务舱飞向太阳，指挥舱重新进入地球大气层，隔热板在进入大气层后阻隔了两分钟高达 5 000 ℉的高温。在太平洋上空，指挥舱上的降落伞打开以防止溅落，美国海军的一艘航空母舰将指挥舱和宇航员带回。[55]

图5.14　执行“阿波罗11号”任务的“土星5号”火箭

资料来源：NASA。

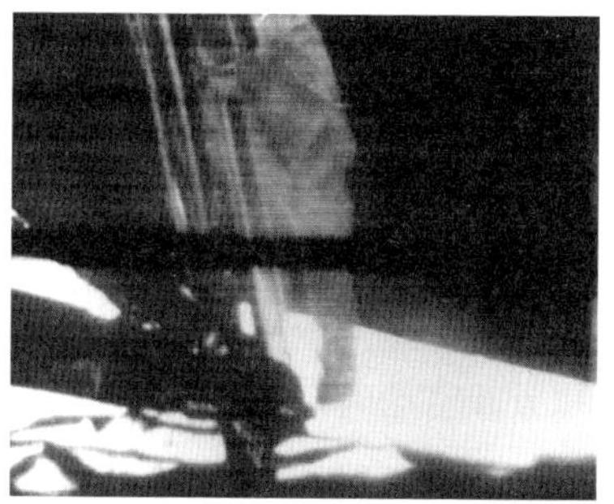

图5.15　宇航员尼尔·阿姆斯特朗登上月球的电视画面

资料来源：美国宇航局马歇尔太空飞行中心。

七、“阿波罗”计划的未来愿景

“阿波罗”计划又执行了六次登月任务，其中五次着陆；途中发生氧气罐爆炸，迫使“阿波罗 13 号”的机组人员缩短了任务并返回了地球。但是，“阿波罗 11 号”之后的飞行任务结果却令人失望，公众对太空探索的兴趣减弱。[56]“阿波罗”计划之后，美国国会资助了一项更为适度的太空计划。1973—1974 年，宇航员在地球轨道上建立了一个临时太空站——太空实验室（Skylab），1981 年之后，宇航员乘坐可重复使用的航天飞机进入地球轨道，在进行与国防有关的任务之间分配时间进行民用科学研究。[57] 20 世纪 70 年代和 80 年代，随着民用科学家和军用专家加入军事飞行行列，宇航员队伍变得更加多样化。[58]尽管航天飞机计划于 2011 年结束，具有讽刺意味的是，美国依靠在月球竞赛中的失败者俄罗斯，让火箭进入国际空间站——这是 1998—2000 年在地球轨道上建立的永久性空间站。[59]

“阿波罗”计划需要 50 万人的协调工作，预算为 200 亿美元（2010 年约为 1 800 亿美元），其中大约一半用于火箭助推器。[60] NASA 是自 TVA 以来和平时期在美国成立的最大的公共工程组织。20 世纪 30 年代，像 TVA 一样，NASA 成立初期也有三位领导人：前联邦预算主管詹姆斯·韦伯（James Webb），1961—1968 年担任行政长官；NASA 前身 NACA 的前负责人休·德莱顿（Hugh Dryden）是 1965 年的主管；工程师罗伯特·西曼斯（Robert Seamans）是副总监。与早期 TVA 的三位负责人不同，NASA 的三位领导人齐心协力。就像海曼·里科弗在他的核海军组织中所做的一样，NASA 领导人还执行了一项政策，即仔细记录每个决定和每个细节，以便每个人都知道自己应做的事情，并且各个级别的领导人都可以跟工作连在一起。[61]

与 TVA 自行设计和建造不同，NASA 依靠外部私人承包商来完成“阿波罗”计划的大部分设计和组装。登月的任务太大、太复杂，不可能创建一个由必要人员和技能组成的新组织。NASA仅限于监督承包商，并在必要时进行干预以解决问题，并使工作按计划进行。“阿波罗”计划仍然是一项重大成就，涉及许多大型私营企业和小型企业，这些企业在政府的集中指导下共同努力。[62]

20 世纪 50 年代，人们对高层大气进行了科学研究，并解决了其他需要解决的科学问题，登月计划因此受益。但“阿波罗”计划并没有从根本上取得新的科学突破。火箭推进的原理是牛顿第三运动定律，火箭技术的基本理论是 20 世纪初罗伯特 · 戈达德等人提出的工程思想。然而，与早期的工程成就不同，“阿波罗”计划不是一两个人智慧的结晶，而是许多人共同努力的的结果。[63]

在“阿波罗 13 号”危机期间，任务控制总监吉恩 · 克兰兹（Gene Kranz）用他的名言表达了企业的决心：“失败不是一种选择。”[64]“阿波罗”计划之后，美国太空计划进入了一个更加常规和多样化的时期，并失去了一些早期的警觉性。1986 年，“挑战者号”航天飞机的一枚助推火箭上的橡胶圈发生故障，导致火箭升空时爆炸，机组人员死亡；2003 年，“哥伦比亚号”航天飞机再次进入大气层时，隔热瓦从其中一个机翼上脱落，导致飞机解体。在第一个案例中，管理层不顾工程师的警告继续飞行；在第二个案例中，隔热瓦脱落以前就发生过，却被认为是可接受的风险。[65]

自 1969 年登月以来，“阿波罗”计划的持久影响一直被讨论着。[66]尼尔 · 阿姆斯特朗本人是一名工程师，他认为太空探索是 20 世纪最伟大的工程成就，但其社会效益仅排在第 12 位。[67]回想起来，有一点似乎很明确：20 世纪 60 年代的太空计划是独一无二的，这并不是因为它带动了一个新产业（尽管围绕卫星通信和商业火箭发射确实出现了一个新产业），它之所以独特在于它的目的：首次登月是一项工程成就，只可能发生一次，这是一个公共目标，它激发了参与人员的创造力、奉献精神和协作精神，只有专注于某个特殊时刻的非凡国家使命时才能唤起这种精神。

登月计划需要新的电子设备和火箭技术。如果说对外层空间的探索标志着现代工程可以向外拓展的最远的领域，那么 1945 年以后，电子技术的进步也带来了一个同样激进的冒险：通过微型化，工程师设计和制造出新的电子产品。这种微型化的结果对“阿波罗”计划至关重要，并最终改变了美国乃至全世界人们的生活和工作。

第六章

晶体管

20 世纪后半叶是电子学发展的第二个时代。第一个时代始于 1906 年真空管放大器、三极管的发明，以及随之而来的电子电路设计的进步，这使得长途电话、无线电发射和接收以及电视机的发明成为可能。第二个时代始于 1947 年晶体管的发明，晶体管是一种不需要真空封装就能实现真空管放大器功能的小型器件。

20 世纪 30 年代，量子物理学的进步使工程师和科学家对某些被称为半导体的元素有了更多了解。1945 年，贝尔电话实验室的一位科学家威廉 · 肖克利（William Shockley）试图将这些发现应用到一个实验中，观察在不用真空管的情况下，半导体是否可以用来放大电流，而不用真空管。实验失败了。贝尔电话实验室的科学家约翰 · 巴丁（John Bardeen）很快发现半导体表面具有阻隔效应的特性，在另一位科学家沃尔特 · 布拉顿（Walter Brattain）的帮助下，巴丁找到了克服这种影响的方法。1947 年末，巴丁和布拉顿设计了一种晶体管电路，成功地放大了通过半导体的电流。肖克利了解到晶体管电路的工作原理后，发明了一种更好的晶体管。20 世纪 50 年代早期，制造商们对肖克利的发明进行了改进，用于生产商用晶体管。

晶体管相关研究突显了新物理学对发明的刺激作用。然而，在贝尔电话实验室的研究人员发现 1945 年发明的技术的不足时，晶体管研究才最终迎来突破。巴丁和布拉顿需要更深入地研究半导体的自然特性，以纠正他们先期假设中的问题。为了更深入地开展研究，他们还需要设定一个先期工程目标。他们的工作之所以可能获得成功，是因为在“二战”期间半导体提纯技术取得了进步。晶体管的发明不仅仅是简单的应用科学的工程实例，而是工程和科学在创新中同等重要的一个例子。

一、真空管及其局限

1899 年，贝尔电话公司（Bell Telephone Company）正式更名为美国电话电报公司（American Telephone and Telegraph Company），简称为贝尔系统（Bell System）。当时，电话已经遍及半个美国，但是电话网络技术无法实现进一步拓展长途电话的范围。早期的无线电设备可以很快将电报信号传送到几千英里以外，但声音只能进行短距离传输。[1]

两种新器件克服了这些限制。1904 年，英国工程师约翰・安布罗斯・弗莱明（John Ambrose Fleming）在灯泡内灯丝附近插入了一块金属板。他发现，电子带有负电荷，当极板带正电荷时，加热的灯丝发射出电子，通过灯泡内的真空流向极板中，导致电流在极板的导线中流动。如果极板带负电荷，真空中就没有电子流动。家庭和工作场所使用的电力大部分来自发电站，为交流电。变流电的电流方向每秒会反转很多次，两个方向分别为正向和负向。在弗莱明装置中，这种电流使金属板上产生正负交替的电荷。当电流为正时，极板将交流电“整流”为直流电，即只向一个方向流动的电流。弗莱明灯泡因其具有两个元件即灯丝和极板而被称为二极管整流器。[2]

两年后的1906年，美国工程师德·福雷斯特（Lee de Forest）找到了一种将二极管制成电流放大器的方法。通过在二极管的灯丝和极板之间插入一个小的栅栏式金属丝网，并用小的交流电给栅极充电。当栅极电荷带正电荷时，福雷斯特从灯丝吸引更多的电子到极板上，结果放大了导出极板的电流。福雷斯特称他的器件为“audion”（三极管），但工程师很快将其改名为“triode”（三极管）（专栏6.1）。美国电气工程师们将用来整流或放大电流的真空灯泡称为真空管。[3]

专栏6.1　真空管电子学

在家用电路中，电流通过机械开关的拨动而流动或不流动，例如电灯的开关。

在电子电路中，第二级电流控制着第一级电流。当电源接通时，两级电流都可以用。第二级电流可以开启或关闭第一级电流，并可以放大第一级电流。在早期的电子设备中，电荷的流动发生在一个封闭的真空玻璃球或玻璃管中。

其中的两种器件分别是二极管和三极管，在使用中将电流变为交流电的形式。交流电的电流方向每秒反转多次，电流的两个方向分别表示为正和负。电流的另一种形式是直流

电，它只沿一个方向流动。阻断交流电的负方向电流是产生直流电的一种方法。[a]

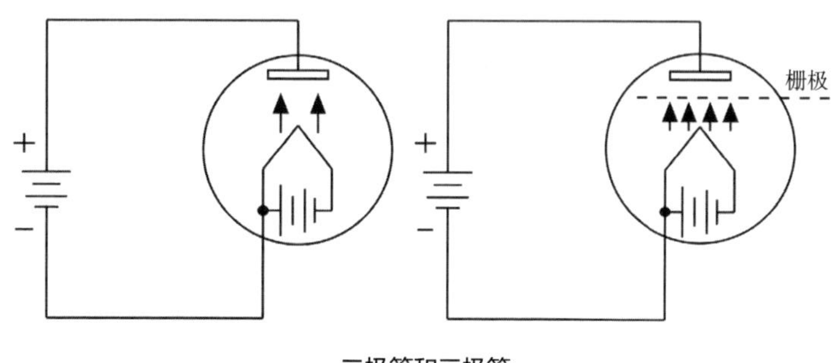

二极管和三极管

在二极管（上图左）中，一块连接到电池正极（+）的极板带正电，会吸引连接到另一块电池的灯泡灯丝所发出的带负电的电子（箭头）。然而，如果极板连接到电池负极（–）时，负电荷相互排斥，没有电子流过真空管。极板连接的是交流电而不是电池，那么只有当电流为正时，极板才会吸引电子。因此，该装置可以在极板中将交流电“整流”为直流电。

在三极管（上图右）中，在二极管的灯丝和极板之间有一个带有交流电的栅极或屏面（栅极电流源未显示）。当栅极为正时，会增加到达带正电荷平板的电子流。这些器件可以放大和“整流”板极电流。当栅极为负时，电子不流动。

资料来源：亚伯拉罕·马库斯和威廉·马库斯所著的《广播元素》。

注：（a）交流电闪烁或对直流电阻档并不明显。

贝尔系统获得了福雷斯特的三极管专利，贝尔工程师对其进行了改进，以扩大长途电话的覆盖范围，最终在 1915 年实现了跨洲电话。[4] 20 世纪 10 年代和 20 年代，美国工程师埃德温·霍华德·阿姆斯特朗（Edwin Howard Armstrong）在无线电接收机的设计上使用二极管和三极管进行了许多创新。他改进了扩音器，使收音机能够接收和播放清晰的声音，更大的三极管也使无线电波的远距离广播成为现实。[5]

到了 20 世纪 30 年代，借助新的电子管，电话和无线电极大地改变了美国人交流、分享新闻和娱乐的方式。然而，真空管的缺点限制了电子技术的进一步发展。人们无法将这些真空管制造得更小，而且它们会发热并经常被烧坏，其故障率使得它们很难在大型装配中被使用。这些限制对电话来说是一个很大的挑战。除了需要放大电流外，电话还通过机械开关的交换机相互连接。不断增长的呼叫数量最终会超过交换机的拨通速度。真空管可以用作断开和连接更快的开关，但它们的缺点是可靠性差。[6]

1925 年，美国电话电报公司在纽约成立了贝尔电话实验室（Bell Telephone Labs），以满足日益增长的技术需求。20 世纪 30 年代，贝尔电话实验室的研究主管默文·凯利（Mervin J. Kelly）认为，电话网络总有一天需要替换掉真空管和机械开关。凯利和贝尔实验室的其他研究人员开始注意到现代物理学的进步，这使研究人员对固体材料导电性有了新的认识。新的物理学鼓励这样一种想法，即“固态”器件（一种由固体材料制成、没有玻璃封闭真空的器件）有可能会代替真空管。

科学家们已经知道铜等金属可以很好地导电，而橡胶等材料则是绝缘体。这门被称为量子物理学的新科学解释说，在高导电性的材料中，少量的电子会脱离原来所在的原子并能够传导电荷。原子中留下的电子空位，被称为“空穴”，也可以传导电荷。

而在良好的绝缘体中，几乎没有能够传导电荷的自由电子或空穴。一种被称为半导体的中间类材料，可用作绝缘体，同时在加热时也可以导电（专栏 6.2）。在自然状态下，这些材料是不可靠的，但这种情况很快就改变了。[7]

专栏 6.2　半导体

导体、绝缘体和半导体

20 世纪 30 年代，量子物理学这门新学科让人们更好地理解了导电和绝缘材料的工作原理。科学家发现电子围绕在原子核的同心带中，而一些在最外层的电子，或“价电子能带”（价带）能够脱离原子核。在良好的导体中，这些自由电子可以移动到相邻的区域，称为“传导带”（导带），在那里它们可以很容易地传导电荷。在良好的绝缘体材料中，由于与价电子能带之间有间隙，而很少有自由电子能进入这个区域。[a]

某些被称为半导体的元素通常起绝缘体的作用。然而，在这些元素里，有一个较小的间隙将价电子能带和传导带中的自由电子分隔开。当半导体被加热（或被特殊处理）时，自由电子可以进入传导带并传导电荷。自由电子会在其本身的原子中留下空位或“空穴”，也可以传导电荷。

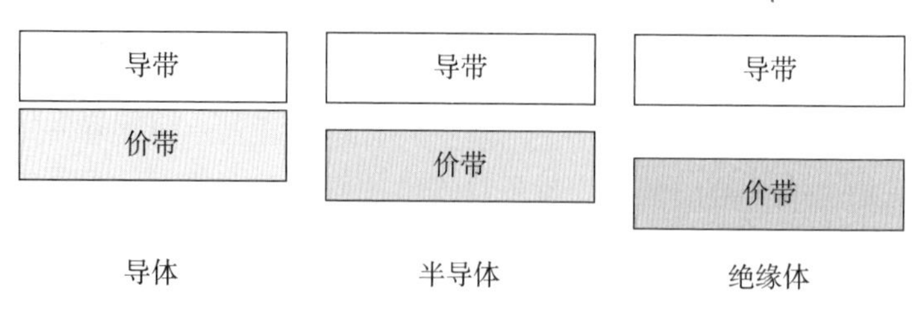

两种最有用的半导体是硅和锗。然而，在其自然形态下，由于材料中含有杂质，这些物质是不稳定的导体。直到工程师们学会了如何提纯和进一步处理半导体并提高了其电导率之后，半导体才开始发挥作用。

处理半导体

“二战”期间，美国和英国的工程师需要可靠的硅二极管用于雷达。通过提纯硅并加入少量的另一种元素（这个过程称为“掺杂”），工程师们创造出多余的自由电子或空穴，从而使硅具有了更可靠的导电性能。

硅的价电子能带有四个电子。加入有 5 个价电子的磷会增加自由电子，而加入只有 3 个价电子的硼实际上会形成空穴。当半导体有多余的（带负电荷的）电子时，它们被称为“n 型”；当它们有多余的（带正电荷的）空穴时，它们被称为“p 型”。

资料来源：G. L. 培森和 W. H. 布拉坦所著的《半导体研究的历史》。

注：（a）阴影仅用于视觉对比。

二、雷达和硅的提纯

“二战”期间，美国号召有经验的工程师和科学家开发新型武器。除了核弹之外，“二战”期间还引进了利用无线电波探测远距离物体的设备，研究改进了无线电探测技术，使战后开发固态放大器成为可能。

20 世纪初无线电报的出现，使许多国家的工程师意识到无线电波也可以用于远距离探测。20 世纪 30 年代，无线电波探测在英国开始成为现实。当时，由蒸汽机发明者詹姆斯·瓦特的后人罗伯特·沃特森·瓦特（Robert Watson Watt）领导的一个团队设计了一种系统，可以在沿海的一系列站点探测飞行中的敌机编队。1940 年夏天，沃特森·瓦特的系统为英国皇家空军提供了德国战机攻击的关键预警，并帮助英国在空中击败了德国。英国人称无线电波探测为测距和测向（RDF）。在美国，这项技术被称为雷达（Radar）（图 6.1）。[8]

1940 年 6 月法国沦陷后，富兰克林·罗斯福总统任命一个研究委员会来改进美国的武器，为美国随时可能的参战做准备。作为委员会主席的总统选择了麻省理工学院的工程师范内瓦·布什（Vannevar Bush）担任位于华盛顿特区的卡内基科学研究所（Carnegie Institution for Science）的主任（图 6.2）。布什在麻省理工学院成立了一个实验室来开发更好的雷达。[9]

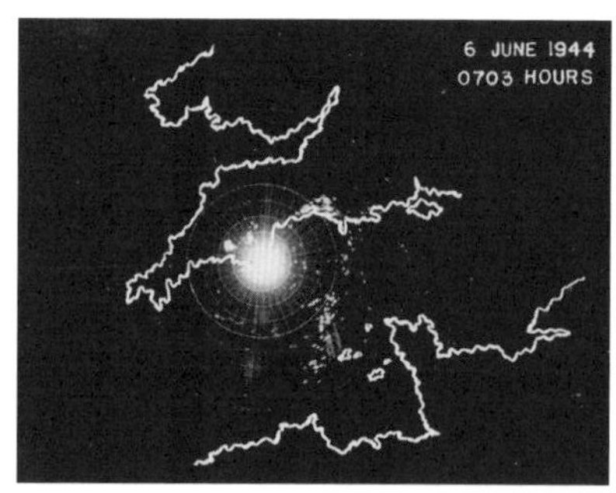

图6.1 英吉利海峡的雷达图像

资料来源：美国国家档案馆。

注：此图为 1944 年 6 月 6 日（“二战”期间的诺曼底登陆日）早晨。

图6.2 范内瓦·布什

资料来源：美国国会图书馆。

雷达的工作原理是发射无线电波，当电波被目标弹开时，就能探测到电波的反向流动。使用整流器，雷达设备可以在屏幕上显示返回的信号，但英国的雷达不够精确，无法探测到远距离的单个飞机，只能探测到编队。为了提供更精确的信息，雷达系统需要发射微波频率的无线电波，这对于沃森·瓦特用来接收和整流信号的真空管来说要求太高了。英国人很快设计了一种不用真空管就能产生微波频率的设备——空腔磁控管。贝尔实验室的研究人员也发现，半导体可以整流这些高频电波，以便在雷达屏幕上显示出来。然而，由于杂质的存在，天然半导体的电导率不稳定。如果能够去除杂质，并在控制下加入极少量的其他元素，半导体就具备足够的可靠性以用于微波雷达。[10]

最容易提纯的半导体是锗和硅。根据当时的方法，两者的纯度都还达不到 99% 以上。特拉华州的杜邦化学公司提供了一种解决方案，但战争切断了印度对杜邦公司的钛供应。钛是一种用于白色油漆着色的矿物，而硅如果可以提纯的话，将是替代钛的理想选择。杜邦公司的化学家马库斯·奥尔森（C.Marcus Olson）熔炼出了 99.999% 的纯锌，并将其蒸汽与熔化的四氯化硅的蒸汽混合，四氯化硅与锌进行化学反应，这个过程产生了氯化锌和多余的氯化硅。奥尔森去除了这两种物质，留下纯度为 99.999% 的硅。[11]

麻省理工学院的辐射实验室获得了纯净的硅，并通过添加微量的其他元素（磷或硼）来提高电导率，该实验室设计出了 1941 年美国加入“二战”后运行高频雷达系统所需的二极管整流器。“二战”结束时，普渡大学的一个研究小组也找到了提纯锗的方法。获得更纯净的硅和锗，并能够通过控制掺杂来提高它们的导电性，这对于战后晶体管的发展至关重要。[12]

三、固态器件难题

“二战”后，贝尔电话实验室从纽约市迁到新泽西州默里山一处更僻静的校园，在那里，工程师和科学家恢复了民用研究（图 6.3）。战后电话行业最大的需求是找到一种更好的方法来放大和转换传输电话的电流。如果固态器件能完成这些任务，就能取代真空三极管。硅二极管整流器是固态器件，其性能已在雷达中得到了证明。随着战争的结束，贝尔电话实验室的主任默文·凯利开始了一项开发固态三极管的计划。[13]

凯利任命量子物理学家威廉·肖克利来领导这个项目。肖克利在加州的帕洛阿托长大，他的父亲是一名采矿工程师，母亲是一名测量员。1932 年，年轻的肖克利从帕萨迪纳的加州理工学院毕业，四年后在麻省理工学院获得了物理学博士学位。1936 年，凯利聘请他做固态器件研究，但他在 20 世纪 30 年代后期的大部分工作是为了满足其他技术需求。“二战”期间，肖克利去了华盛顿，在那里他致力于提高战略轰炸的有效性，并帮助培训飞行员使用新型雷达控制投弹瞄准器。1945 年上半年，他回到贝尔电话实验室做兼职，并在秋天恢复了全职工作。[14]

图6.3 贝尔电话实验室的入口

资料来源：美国国会图书馆。

1945 年春天，肖克利回国后就开始进行实验，研制用以放大电流的半导体。在“二战”期间，工程师们根据掺杂后的电荷传导方式，对半导体元素硅和锗进行了分类。带有多余电子的半导体被称为“n 型”，这是因为电子带有负电荷；而带有多余空穴的半导体被称为“p 型”，因为空穴的作用就像它们带正电荷一样。自由电子是 n 型材料的主要载流子，空穴是 p 型材料的主要载流子。肖克利决定研究 n 型硅。[15]

在真空三极管中，带正电荷的栅极放大了从灯丝穿过栅极到带正电荷极板的负电荷电流。肖克利设计了一个没有真空管的实验，他希望借此观察：一个带正电荷的极板，靠近一个 n 型硅条，能否将硅内部的电子吸引到硅表面。他推断这些电子会放大另一个流过表面的电荷，希望实现的放大是一种“场效应”，因为这个极板会在下面的硅上产生一个电场。肖克利进行了这项实验，在实验中他让电流穿过一条 n 型硅薄片，并在它附近放置了一个带正电荷的金属板，用少量空气隔开。然而，在几次测试中，除了微小的放大，肖克利没有检测到他想看到的效应（专栏 6.3）。[16]

专栏 6.3　肖克利的场效应实验

到 1945 年，半导体已经足够稳定，可以用来研究其是否能够实现三极管的功能。

1945 年上半年，贝尔电话实验室的物理学家威廉·肖克利进行了一项实验，他将一块金属板靠近一条 n 型硅条放置。他认为，当极板带正电（+）时，就会将带负电（–）的电子吸引到硅表面，并放大通过该表面的电流。

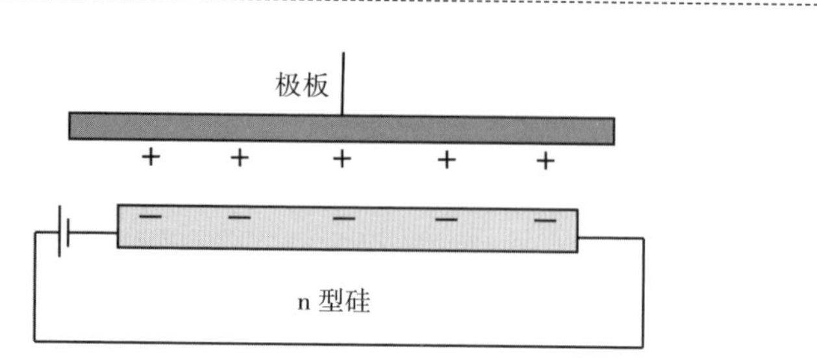

由于放大电流是通过在硅上施加电场来实现的，所以被称为“场效应”实验。经过多次实验，肖克利发现放大效应的增幅非常小。他把这个问题交给了理论物理学家约翰·巴丁和实验物理学家沃尔特·布拉顿来解决。

资料来源：威廉·肖克利所写的《通向结型晶体管概念之路》。

四、巴丁和布拉顿的突破

1945 年 9 月，肖克利回到贝尔电话实验室全职工作，领导由默文·凯利组建的一个由物理学家、化学家和工程师组成的小组，从事固态物理方面的研究。肖克利还同时负责一个专注于研究半导体的小分组。凯利给肖克利的小组派了两名科学家，他们起到了关键的作用。第一位是沃尔特·布拉顿（Walter Brattain）。布拉顿在华盛顿州的一个农场长大，1924 年毕业于惠特曼学院，在华盛顿大学获得硕士学位，1929 年在明尼苏达大学获得物理学博士学位。20 世纪 30 年代，布拉顿来到纽约的贝尔电话实验室工作，当时他刚从海军退役。[17]

第二位是约翰·巴丁（John Bardeen），巴丁在威斯康星州的麦迪逊长大。父亲是威斯康星大学医学院的首任院长，母亲是一名室内装潢师。具有数学天赋的巴丁于 1928 年在威斯康星大学获得了电气工程硕士学位；毕业后他找到了一份地球物理学家的工作。1933 年，他开始在普林斯顿大学攻读数学物理学博士学位。在那里，他与沃尔特的弟弟罗伯特·布拉顿（Robert Brattain）玩牌时，遇到了前来观战的沃尔特。约翰·巴丁感兴趣的是量子理论在金属中的应用，并于 1936 年获得学位。在哈佛访学后，他开始在明尼苏达大学教授物理学。“二战”期间，他帮助海军开发了新的扫雷装置。由于明尼苏达大学并没有给巴丁提供更高的薪水，所以战后他接受了默文·凯利的邀请，加入贝尔电话实验室。[18]

巴丁、布拉顿和肖克利（图 6.4）都对电子有着浓厚的兴趣，他们在年轻时都曾业余自制过无线电设备。三个人为贝尔电话实验室的工作带来了各自的能力。肖克利不断涌出的新想法和解释复杂问题的能力激励了其他人。布拉顿比较容易相处，在进行试验时能发现问题。巴丁是一个谦逊的理论家，他想要知道为什么这些想法无法按预期发挥作用。

图6.4　约翰·巴丁（站在左边）、沃尔特·布拉顿（站在右边）和威廉·肖克利（坐着）

资料来源：AT & T 档案和历史中心。

基于肖克利在春季的实验，在凯利的支持下，半导体小组在秋天做出了两个战略性决定。首先，他们一致认为，制造固态三极管的最佳材料是半导体硅和锗，经过提纯后，再稍微掺杂其他元素将使其更具导电性。其次，考虑到肖克利实验的失败，小组决定在进行进一步的研究之前，需要对硅和锗的自然特性进行更深入的科学研究。[19]

1945—1946 年冬天，巴丁一直思考着肖克利为什么不能成功地放大电流。巴丁在博士研究中了解到，某些金属的表面可能与金属的内部存在电性差异。布拉顿通过一系列实验证实，半导体也存在类似的差异。1946 年 3 月，巴丁推断肖克利失败的原因是 n 型硅表面附着了一层多余的电子，而在它下面又聚集了一层多余的空穴。这些状态的密度减缓了表面电子的迁移，并阻止了上面的正电荷放大下面的电流。[20]

在接下来一年半的时间里，巴丁和布拉顿试图克服这个障碍。肖克利把注意力转移到了其他工作上，让他们两人去解决这个问题。巴丁作为理论学家对实验的每个步骤进行反思，而布拉顿则设计并进行实验，以检验他们所采取的每个步骤。经过多次令人沮丧的挫折，1947 年 11 月 17 日，他们终于取得了突破。布拉顿没有使用与硅隔开空间的带电板，而是在接触硅的导电流体（称为电解质）上放置了一个金属触点。在金属触点上施加电荷，能够降低硅表面的能量态密度，从而抑制了它们的阻隔效应。

下一步是观察以这种方式施加的电荷是否可以放大表面以下的电荷流。巴丁和布拉顿将硅换成了一种 n 型锗，他们认为这种锗更容易产生放大效应，同时还用固态电解质金属代替了液态电解质。接下来巴丁和布拉顿施加正电荷将锗中的电子吸引到靠近表面的位置，在那里他们可以放大通过的电流。相反，电荷将电子拉入接触点，并将空穴吸引到下面锗中的理想位置（这些带正电荷的空穴移动到正接触点之外的位置，因为同类电荷相互排斥）。这项为降低放大效应的实验反而增加了放大效应。巴丁很快意识到，这些空穴可能会实现所希望的放大效果。这与采用 n 型半导体中主要载流子电子实现放大效果的预期相反。[21]

12 月 16 日，巴丁和布拉顿将两个金触点紧密地放在一个塑料楔形物的顶端，下面连接一块 n 型锗。每个触点都有一个电荷。正触点被称为发射极，吸引电子进入触点，增加了下方锗上的空穴数量。这些空穴与另一个触点（称为集电极）的距离足够近，可以放大通过另一个触点的电流。巴丁和布拉顿对实验进行了改进，并在 12 月 23 日向高管们做演示时，使用集电极电流放大了耳机中的声音。一位同事给该设备起了名字——转移电阻或晶体管（专栏 6.4 和图 6.5），因为它可以改变半导体的导电性（从而改变半导体电阻）。[22]

专栏 6.4 晶体管的突破

1945 年，在肖克利实验失败后，约翰·巴丁反思了原因。1946 年 3 月，巴丁发现电子被能量态（密度）困在半导体表面，阻止了放大效应。在经历了许多挫折之后，巴丁和他的同事沃尔特·布拉顿在 1947 年 11 月找到了一种穿透表面能量态的方法，即通过放置在 n 型半导体上的导电电极（一个金点）对金属触点施加电荷。

随后，两人预计触点中的正电荷会将半导体内部的自由电子吸引到表面，在那里它们会放大从半导体引出的电流。然而，正电荷却将电子吸引到触点，将下方半导体中的空穴聚集起来。因为空穴也带正电荷，同类电荷相互排斥。他们意识到，可以利用空穴而不是自由电子来放大通过半导体的电流，因为空穴也可以放大电流。

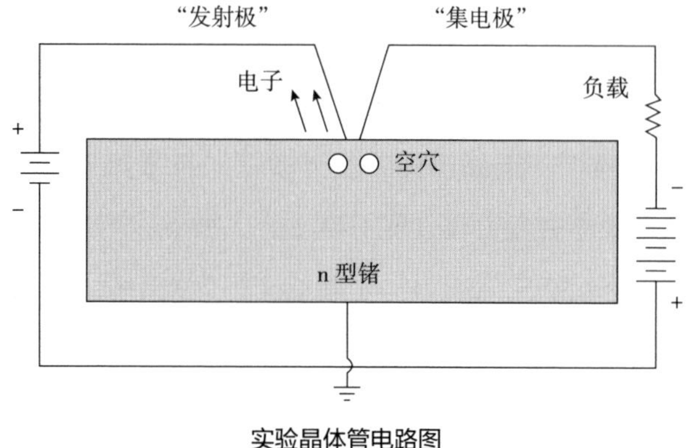

实验晶体管电路图

1947年12月，巴丁和布拉顿演示了耳机的声音放大（见上图中的“负载”）。通过将一个带正电的触点（称为“发射极”）靠近一个负电触点（称为“集电极”），这两个触点都位于一个n型锗片的表面，正电触点会将电子吸引到自身中，并在负电触点附近形成空穴。这些空穴放大了通过集电极通向耳机的电流。因此，n型材料中的少数载流子成为理想的放大手段。

资料来源：约翰·巴丁和沃尔特·豪泽·布拉顿所写的《晶体管，半导体三极管》。

当时，巴丁和布拉顿并不是唯一研究半导体的人。普渡大学的研究人员在“二战”期间对锗的研究使巴丁和布拉顿确信，在晶体管研究的最后阶段，使用锗会更容易。1947年初，也就是贝尔电话实验室取得突破的前一年，普渡大学的一名研究生注意到，施加正电压可以提高n型锗的导电性（图6.5）。不过，普渡大学的研究小组并没有发明晶体管，因为他们并不关注这样的设备。“二战”后，普渡大学的研究人员恢复了从事基础科学研究的传统学术使命。他们的目标是获得更多关于半导体自然特性的知识，而不是直接为实际目的服务。虽然巴丁和布拉顿也对自然属性进行了新的研究，但他们的工作有一个实际的目标，这使他们在突破出现时就能够意识到其价值。[23]

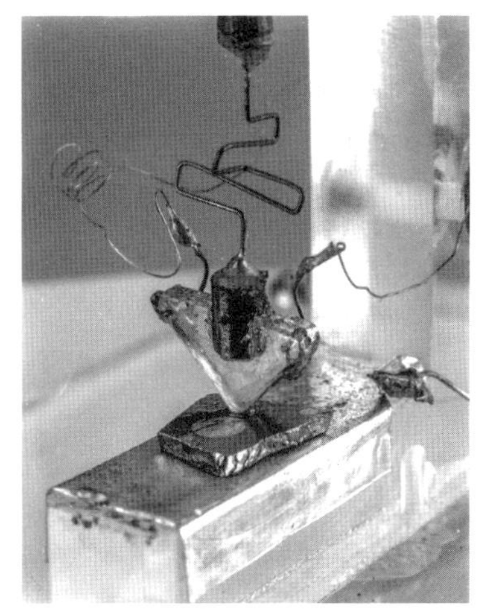

图6.5　1947年12月在贝尔电话实验室演示的实验晶体管

资料来源：AT & T历史中心和档案馆。

五、晶体管电子学的兴起

在申请了一系列专利后，贝尔电话实验室于 1948 年 6 月向全世界宣布了晶体管的研制成功。尽管在演示中成功了，但巴丁和布拉顿的“点接触”型晶体管仍然存在严重的缺陷。最初的装置是用简易部件组装起来的实验室设备，并不适合制造生产，进一步的研究表明，点触点的性能也不如预期的可靠。研究人员之间的冲突也随之产生。虽然肖克利在巴丁和布拉顿的研究中偶尔给过他们一些建议，但他并没有参与最后突破性的工作。贝尔电话实验的律师们发现，肖克利自己关于场效应的想法早在 1930 年的一项专利申请中就已经提出。当贝尔电话实验的律师决定不在申请专利时提到肖克利的名字时，他很不高兴，决定自己制造一种更好的晶体管（在没有告诉巴丁和布拉顿的情况下）。[24]

1947—1948 年冬天，肖克利设想了另一种通过半导体实现放大效应的方法，在两个较大的 n 型锗薄片之间插入一个 p 型锗薄片，而不是在一个表面上有两个触点。一侧的 n 型材料作为发射极，另一侧的 n 型材料作为集电极。在这个装置中，p 型材料（称为基极）中的一股小电流从发射极一侧吸引电子，并在集电极中将其放大。打开和关闭基极电流也可以使该设备像开关一样工作。肖克利称他的设备为“结型晶体管”。1948 年 1 月的一次实验证明这种结型晶体管需要进一步改进（专栏 6.5）。[25] 贝尔电话实验室的化学家戈登·蒂尔（Gordon Teal）通过使锗的成分更加均匀而进一步改进了这种装置。[26] 1951 年，美国电话电报公司开始授权使用晶体管，大多数早期获得授权的公司选择使用锗制造结型器件。美国无线电公司（RCA）和通用电气公司又加入合金使它们更易于制造。[27]

专栏 6.5　结型晶体管

点接触型晶体管的演示证明了固态三极管是可能的。然而，1948 年 1 月，威廉·肖克利发明了一种更可靠的装置——结型晶体管，其中一段被称为基极的 n 型或 p 型半导体位于相反类型材料的发射极和集电极之间。

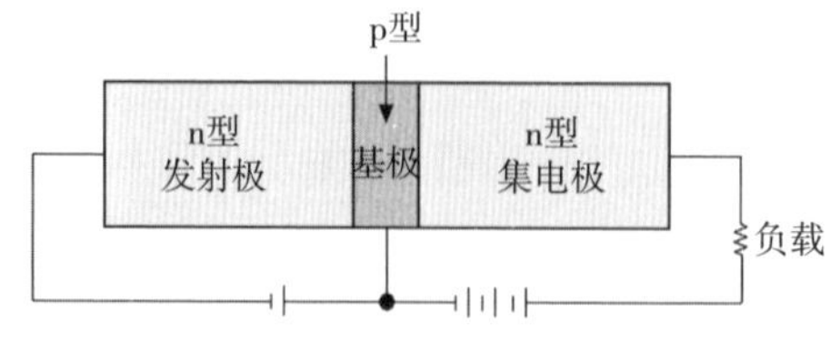

进入基极的控制电流在发射极中吸引了相反的电流，并在集电极中将其放大。如上图所示，基极的正电荷会从发射极吸引负电荷的电子，并在集电极中将它们放大。结型器件采用两种不同的材料 n 型和 p 型来提供电子和空穴，而不是像点接触器件那样只使用一种材料（n 型或 p 型）。

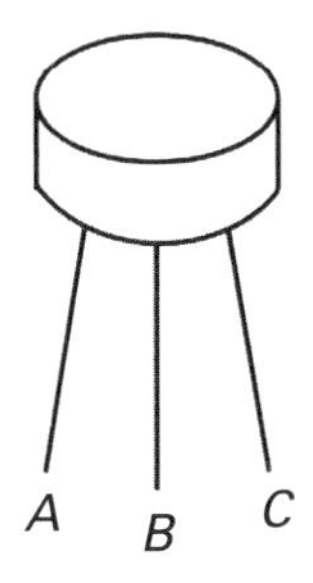

20 世纪 50 年代的典型结型晶体管与左图类似，其中发射极电流通过引脚 *A* 进入器件，基极电荷通过引脚 *B* 进入，集电极电流通过引脚 *C* 流出。

资料来源：威廉·肖克利所写的《通向结型晶体管概念之路》。

晶体管的首次应用是在助听器上。但是，美国军方很快成为晶体管的最大买家，将其用于军事电子产品。20 世纪 50 年代初，军方的订单对制造商提高产量和降低单位成本起了决定性作用。1954 年，德州仪器公司与一家小型电子公司合作，制造了第一台手持晶体管收音机，从而扩大了民用市场。晶体管收音机 Regency TR–1（图 6.6）每台售价为 49.95 美元（相当于 2010 年的 400 美元），并开始流行。一家日本公司（现在被称为索尼），也获得了生产晶体管收音机的许可证，并于 1957 年进入美国市场。20 世纪 60 年代，晶体管收音机的价格下降，随即被推广至全球市场（图 6.7）。[28]

尽管不是按照其在 1945 年所设想的方式，但肖克利未能实现的场效应最终发挥了作用。1959 年，贝尔电话实验室的两名工程师，穆罕默德·阿塔拉（Mohamed M. Atalla）和姜大元

（Dawon Kahng）发明了一种新的晶体管，被称为金属氧化物半导体场效应晶体管（专栏 6.6），简称 MOSFET。在表面的二氧化硅绝缘层上方，一个现在被称为栅极的基极接触位于 p 型材料区域上方。在两端分别是发射极电流（现在称为源极）和集电极电流（现在称为漏极）的触点。每个触点下面各有一个 n 型材料的区域。当栅极接收电流时，它的驱动力或电压会在其下方产生电场，从而改变源极和漏极之间的电子流，放大电流会像开关一样打开或关闭电流。该器件还可以通过栅极作用于源极和漏极下方的 n 型材料和 p 型材料上，在这种情况下，空穴从一端流向另一端。这种器件依赖于单个电荷载流子，而不是像点接触型晶体管和结型晶体管那样依赖于两个载流子（电子和空穴）的作用。电压的施加会产生场效应，后来大多数晶体管都使用这种器件。[29]

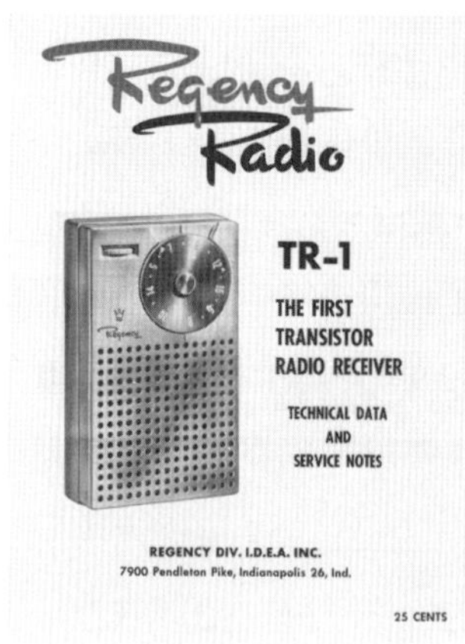

图6.6 Regency TR-1用户手册的标题页

资料来源：Don Pies。

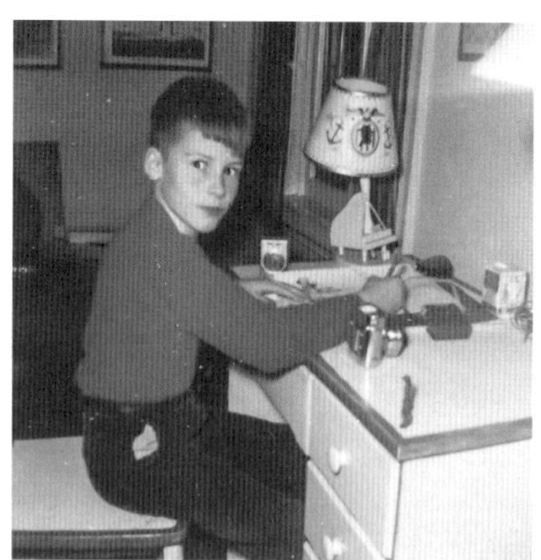

图6.7 作者小戴维·P. 比林顿和一台Hilton6晶体管收音机

资料来源：比林顿的家庭相册。

专栏 6.6 MOSFET 晶体管

点接触型晶体管和结型晶体管被称为双极型器件，因为它们使用了两种载流子，即电子和空穴。1959 年，贝尔电话实验室的穆罕默德·阿塔拉和姜大元发明了一种改进的晶体管，只使用一种载流子。这种新器件被称为金属氧化物半导体场效应晶体管，简称 MOSFET。发射极和集电极现在被称为源极和漏极。基极或栅极下面有一层薄薄的二氧化硅绝缘层（图中没有显示）。

在栅极上施加电压，产生的电场驱动载流子聚集。n 型材料位于源极和漏极下方，p 型材料位于源极和漏极之间，栅极上的正电压在其下方产生电场，可以放大（或开启和关闭）源极和漏极之间的 p 型材料中的电子流。不需要空穴来放大电流。该器件还与源极和漏极下方的 n 型材料，以及之间的 p 型材料一起工作。当栅极电压为负时，电流由没有电子的空穴组成。

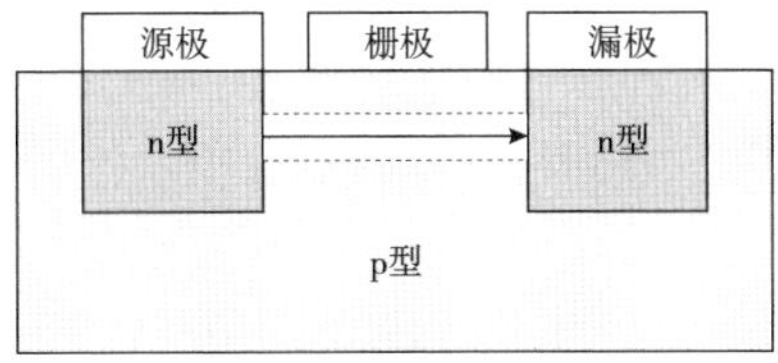

场效应晶体管的示意图

去除第二种载流子使晶体管效率更高。场效应晶体管在 20 世纪 70 年代取代了结型晶体管，在电子领域得到了广泛应用。

资料来源：伯纳德·格罗布所著的《基础电子》。

约翰·巴丁、沃尔特·布拉顿和威廉·肖克利因晶体管的研究成果共同获得1956年诺贝尔物理学奖。然而，1948年的冬天过后，肖克利疏远了另外两人，这使得巴丁和布拉顿的工作更加困难。贝尔电话实验室不想支持巴丁从事他想做的理论研究，1951年他接受了伊利诺伊大学香槟分校的教职。布拉顿则转到贝尔电话实验室的另一个小组，他1967年退休后在惠特曼学院担任教职。

1955年，肖克利也离开贝尔电话实验室，在加州的山景城——离他的家乡帕洛阿托不远的地方——创立了一家设计和生产晶体管的公司。但他的生意失败了，后来他加入了斯坦福大学任教职。在之后的生活中，他沉迷于一种观点，即人类各种族在智力上是不平等的，如非洲人的后裔不如欧洲人。这种观点，与20世纪20年代亨利·福特歧视犹太人的观点没有什么不同。但与后来公开道歉的福特不同，肖克利坚持自己的观点。[30]

巴丁晚年平静地生活在伊利诺伊大学，担任电气工程和物理学教授并继续从事开创性的工作。1972年，他因对超导性的研究而第二次获得了诺贝尔物理学奖，成为第一个两次获得该奖项的人。他的工作对工程和科学都具有价值。[31]

六、晶体管科学与工程

1945年后，美国开始接受这样一种观点：现代技术创新来自运用基础科学的成果，或者是为了探索自然而进行的研究。从那时起，晶体管就一直被当作灵感来自这类探索的例子（即便不是最重要的例子）。

工程作为科学应用的想法在 1945 年得到了范内瓦·布什的有力支持。1944 年秋天，罗斯福总统要求布什汇报即将到来的战后时代的科学需求。1945 年 7 月，布什将报告提交给杜鲁门（Truman）总统并以《科学：无尽的前沿》为题公开发表。布什呼吁联邦政府在和平时期支持全国大学的科学研究，并呼吁联邦奖学金为更多的美国人提供科学方面的高级培训。但他也提出了一个宽泛的历史性论断：现代技术的进步源于基础科学。“进行基础研究时无需考虑实际目的，”他写道，“它引导了对自然及其规律的普遍认识和理解……新产品、新工艺……是建立在新原理和新概念上的，而这些新原理和新概念又是在最纯粹的科学领域中经过艰苦的研究而发展起来的。”[32]

除了利用 19 世纪 80 年代发现的无线电波在“二战”期间进行的雷达研究外，布什还想到了促使青霉素在战时被开发出来的医学研究。[33] 一项基本的研究也促成了点接触型晶体管的发明。默文·凯利把肖克利、巴丁和布拉顿从普通的电话研究工作中解放出来，基本研究的目的是改善服务和解决更普通的技术问题。然而，这并不是布什所主张的为了科学的目的而进行的科学研究。巴丁和布拉顿的工程任务是开发固态三极管。贝尔电话实验室的研究人员可以自由地研究半导体的自然特性，但他们的头脑中有一个明确而紧迫的工程目标。

在 1945 年的实验中，肖克利试图成为一名应用科学家。量子理论为他提供了制造放大效应所需的原理，或者说他是这么认为的。而这个问题似乎是一个应用问题，即如何将各个部分结合起来并观察它们的工作情况。当他的实验失败时，他没有更深入地进行科学探索，而是把问题留给了巴丁和布拉顿。经过几个月的研究，两位研究人员终于成功地利用空穴放大了电流。当肖克利意识到电荷的“少数载流子”是晶体管运行的关键后，他迅速自己开发了更好的晶体管，但他在 1945 年最初的实验更接近于应用科学。“应用科学”继续与“工程学”一起用来指代工程师所做的工作，但工程师们认为它指的是巴丁和布拉顿以及爱迪生等人之前所做的工作。

三极管原理可以追溯到 1906 年，那时量子物理学还没有出现。量子物理学在 20 世纪 30 年代让人们可以想象出固态三极管，但当时的知识不足以制造固态三极管。如果没有“二战”期间半导体提纯技术的进步，半导体三极管是不可能实现的。巴丁在 1947 年的成功不仅在于发现天然材料的性能，还在于设计出一种预期的效果。因此，工程和科学同样是晶体管创新的基础。工程和科学并不是一个从另一个衍生出来的，晶体管的创新者必须同时兼具这两个方面。[34]

贝尔电话实验室继续在工程和科学领域取得重要进展，尽管没有像晶体管那样产生巨大的影响。[35] 事实证明，一个知识和机构专业化程度更高的时代，既不是根本性创新的障碍，也不是保证。巴丁的成功需要同事和技术过硬的组织的支持，以及他本人之前知识的积累。然而，最初的洞察力并不是源自这些优势，其他公司和研究人员也具有这些优势。巴丁的独特之处在于，作为一名科学家和工程师，他有能力利用这些优势进行激进而独立的思考。

在晶体管发明之后的十年里，晶体管微型化的局限威胁着电子技术的发展。杰克・基尔比和罗伯特・诺伊斯这两位工程师分别在美国不同地区的小公司工作，他们找到了一个解决方案，而这个方案却让为联邦政府工作的更大、更成熟的电子产品制造商们难以接受。这个解决方案，即集成电路或微芯片，将决定美国在 21 世纪剩下的时间里的发展方向。

第七章

微芯片

20 世纪 50 年代，随着生产力的提升，晶体管的成本逐渐下降。然而工程师们发现晶体管的发展很快将面临新的问题。买家（尤其是军方买家）需要电子设备中包含更多电路，以满足不断增加的性能需求，这就需要压缩电路体积。但那时的电路是人工连接起来的，所以体积压缩的程度有限。这种如何在有限空间内封装越来越多电路的难题，被称为“数字暴政”（Tyranny of Numbers）问题。可以预见的是，如果无法克服微型化道路上的障碍，那么电子技术的发展将陷入瓶颈。

为了打破这个瓶颈，20 世纪 50 年代后期美国军方与美国的领军电子公司合作启动了两个研究项目，最后却惨遭失败。第一个项目的工程师试图以迂回方法实现微型化，但没能解决问题。第二个项目的工程师尝试以一种创新方式使用材料，尽管具有科学研究价值，但缺乏工程可行性。最后，还是来自新加入电子行业的两个公司的两位工程师解决了“数字暴政”难题。1958 年夏天，德州仪器公司的杰克·基尔比突然想到晶体管和其他电路元件一样，都可以只由硅这一类的单一材料制成，而不是当时业界公认的那样必须加入其他元素。1959 年初，加州仙童半导体公司（Fairychild Semiconductor）的罗伯特·诺伊斯发现，利用其公司发明的一套制造晶体管的新工艺流程可以通过机器组装整个电路，无须人工连接。基尔比与诺伊斯的发现促进了集成电路（又称微芯片）的诞生，通过机器可以将这种平面芯片的电路体积做得更小，从而打破人工组装的体积极限。

美国空军对小型导弹制导系统的需求，以及 NASA 对登月飞船导航用小型机载计算机的需求，给微芯片提供了早期市场，促使其改善性能、降低价格。为了开拓集成芯片的民用市场，基尔比在 1967 年参与发明了首个使用微芯片的消费类手持电子设备——袖珍计算器。翌年，诺伊斯成立了一家新公司——英特尔（Intel），后来成为集成电路的主要制造商。诺伊斯迅速成为加州航空与电子企业的领军人物，这些企业也指明了一种新型经济。

一、从无线电到晶体管

杰克·圣克莱尔·基尔比出生于密苏里州杰斐逊。他的父亲休伯特·基尔比（Hubert Kilby）是一名电气工程师，母亲梅尔维娜（Melvina）在结婚前是一家医院的营养师。1927 年，休伯特·基尔比接受了堪萨斯电力公司的一份管理工作，把家搬到了堪萨斯州的萨莱纳。四年后，基尔比一家又搬到了位于堪萨斯州中部的大本德。和莱特兄弟一样，杰克·基尔比和妹妹简（Jane）在一座堆满了书的房子里长大。杰克快长到 6 英尺 6 英寸（约 1.98 米，他成年的身高）时，开始踢足球、打篮球、尝试摄影，后来摄影成了他的毕生爱好。1937 年 4 月 7 日至 8 日，一场暴风雪摧毁了附近的电线，他父亲在业余无线电操作者的帮助下联系上了电力公司的工作人员，基尔比在雪地里一直跟着他们。这件事引起了基尔比对电子产品的兴趣。他很快学习了无线电原理，组装了自己的收音机，通过了业余执照考试。

1941 年，基尔比从大本德高中毕业，和两个朋友开着一辆福特 A 型车先到了佛罗里达州，后又到了华盛顿。这辆车被基尔比改造过，提升了发动机功率（图 7.1）。但在返回堪萨斯州的路上刹车失灵了，因此基尔比和朋友们不得不调到低速档。这位未来微芯片先驱受到的一个更重的打击是，他没能通过麻省理工学院本科入学考试。幸运的是，那年秋天基尔比在最后一刻被伊利诺伊大学厄巴纳—香槟分校的电气工程专业录取了。

图7.1　杰克·基尔比与他改造的福特A型车

资料来源：安与简·基尔比。

1941 年 12 月 7 日，美国加入“二战”。基尔比为了学习电子学知识继续留在学校。1942 年 12 月，基尔比加入美国陆军预备役，6 个月后转为现役，进入战时美国专门从事谍报和秘密行动的机构，即战略服务办公室（Office of Stratcgy Services, OSS）。接受了进一步训练后，基尔比前往缅甸，在一个偏远的丛林哨所担任无线电操作员，支撑盟军建设通往中国的补给线。1945 年，这条补给线开通。基尔比在战争结束后去到了中国。他回到美国后于1947年从伊利诺伊大学毕业，获得电气工程学士学位，并加入了全球联盟公司（Global-Union Company），在威斯康星州密尔沃基的研究分部中央实验室工作。这个公司主要制造助听器以及无线电、新媒体电视用的电子器件。基尔比利用业余时间在威斯康星大学麦迪逊分校攻读电气工程专业，并于1950年1月取得了硕士学位。[1]

助听器需要极小的电路，而中央实验室在真空管电路的微型化方面处于领先地位。这个实验室设计的一种方法实现了电路的“丝印”连接，即在金属线的位置给陶瓷底座涂上银导线，但该实验室仍然无法大幅压缩真空管的体积。1952年，贝尔实验室邀请中央实验室与其他公司工程师参加一场晶体管研讨会，基尔比参会后，将工作重心从真空管转移到了晶体管上。他很快了解了如何提纯硅和锗，并成为晶体管制造与电路设计专家。

然而，1958年，全球联盟公司就即将到来的经济衰退向员工们发出预警，表示公司可能会裁员。基尔比还想更进一步地研究晶体管电路，而中央实验室的工作太过局限。于是他开始寻求其他工作机会。领先的计算机制造商国际商业机器公司（IBM）拒绝了他的求职，但摩托罗拉公司（Motorola）与德州仪器公司给他提供了职位，其中规模较小的德州仪器公司似乎能给他更多自由空间。因此，1958年5月，基尔比与妻子和两个女儿一同搬到了德克萨斯州的达拉斯，入职德州仪器公司。[2]

二、大胆行动

罗伯特·诺顿·诺伊斯出生于爱荷华州伯灵顿市，是公理会牧师拉尔夫·诺伊斯（Ralph Noyce）四个儿子中的老三。他的母亲哈丽特·诺顿·诺伊斯（Harriet Norton Noyce）于 1921 年毕业于欧柏林学院。拉尔夫·诺伊斯是爱荷华州教堂的牧师，后于 1940 年担任格林内尔市公理会教会地区会议的监督职务。罗伯特·诺伊斯和基尔比一样，很早就对无线电产生了兴趣，他 12 岁时还和哥哥盖洛德（Gaylord）造了一架与莱特飞行器相似的滑翔机，试图让它飞起来。诺伊斯高中时在数学和科学课上表现优异，以全班第一的成绩毕业，和他的哥哥们一样进入了家乡的格林内尔学院学习（图 7.2）。

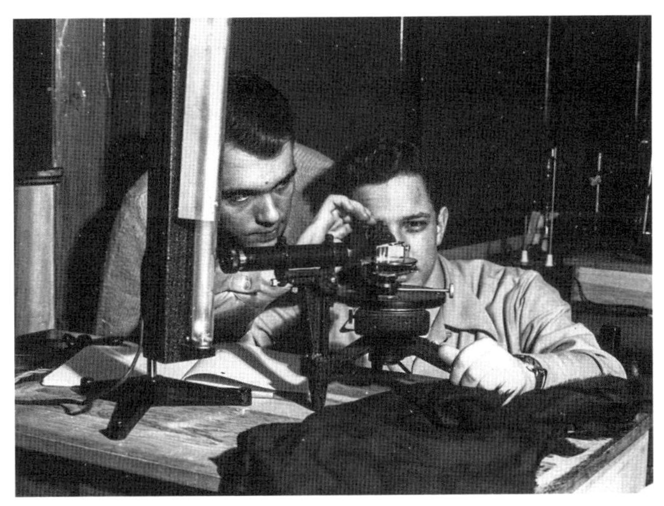

图7.2　罗伯特·诺伊斯（右）

资料来源：格林内尔学院图书馆与威廉·凯斯教授。

罗伯特·诺伊斯是这所学院的明星学生，理科成绩优异，还能抽出时间参加从合唱音乐到竞技跳水的一系列课外活动。大三春季时，他的室友们决定办一场夏威夷狂欢派对，于是诺伊斯从附近一个农场里偷了头猪烤来给室友们吃。第二天，诺伊斯主动要给那个农夫赔钱，不过偷牲畜在爱荷华州乡村地区是一件很严重的事，农夫非常生气。虽然格林内尔学院院长和诺伊斯的物理教授格兰特·盖尔（Grant Gale）均介入进行调解，诺伊斯最后免于刑事指控，但在大学最后一年的秋季学期还是被开除了。于是，他前往纽约的一家保险公司做了文员。后来，他又回到格林内尔学院，完成了数学和物理的双专业课程，并于1949年毕业。[3]

贝尔实验室公布晶体管这一发明后，诺伊斯从格兰特·盖尔那里得知了晶体管，后者是从威斯康星大学的同学约翰·巴丁那里直接了解到的。诺伊斯被这个设备迷住了，决定申请麻省理工学院研读固态物理。与基尔比不同的是，诺伊斯的申请成功了，不过他需要一整年时间赶上其他研究生的进度。诺伊斯对电子学中的自然现象非常感兴趣，他想将这些知识转化为实际应用。1953年，在诺伊斯取得物理学博士学位后，他进入了费城的电子器件制造公司飞歌（Philco）工作，在那里他改良了公司设计的一种新晶体管。然而接下来的两年里，飞歌的生产速度很慢，经营上的困难阻碍了新的研究。[4]

此时，诺伊斯引起了威廉·肖克利的注意。肖克利于1955年离开贝尔实验室，在加州斯坦福大学附近的山景城成立了一家公司，想设计和生产自己的晶体管。他在1956年1月19日打电话给诺伊斯向他发出邀请。诺伊斯接受了，带着妻子与两个孩子一起搬到了加州。后来肖克利成为晶体管的三位发明者之一，诺伊斯形容那通电话就像“拿起话筒同上帝交谈”。[5]

肖克利聘请了 20 名年轻的科学家与工程师到他的公司任职，其中 18 个人都在 30 岁以下。这些人中有诺伊斯、约翰·霍普金斯大学应用物理实验室的化学家戈登·摩尔（Gordon Moore），以及出生于瑞士的理论物理学家琼·赫尔尼（Jean Hoerni）——他拥有两个博士学位。戈登·摩尔和琼·赫尔尼后来对诺伊斯的事业产生了重要影响。肖克利招募的这些年轻人全都非同凡响，不仅接受过专业的科学工程训练，还掌握着制造半导体电子元件的实用技能，对元件的设计和装配都有深刻理解。

然而肖克利是个很难应付的主管，就像他在贝尔实验室的最后几年一样。起初，他的态度很友善，指导他人时还能把问题化繁为简。但他的想法经常变化，而且不鼓励独立工作，对那些有不同意见的人态度恶劣。1956 年底，在获得诺贝尔物理学奖后，他变得更加冷漠，越发把公司看作是自己的研究室，而不是一家生产设备的企业。肖克利坚持把精力放在制造一种几乎不可能落地的复杂二极管上，加上他对下属的态度，最终导致包括诺伊斯在内的 8 名年轻人在 1957 年秋天离开了他的团队。

这些年轻人在辞职前找到了一个资助他们进行新研究的投资人——谢尔曼·费尔柴尔德（Sherman Fairchild）。费尔柴尔德是 IBM 第一任董事长的儿子，曾发明了一种实用的航空测绘相机。这 8 名被肖克利称作“八大叛徒”的年轻人创建了仙童半导体公司（图 7.3），诺伊斯是这家新公司的研究总监，在总经理的领导下进行工作，总经理负责向位于纽约市赛奥希特的仙童相机和仪器公司汇报工作。[6]

图7.3 仙童半导体公司的创始人

资料来源：马格南图片社的摄影师韦恩·米勒。

注：从左至右：戈登·摩尔、谢尔顿·罗伯茨、尤金·克莱尔、罗伯特·诺伊斯、维克多·格里尼克、朱利叶斯·布兰克、琼·赫尔尼和杰伊·拉斯特。

三、微模块与分子电子学

20世纪50年代末，电子产品的发展面临着越来越大的不确定性。晶体管开始作为放大器被用于收音机、助听器等消费类设备，即将在电子计算机中取代真空管作为开关。然而，曾于1948年在贝尔实验室负责晶体管开发的杰克·莫顿（Jack Morton）在10年后发现，电子器件正面临着“数字暴政”问题，需要将越来越多的元件集成在工作设备的狭小空间里，但能封装和手工连接的独立元件数量是有物理限制的。莫顿认为用晶体管代替真空管已经解决了这个问题，但实际上晶体管也同样面临着

“数字暴政”问题的困扰。[7] 由于尽管晶体管电路体积可以压缩到比真空管电路更小，但仍然必须手工组装，因此电路部件制造与互联仍然难以在一定尺度以下的空间进行。

解决微型化难题对美国陆军来说尤为急迫。[8] 20 世纪 50 年代初，美国海军曾进行“修补匠计划”（Project Tinkertoy）项目，试图对真空管组件中的一些电路进行标准化，从而在紧急情况下更快地完成组装。[9] 1958 年 3 月，美国陆军进一步拓展了这个想法，负责陆军通信的通信部队（Signal Corps）与领军电子器件公司 RCA 签订了“微模块”（Micro-Module）开发合同。微模块是晶圆上的一小叠晶体管电路（图 7.4），在战场上能很方便地进行安装或更换，可以用于军队需要的坚固耐用、易于维护的无线电设备和便携式计算机。RCA 公司得到了 2 500 万美元的资助（约相当于 2010 年的 1 亿多美元），项目在接下来五年里取得了稳定进展，但微模块还是没有克服微型化的难题，在 1964 年投入使用时就已经过时了。[10]

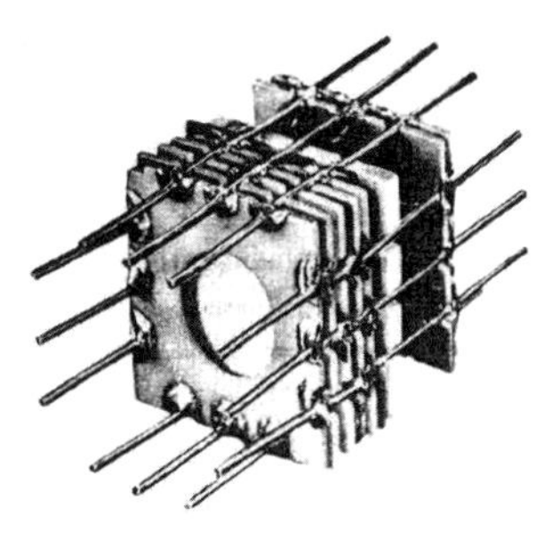

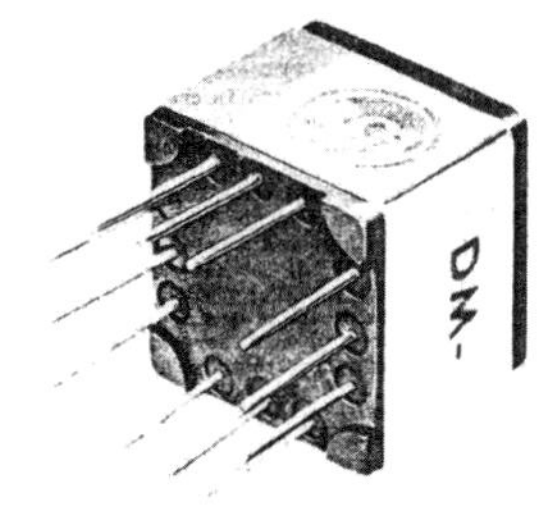

图7.4 美国陆军的微模块

资料来源：美国陆军。

美国空军处理“数字暴政”问题的方法更加激进。1956 年，麻省理工学院的一位科学家亚瑟·冯·希佩尔（Arthur von Hippel）提出在现有材料的基础上已经难以改进电子元件，只有在分子层面创造新的材料，才能简化设备制造过程。[11] 这一观点促使美国空军在1959年向另一家领先电气公司西屋电气资助了700万美元，试图通过该公司称为“分子电子学”的方法实现微型化。该项目想要研制新材料组成的小型“功能块”，这些功能块能够直接连接，摒弃了传统的金属丝互连电路。不幸的是，冯・希佩尔的想法太超前了。随后三年的实践证明这些功能块不仅难以制造生产，而且微型化的程度也有限。[12]

分子电子学的故事反映了一种“二战”后的观念，那就是新科学总能转化为实际工程成果。英国皇家雷达研究所的工程师杰弗里・杜默（Geoffrey Dummer）则给出了一种更加务实的想法，1952年，他提出用一个半导体块的不同部分来实现不同的电路功能。虽然杜默没能基于这个思想造出一台可行的设备，但后来杰克・基尔比认为他的这一想法已经有了固体电路的雏形，这比基尔比自己研究微型化电子器件还早了六年。[13]

四、单片电路构想

德州仪器公司成立于20世纪30年代，起初名为地球物理服务公司（Geophysical Service），专门制造石油勘探设备。1945年后，这个公司改变了业务重心。“二战”期间，美国海军航空电子领域的负责人帕特里克・哈格提（Patrick Haggerty）加入了这家公司，帮助它竞争军用电子设备合同。1951年，该公司更名为德州仪器公司。一年后，哈格提从贝尔系统获得了晶体管制造许可证。1953年，哈格提说服贝尔电话实验室的戈登・蒂尔加入德州仪器公司。蒂尔那时已经发明了一种提纯锗的方法，能提升锗在晶体管中的使用效率。1954年，他又在德州仪器公司开发出一种硅晶体管，硅的制造难度比锗高，但具有更强的可靠性。[14]

图7.5　1958年加入德州仪器公司后的杰克·基尔比

资料来源：德州仪器公司。

1958 年 5 月，基尔比加入了德州仪器公司（图 7.5），此时 RCA 公司已经请德州仪器公司共同参与美军的微型模块项目，基尔比也参与这个项目。然而私下里，基尔比认为微型模块不能解决电路微型化的问题，所以对其持反对态度，不过他很快就有机会来深入思考其他选择了。1958 年 7 月，德州仪器的大部分员工都外出度假了，而基尔比作为一名新员工还没有获得假期，所以形单影只的他在公司待了两个星期。他后来写道："只留思绪与想象力与我为伴。"[15] 为了避免参与微模块工作，同时也为解决更深层的问题，基尔比开始重新设计基本电路。

20 世纪 50 年代，电子器件产业的大部分公司都承接着军工合同，生产的关键在于质量而非成本。但基尔比在一家消费类电子设备公司工作了十年，那里将产品的制造成本也看得至关重要。因此，他加入德州仪器公司后，想找到一种既经济又高效的解决方案。[16] 基尔比的新东家是半导体元件的领先制造商，因此也很清楚降低半导体的使用成本能让公司获益良多。

德州仪器公司那时已发明了硅晶体管，也具备锗晶体管的制造能力。基尔比知道硅或锗也可以用来制造电阻和电容器等电路部件，但对其他部件来说这两种材料并不是最合适的，因此电子设备制造商一般会选择其他材料。基尔比越深入地思考，就越意识到互联问题的根源就在于需要连接不同材料制成的部件，如果所有部件都用同样材料制成就可以消除这一问题。1958 年 7 月 24 日，基尔比在实验室笔记中写道：“在一个硅片上制造电阻器、电容器、晶体管和二极管，就可以实现许多电路的极致微型化。”[17] 基尔比概述了如何将硅片不同区域掺杂为 n 型或 p 型材料，从而形成芯片上的不同电路元件。这种使用一块普通基板制造电路部件的想法被他称为“单片电路思想”（专栏 7.1）。

专栏 7.1　单片电路思想

20 世纪 50 年代末，手工连接制作电路的方法限制了微型化电子器件的发展。1958 年，杰克·基尔比入职德州仪器公司后不久，就决定探索并尝试解决微型化难题。

在此之前，电子电路制造商一般使用锗或硅来制造晶体管，同时使用其他更合适的材料来制造电阻器、电容器和其他电路部件，但这些部件其实也可以用半导体制作。基尔比意识到，如果可以用同一种半导体材料制成一个完整的电路，就能克服实现微型化的一个关键障碍。他将这种想法称为“单片电路思想”。

基尔比在一片锗（如图）上制造了一个装置，它通过一个晶体管（Q1）、一个电容器（C_1）和三个电阻器（R_1、R_2、R_3）在示波器上将电压转换为正弦波（即将直流电转换为交流电）。这些运转的电阻器没有经过掺杂，而对于电路的其他元件，基尔比则掺杂了半导体，在处理成 p 型或 n 型材料的区域之间形成了不同类型的结。

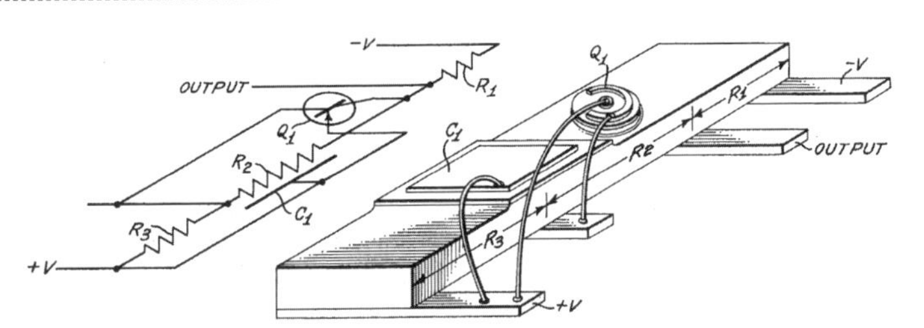

基尔比单片电路简图（左）与草图（右）

在使用锗和硅时，基尔比用的都是已知材料来制造他的装置，不需要借助新的科学发现。不过，他在草图中仍使用导线连接不同的部件，因此其专利并没有呈现出一个真正的集成电路，尽管他在专利中提出可以用金属连接线代替导线。

资料来源：杰克·S. 基尔比，美国专利号 3138743（1964 年）。

等公司其他人复工后，基尔比找他的主管威利斯·阿德科克（Willis Adcock）陈述了自己的想法，后者批准他继续进行实验。基尔比在实验中使用了硅晶体管，并亲自制造了硅电阻和电容器，证明了这些部件连接组成的电路可以运转。下一步就是在同一块半导体材料上制作电路，材料表面不同的区域被加工为不同的电路部件。当时公司没有基尔比需要的硅，因此他在一个锗片上做了一个电路（图 7.6）。

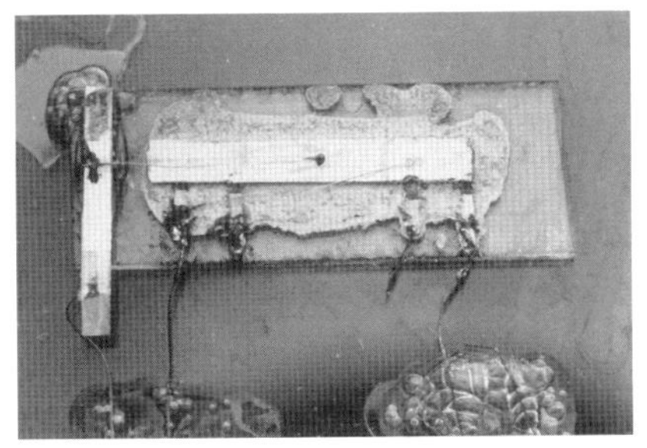

图7.6 基尔比的实验性单片电路

资料来源：德州仪器公司。

1958年9月12日，基尔比在德州仪器公司的高级经理面前启动了这个装置，用他的电路把直流电变成了交流电。一星期后，他又做出了一个可以作为开关的电路。经过秋冬两季的试验，他成功地用硅制造出了这些电路。这一成果成为20世纪中叶继晶体管之后的第二次重大电子技术突破。[18] 1958年12月，基尔比收到了德州仪器公司的一封信，告知他的每月工资将从920美元涨到1 010美元，以表彰他令人满意的工作成果。[19] 基尔比是一个谦逊的人，对此他无疑已经很满足了。

五、从平面工艺到集成电路

杰克·基尔比证明可以在半导体材料的单片上制造出电子电路的不同元件，但由于需要尽快为这个想法申请专利，基尔比来不及进一步完善。基尔比在1959年2月6日提出专利申请时列举的例子中仍然使用着导线，尽管他在声明中指出它们可以为金属线或“连接线”所替代。[20] 这就给罗伯特·诺伊斯留出了大展身手的余地。诺伊斯研制出了在单个半导体芯片上制造无导线电路的方法，他与基尔比的研究扫清了电路微型化的障碍。

1957年底，诺伊斯和仙童半导体公司的其他7位创始人从IBM那里赢得了一份合同，撑过了创业的第一年。这份合同是为美国空军的一种新型机载计算机制造硅晶体管，这种晶体管必须具备其他公司难以达到的特殊性能。诺伊斯胸有成竹，表示保证能完成任务。仙童公司组成了两个团队，看哪一个能先成功：第一个团队由戈登·摩尔领导，试图制造具有p型基极的结型晶体管；另一个团队由琼·赫尔尼领导，试图制造具有n型基极的晶体管。摩尔的团队最先制造出了晶体管。于是，仙童公司在1958年夏天前交付了合同要求的100个晶体管。[21]

然而在执行合同时，仙童公司的创始人遇到了一个困扰着当时所有晶体管制造商的问题：在生产过程中，绝大部分晶体管都遭到了灰尘等细颗粒污染物的破坏，最后只有少部分能正常运转。琼·赫尔尼及其团队在输掉制造新晶体管的竞争后，开始思考如何解决这个问题。1955年，贝尔电话实验室发现了一种制造晶体管的新方法，即在半导体表面铺上一层二氧化硅薄膜。通过薄膜上的开口扩散待掺杂的元素，从而在下方形成n型和p型半导体区域，同时薄膜还能保护材料免受温度升高的影响。[22]不过，当时的晶体管制造商们认为二氧化硅也是一种潜在的污染物，一旦不再需要就会被腐蚀掉。但赫尔尼突然想到，也许留着这种二氧化硅薄膜更能保护晶体管并改善其性能。很快，实验证明保留二氧化硅层能提升晶体管的可靠性。除了保留薄膜，赫尔尼还重新设计了晶体管，将发射极、基极和集电极集成在同一个镀了二氧化硅层的平面上，从而创造出一种更实用的装置，可以用机器通过类似印刷的方式连接电路。赫尔尼将其命名为平面工艺（专栏7.2）。仙童公司很快就采用这种方法开始制造晶体管。[23]

专栏7.2　平面工艺与集成电路

1957年，罗伯特·诺伊斯与其他7名工程师在加州帕洛阿托创立了他们的电子元件制造公司——仙童半导体公司。

为了制造晶体管，仙童半导体公司的工程师们需要处理三层半导体材料，再进行铺设。第一层和最后一层是n型，中间一层是p型。发射极、基极和集电极电流通过金属触点连接。

然而，这种方法的一个严重缺陷是生产出的每批晶体管中都有许多含缺陷单元。于是，诺伊斯的一位同事琼·赫尔尼更仔细地研究了晶体管制造过程，发现缺陷产生的原因是通过二氧化硅膜（一种硅表面与氧相互作用而自然形成的薄膜）实现半导体掺杂后，这层薄膜会被腐蚀掉，导致金属接触点和连接处暴露在了灰尘和其他污染物中。

1958年，经过半年多的研究，赫尔尼意识到保留氧化层可以保护金属接触点和底下的晶体管，并且他还把集电极触点从底部移到了装置的上表面。他将这种晶体管称为平面晶体管，并为它设计了一种制造方法，一下子提升了晶体管的工作效率。

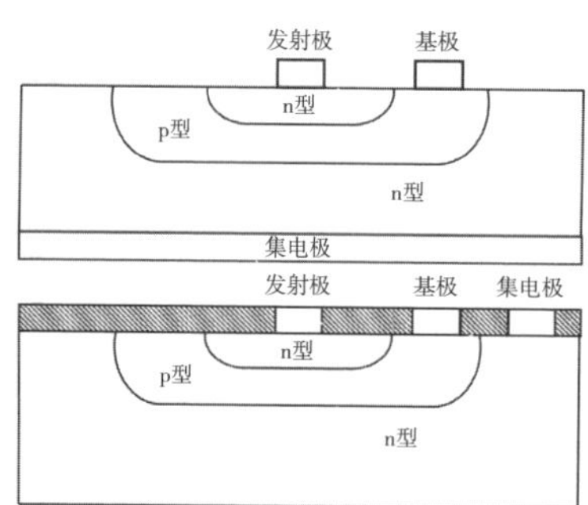

二氧化硅层已蚀刻的晶体管和二氧化硅层完好且集电极移至上表面的晶体管

这种设计将所有接触点都放在同一边，这也使机器能像印刷一样制造晶体管。后来，罗伯特·诺伊斯也和基尔比一样意识到，如果一个电路的所有元件都能由同一个半导体制成，那么就能通过平面工艺使整个电路成形，并用金属线连接到一起。但诺伊斯的单片电路设想是在1959年初提出的，比基尔比迟了几个月。两家公司一直在争夺专利权，到1966年才达成和解。

资料来源：米切尔·利奥丹所写的《二氧化硅解决方案》。

仙童公司的律师曾询问诺伊斯平面工艺是否能够拓展到晶体管制造以外的业务，由此诺伊斯意识到，如果能用平面工艺在镀了氧化层的半导体材料表面上制造出一个完整电路，那么平面工艺可能将引导他们取得更重大的突破。1959年1月23日，诺伊斯在他的实验室笔记上写道："这种工艺有诸多应用，其中非常有价值的一种就是在一片硅上制造多个器件，从而在制造过程中实现器件之间的互连，进而减小每个有源元件的尺寸、重量和成本等。"[24] 诺伊斯还简要记述了以下情况，即铝导线铺在二氧化硅层上不但不会影响下面的硅，同时还可以通过连接线和层中的小开口实现芯片上电路部件的互联。利用平面工艺，机器能在硅芯片上制造出人工组装技术无法实现的微型电路。仙童公司由杰伊·拉斯特（Jay Last）带领的一个团队克服了工程层面的挑战，并在1961年组装出了一个能运行的版本（图7.7）。[25]

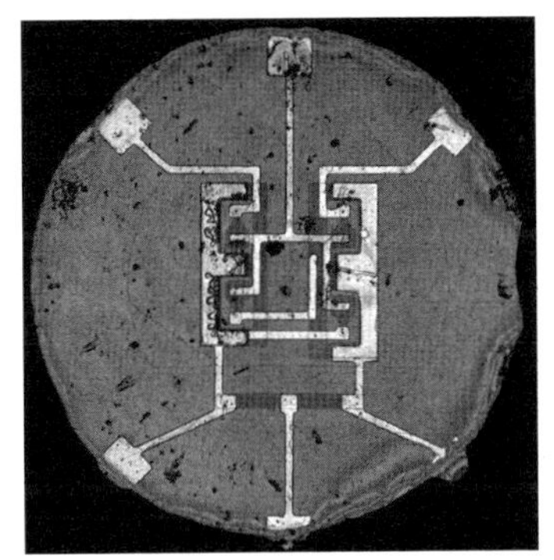

图7.7 仙童半导体公司生产的第一个集成电路

资料来源：安森美公司（前身为仙童半导体公司）。

基尔比设想了一种用单个半导体制造的完整电路，并进行了实物演示。诺伊斯则是提出了一种新的互联方法，即平面工艺，用这种方法可以在芯片上制造完整的电路并进行互连。将基尔比和诺伊斯的想法结合，就诞生了一种新的装置——集成电路（或微芯片）。回顾晶体管与集成电路的诞生之路，可以看到晶体管最初源自某个量子物理学的新发现，给了贝尔电话实验室研究人员以研制固态三极管的灵感，因此晶体管是结合了工程目标、半导体提纯技术进展与新科学研究的产物。而集成电路则纯粹是不同工程思想的碰撞结合，即单一材料的使用与平面工艺。虽然为了实现这一创新发明，基尔比和诺伊斯必须了解与半导体相关的物理知识，但他们不需要借助新的科学发现就能造出微芯片。微芯片的问世，解决了分立式晶体管诞生十年后就遇到的微型化问题，并最终成为一种基础电子元件。

和晶体管的革新者一样，基尔比和诺伊斯各自具有不同性格，这也影响了他们的创新方式。基尔比会留出时间安静读书，如果觉得自己的想法可行，就会全身心投入问题的解决中。诺伊斯则一直在行动，往往同时尝试多种方法，经常在半夜放任灵感奔涌而出。不过，基尔比总结了他们两人在观察中的共同点："很多解决方案失败，是因为它们想解决的问题本身就是错误的。"[26] 基尔比与诺伊斯尽管有着不同的出发点，但最后都确定了一个正确的目标，然后促成了解决方案的诞生。

德州仪器公司后来意识到平面工艺是制造集成电路的最佳方法，并且从仙童半导体公司获取了这门工艺的使用权，但最初这两家公司曾为了争夺微芯片基础理念的专利权而大打出手。1959年2月，基尔比仓促起草了专利申请书，没有详细描述如何制造电路。1959年7月30日，仙童对此提出了竞争性主张，详细描述了平面工艺。1961 年 4 月，美国专利局将这个专利授予了仙童半导体公司，德州仪器公司对此提出上诉，理由是基尔比在更早的时候就有了单片电路的构想。1967 年 2 月，美国专利干涉委员会（Board of Patent Interferences）①裁定基尔比和德州仪器公司胜诉，但随后美国关税和专利上诉法院支持了仙童半导体公司的主张。1970 年，美国最高法院拒绝审理此案。但这两家公司其实已经在 1966 年同意互相给予专利许可，因为那时微芯片的价值太高了，无论哪家公司都不想依赖于悬而未决的诉讼结果。[27]

六、微芯片迅速普及

起初，芯片上的集成电路没有引起消费者的兴趣，私营企业提出了许多反对理由。首先，最早一批集成电路的生产成本高于独立元件制成的电子电路，而且半导体并不是制造某些元器件的最佳材料。例如，电阻器更适合用镍铬合金制造，电容器通常使用陶瓷，批评者认为每个元器件都应该用最好的材料制成。其次，即使有氧化层保护，批量生产的集成电路仍然存在许多缺陷。最后，集成电路会给电路设计师造成失业风险。“这些论点都很难去辩驳，”基尔比说，“因为他们说的基本都对。”[28]但进一步研究后，人们找到了降低微芯片的缺陷发生率的方法，使得发生率能够令人接受。因此，失业的工程师们最后找到了其他芯片设计或设备设计的工作。另外，虽然硅片制成的电阻器和电容器性能相对较低，但还算过得去，而且微型芯片带来的电路微型

① 类似我国的专利复审委员会。——译者注

化进展和电路密度提升很快抵消了这些缺点。[29] 但是，集成电路的成本居高不下，只能通过扩大集成电路市场解决。后来，美国联邦政府提供了最初的市场。

最初美国海军对集成电路不感兴趣，但陆军认为这些新芯片对微模块项目来说或许是个不错的补充，而空军则表达了更强烈的兴趣。当时空军急需一台能装进导弹前锥的制导计算机，但之前为此进行的“分子电子学”研究迟迟没有进展，因此空军给德州仪器公司提供了一些启动资金用来生产微芯片。1962 年，该公司又获得了一份合同，为民兵 II 型导弹的制导系统生产集成电路，民兵 II 型导弹是核武器运载系统的三合一战略之一（另外两个是核导弹潜艇和远程轰炸机）。[30]

NASA 则更有力地助推集成电路研发。当时“阿波罗”计划要宇航员登上月球，但需要大幅减少制导与导航计算机的体积以便其能够装进小型宇宙飞船，而微芯片满足了这一需求。1962 年，麻省理工学院仪器实验室主任查尔斯·斯塔克·德雷珀从仙童公司订购了大量集成电路用以完成该实验室的“阿波罗”机载计算机设计合同（图 7.8）。NASA 的订单使仙童有了足够的资金来增加微芯片的产量，从而降低价格，并解决早期的技术问题。[31] 20 世纪 60 年代中期，美国陆军和海军也开始采用集成电路。

1967 年，杰克·基尔比和德州仪器公司的一个小组合作发明了一种使用了微芯片的手持设备，即袖珍计算器（图 7.9），促使了芯片消费市场迅速增长。[32] 仙童半导体公司的戈登·摩尔起初对集成电路的前景持怀疑态度，但很快认识到了其发展潜力。他在 1965 年发现，若集成电路保持自 1961 年以来的微型化速度，那么在可预见的未来，芯片单位面积的晶体管数量估计每两年就能翻一番。[33] 这就是后来著名的摩尔定律，其后四十年里也都一直有效。但仙童并没有因为他们两人的贡献而提拔他们，因此 1968 年，罗伯特・诺伊斯和戈登・摩尔一同离职创办了新公司——英特尔，迅速主导了微芯片市场，并推出了一种新型芯片——微处理器，为个人计算机带来了曙光。

图7.8　阿波罗制导导航计算机

资料来源：NASA。

注：键盘上方有两个显示器，折叠面板上列出了键盘命令。

图7.9　袖珍计算器

资料来源：德州仪器公司。

七、新经济

德克萨斯州和加州的新成立的微电子公司，与半个世纪前五大湖区周围和美国东北建立的产业形成了鲜明对比。那些旧产业雇用大量半熟练工批量生产汽车和其他产品，而西南部与西部的新兴半导体和电子公司虽然也需要制造工人，但更依赖有经验的工程师与科学家生产更复杂的设备。这一“高新科技”产业的中心地带之一是加州旧金山南部半岛上的斯坦福大学周围的圣克拉拉山谷，它在20世纪70年代得到了“硅谷”这个称号。硅谷具有宜人的地中海气候，加上自身的高速发展，吸引了许多工程师和科学家。加州政府对附近的加州大学伯克利分校也大力资助，因此促进了这一大片区域的发展。[34]

图7.10　弗雷德·特曼

资料来源：斯坦福大学特别收藏与大学档案馆。

弗雷德·特曼（Frederick Terman）（图7.10）也是促进这一高速发展的关键人物。他于1925年成为斯坦福大学电气工程系教授，并在1945年升为工程系主任，1955—1965年任大学教务长。从1951年开始，他将大学的用地、教职工和学生向硅谷的公司开放。[35] 特曼相信，斯坦福大学和其他一流研究型大学正通过培训和支持电子等高速发展领域的商业领导人来创造一种新的经济形式。1965年，特曼退休时写道：

> 这类公司的特点是其产出价值很大程度上源自其创造性、独特性和精密工程水平，所以这些公司的雇员中往往相当大一部分都有理工科学士学位，许多甚至达到研究生水准。
>
> 与这些成长型公司相对的是“量产型”公司，其大部分员工从事生产活动，掌握有限的技能就可以进行简单的重复性工作。工程成本只占每件产品价值的一小部分。其竞争力更多地源自产品制造效率和市场营销，而非工程师的创造性。[36]

特曼认为以研究型大学人才为代表的受过高等教育的人群是美国文明的未来。“大学很快就不再只是学习的地方了，”他说，“它们正在成为国家工业生产中的一支主要经济力量，对产业发展的地理位置、人口增长和社区特征都将产生深远影响。”[37]

事实上，那时硅谷新公司的发展仍然主要源自联邦国防开支的支持，一流研究型大学那时也依赖联邦政府的支持进行科学与工程基础研究，并发放教学补贴。后来，当它们开始服务军用市场以外的民用市场时，领先的科技公司仍然必须学习特曼提到的“旧产业”的批量生产和大规模营销技巧。但特曼那时就准确地预见到，发展中的经济需要更多受过高等教育与经过专业训练的人才。

作为美国领先微芯片制造商英特尔的领导人，罗伯特·诺伊斯成为年轻一代计算机领域创业者的导师，还得到了“硅谷市长”的绰号。不过 20 世纪 80 年代，日本和其他亚洲国家已经开始挑战美国在电子和其他行业的主导地位。诺伊斯就曾警告说这些“高科技”的新产品就和旧产业的产品一样，容易受到其他国家制造的竞争产品的冲击。[38]

杰克·基尔比没有像罗伯特·诺伊斯那样在商业和公众生活中取得重要地位。他与同伴合作发明了袖珍计算器后被提拔到了管理层，由此远离了从事发明的岗位。1970 年，他离开公司度假，全身心投入研究并设计出一种太阳能收集器用来生产氢气能源。美国的石油生产（使用传统开采方法）在 20 世纪 60 年代达到顶峰，1973 年的一次短暂的石油进口中断凸显了美国对进口石油的依赖。在这一背景下，基尔比关于新能源的想法很有发展潜力，但制造这种装置的初始成本太高，他也难以找到资金支持。基尔比于 1983 年退休，退休后他专注于他的摄影和木工爱好。[39]

罗伯特·诺伊斯则一直全力工作到生命结束。1987 年，他帮助建立了美国半导体制造技术战略联盟（Sematech），这是由美国半导体公司组成的联合体，旨在加强行业合作、应对国际竞争。1990 年，诺伊斯与基尔比一同获得了首个查尔斯·斯塔克·德拉普尔奖（Charles Stark Draper Prize），此奖由美国国家工程学院授予，以表彰两人对微芯片的卓越贡献。获奖后不久诺伊斯便离开了人世。[40] 2000 年，基尔比因他对微芯片的贡献而获得了诺贝尔物理学奖。前往领奖之前，基尔比感叹说："如果罗伯特·诺伊斯还活着，我们就会一起获这个奖。"在诺贝尔颁奖仪式上，谦逊的基尔比引用激光器之父查尔斯·汤斯（Charles Townes）的话回顾了集成电路的发展史以及自己在集成电路诞生之初的贡献，他说："这就像一只河狸指着胡佛大坝对兔子说：'我自己没有造这个大坝，但它是按着我的想法造的。'"[41]

第八章

计算机和互联网

随着微芯片的创新，收音机和其他使用晶体管的电子装置变得更小、更高效，甚至在电子计算这个新领域取得了更巨大的进步。20 世纪 70 年代初期，电路变得又小功能又强大，足以让计算机功能由单个微小芯片，即微处理器来执行。这使计算成为个人而不仅仅是大型组织才能拥有的一种产品。

现代计算机是一种电子设备，可根据指示迅速处理信息。1940 年，第一台电子计算机使用真空管制造，并且被用作计算器。随着晶体管代替了真空管，计算机的尺寸变得越来越小，并且能够执行更广泛的指令，但它仍然只为组织机构服务。20 世纪 70 年代中期，苹果计算机创始人将微处理器与彩色显示器相结合，成功地将个人计算机商业化并取得成功。后来苹果公司与 IBM 竞争个人计算机市场，通过微软和其他公司提供的软件服务抢占了大部分市场。接着，计算机的网络化催生了互联网。

21 世纪初，计算机和网络已经开始改变现代社会的生活和工作方式。一个世纪前的工业变革使得大量美国人进行了迁移，他们从农村来到城市生活。接着，电力、电话、广播、电视以及高速公路和私家车使人们更加紧密联系在一起。计算机虽然还没有显著地改变社会，它可能会在21世纪以同样激进的方式改变人们的生活。

一、现代计算机的起源

早期的真空管作为放大器，以电话和无线电的方式实现了远距离通信。真空管还可以用于开关电路中，用来控制电流。1919年，英国物理学家威廉·埃克尔斯（William Eccles）和工程师弗兰克·乔丹（Frank Jordan）制作了两个真空管“触发器”电路，当其中一个打开或关闭，另一个就会关闭或打开。[1]一台电子计算机由一系列开关组成，其中每个开关都可以激活其他开关以执行任务。这些开关中的电流速度使机器获得结果比手动计算要快很多（专栏8.1和专栏8.2）。

专栏8.1　计算机：基础概念

算法

一台电子计算机可以执行由某种算法定义的任务，这个算法是由一系列指令构成并形成最终结果。其中，算法的每一步必须明确且必须在有限的时间内完成。

一个算法可以被定义为一系列选择问题（如若x，则y；若非x，则z）。如果设置为2+2，一个算法将会使用一些步骤算出结果4。一个算法可能包含大量的步骤，但是计算仅仅需要不到1秒的时间。并且，一台计算机可能同时连续执行许多算法。

计算机

物理层面上，在执行任务时，电子计算机引导电流通过开关，将其打开或关闭。在每个开关处，电流都有一个“低”（关闭）或“高”（打开）的电压（压力）。计算机根据编程算法输入或机器预设的步骤执行数值计算。开关的开或关状态代表要计算的数字和所需的程序。每个步骤都将激活下一个开关步骤，直到该过程结束，最终结果由机器显示。

1946年以后，早期的电子计算机有一个输入任务的“输入”单元、一个存储可用的“内存”单元、一个带有“逻辑”单元的中央处理器（CPU）、一个“控制”单元来执行输入的任务，以及一个“输出”单元显示结果。现代计算机都有执行这些基本功能的电路。

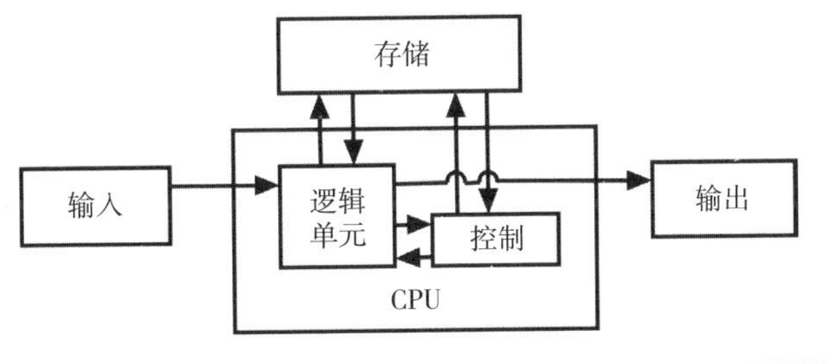

资料来源：M. D. 格弗雷和D. F. 亨得利所写的《计算机之父冯·诺依曼》。

注：在电源电压为5伏的情况下，开关上的低电平可以达到1.5伏，高电平可以在3.5伏和5伏之间。

专栏 8.2　计算机：逻辑电路

电子计算机通过逻辑门执行算法的每个步骤。这些逻辑门由一个或多个开关组成，来自较早一组开关的电流可以通过该开关。逻辑门大多数位于CPU和内存中。

每个门承受一个或多个输入电流，并输出一个电压为“高”或“低”的电流。输入和输出电流的含义是由机器或激活程序分配。计算机中使用了三种主要的逻辑门：“与”门、“或”门和“非”门。几乎所有的算法可以由计算机通过这三个门和另外四个与它们有关的门组成。

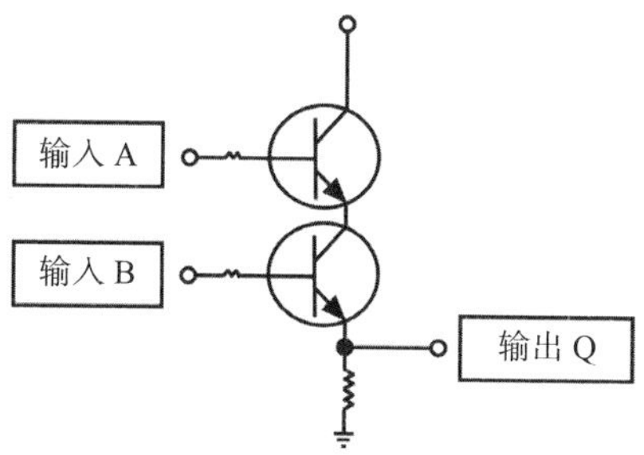

一个带有两个晶体管开关的“与”门

仅当两个输入状态A和B都为高电平时，“与”门的输出Q（见图）为高；否则，输出Q为低。如果程序指定，例如在此门输出“高”表示两个输入代表相等的数字1，换句话说，如果两个输入保持为高，“与”门将允许继续输出。

当A或B或两者都为高电平时，“或”门输出高电平；如果没有高电平，则输出低电平。“非”门简单地将单个输入从高电平转换为低电平或从低电平转换为高电平。其他门有“与非”“非或”“异或”，当A或B不同时为高时输出高电平；

"异"或"非"，当 A 或 B 不同时为高时输出低电平。

触发器电路（图中未示出）能使一个门中的输入电流复位另一门的高或低状态，这种状态一直保持到复位为止。由此，逻辑门就可以用作计算机的存储。

1936 年英国数学家阿兰·图灵（Alan Turing）（图 8.1）提出，如果一个问题可以用算法的形式表示并且遵循预设规则的步骤，则机器可以计算任何数学问题。在"二战"中，这个想法的实用性得到了证明。战争初期，一群人使用机械台式计算机进行计算，工作是缓慢而乏味的。图灵和其他英国研究人员发明了一种可以使计算快很多的电子计算机，然而，出于保密的原因，这种机器直到 20 世纪 70 年代才公开。[2]

图8.1　阿兰·图灵（1936年）

资料来源：普林斯顿大学档案馆。

在大西洋彼岸，美国宾夕法尼亚州大学电气工程学院副教授约翰·莫奇利（John W. Mauchly）在 1943 年获得了美国陆军的支持，来建造一台用以计算火炮弹道的计算机。莫奇利和刚毕业的研究生约翰·普雷斯伯·埃克特（John Presper Eckert）在一个小团队里，设计了电子计算机、电子数值积分器和计算器（ENIAC），它们含有超过 17 000 个真空管和数千个其他组件。团队中的男性负责设计并组装机器；贝蒂·斯奈德·霍尔伯顿（Betty Snyder Holberton）和其他女性负责设计，实现了初始开关设置以控制计算机开始计算，此过程称为编程（图 8.2 和

图 8.3）。[3]

在这台新机器中，每个计算都包含一个有限项步骤数，将三极管真空管分配给每个步骤充当开关。电流进入第一个真空管时，这个真空管将会激活链路上其他更多的真空管，并最终给出解答。计算必须通过控制板布置电缆来配置，复杂的计算需要几天时间准备，但是一个简单的加法运算仅需 1/5 000 秒，而更复杂的计算可以在不到 1 秒的时间内完成。ENIAC 于 1946 年 2 月 14 日开始运营，直到战争结束。这台机器证明了电子计算是可能的。

图8.2　在ENIAC计算机中检查真空管

资料来源：美国陆军。

图8.3　对ENIAC计算机进行编程

资料来源：美国陆军。

1944 年初，约翰·冯·诺依曼（John von Neumann）了解到 ENIAC 项目。冯·诺依曼是一位杰出的匈牙利移民，他是新泽西州普林斯顿高等研究院的数学家。当时他还在参与“曼哈顿”计划正在研发一种更快的计算方法。冯·诺依曼很快成为 ENIAC 项目的顾问，他和项目工程师共同进行了一项改进，这成为后来计算机的重要组成部分。这是一个存储程序的想法，内置在开关设置中的模式计算机，或使用可重复使用的开关进行临时设置，并自动执行更多操作。其中可以存储该程序的电路被称为计算机内存。

后来的计算机也体现了他在1945年的提议中，冯·诺依曼认为，计算机具有五个基本部件（专栏8.1）。一个“输入”设备将指令转换为开或关模式，“逻辑”单元将执行计算或其他任务。一个“记忆”单元可以容纳自动执行计算机大部分工作的设置，以及“控制”单元将调节逻辑和存储器的工作单位。“输出”设备会将结果转换为一些可显示的形式。大多数后来的计算机都保存了这些功能。[4]

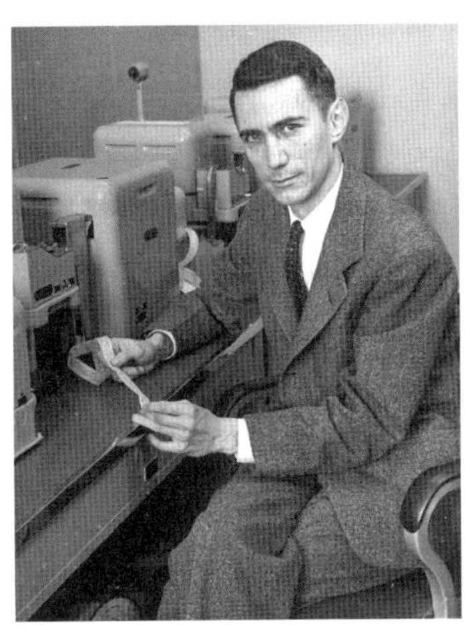

图8.4　克劳德·香农（1951年）

资料来源：盖蒂图像/生活画册。

1938年，麻省理工学院毕业生克劳德·香农（Claude Shannon）（图8.4）的研究展示了用代数形式可以使电路高效地工作，即20世纪英国数学家乔治·布尔（George Boole）发明的二进制（以2为基数）的编码系统。虽然ENIAC机器使用十进制数字（以10为基数），但二进制被证明对以后的计算机执行任务更有效。1948年，正在贝尔电话实验室工作的香农，发现可以通过信道发送并无损接收的二进制信号数量有一个最大值（专栏8.3）。估算这个数量的能力是有效传输的关键。[5]

专栏 8.3 信息革命 I

一种新的信息

克劳德·香农意识到，如果问题可以简化为每一步都是二进制算法，那么用机器解决数值问题将是最简单的。电子计算机采用了这一思想，将数字“0”分配给逻辑门开关的低状态，将“1”分配给高状态。香农把这两个数字称为二进制数字或比特。(a) 他把这些比特描述为信息单位，赋予这个词现在所具有的数量计算意义。

二进制信号在另一方面也有帮助。放大对于电子传输来说是必要的，但也会放大静电或“噪声”，即介质干扰通信的趋势，特别是在长距离传输时（见图）。

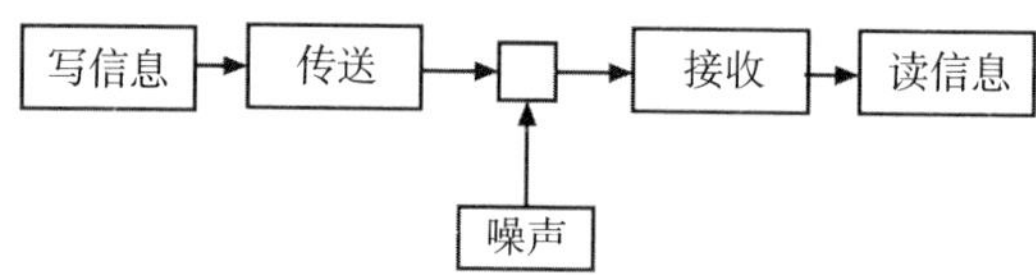

香农认为离散的高、低状态比连续信号更容易从干扰噪声中分辨出来，这使得使用二进制传输的通信更加可靠。

更高效的传输

信息在内容上也有独特的区别。但香农接着发现，在任何信息中出现特定数字、字母和其他符号的概率都可以被准确地计算出来。

香农的发现使我们能够估计出在给定的传输信道容量内的（任何种类）最大信息量，并且不会在发送方和接收方之间发生损失。这使得设计计算机和通信网络有效地传送信息成为可能。

资料来源：克劳德·香农所写的《通信的数学理论》。

注：（a）在早期计算中，由八位或一个字节组成的单个数字或字母。

二、大型机时代

1947 年，莫奇利和埃克特成立了一家公司，很快被雷明顿・兰德（Remington Rand）收购，并在 1951 年生产了第一台商用电子计算机 UNIVAC。[6] 20 世纪 50 年代和 60 年代，一家更大的公司 IBM 加入，随后崛起成为计算机行业的领导者。“二战”期间，IBM 主要制造和维修办公室机械设备。20 世纪 50 年代的 UNIVAC 促使 IBM 将自己的真空管推向市场，并且将 IBM650 打折租给了大学，大大增加了可以编程和使用计算机的人数。20 世纪 60 年代初，计算机晶体管开始取代真空管。尽管比 ENIAC 小，但这些机器仍可以填满一个房间，并被称为“大型机”。[7]

IBM 早期研发的计算机和程序是不兼容的。但在 1964 年，该公司推出了 System/360——一系列公用硬件、公用程序或软件（图 8.5）。政府与企业很快从 IBM 租赁或购买了大型机，并且其他计算机制造商很快就生产出了配置自己专有软件的计算机。大学也购买了大型机供校园用户使用。1965 年，设备公司成功推出了首款商业上成功的小型计算机 PDP-8，它是一种较小的机器，使用晶体管以较低的成本提供主机容量。小型计算机采用集成电路来扩展并增强其功能。[8]

随着计算机的改进，编程受到了需要用计算机可以理解的“1”和“0”的“机器码”进行编程的限制。1951 年，格蕾丝・默里・霍珀（Grace Murray Hopper）（图 8.6）在兰德公司找到了一种非常好的方法来节省编程时间（专栏 8.4）。虽然不是第一个重复使用机器代码的人，但霍珀设计了一个程序，在可以组织和检索的集合中重复使用这种代码。她还认为这些集合可以被组织起来，使得编程更加高效。在被告知用语言指导是不切实际之后，她写了一个程序，可以将英文单词和句子翻译成机器语言“1”和“0”。[9]

图8.5　IBM System / 360（40型）大型计算机

资料来源：IBM 公司。

图8.6　1960年格蕾丝·默里·霍珀和一台UNIVAC II计算机

资料来源：优利系统和海格利博物馆和图书馆。

专栏 8.4　信息革命 II

一种新型图书馆

早期的计算机必须使用机器代码，机器可以理解“1”和“0”。利用代码节省了时间，但随着任务越来越复杂，编程变得越来越复杂且越来越消耗时间。

格蕾丝·默里·霍珀找到了一个解决方案：创建“更高层次”的程序，其中可重复使用代码段可以属于集合或“库”，也可以重复使用。1951 年，霍珀演示了一个程序——

Arithmetic-Zero（A-0），它可以像在库中那样按调用号组织和检索机器代码序列。

霍珀还认识到编程需要使用英语单词和句子来表示代码，这样对于那些很难使用早期的符号和数字语言的人来说，编程更加容易。她的Flow-Matic程序证明了计算机可以使用单词和动词句子结构以及数字来调用可重用代码库并执行其他操作。Flow-Matic是COBOL（通用面向商业的语言）的基础，COBOL是1960年后广泛应用于计算机编程的语言。

软件开发

计算机程序后来被称为“软件”，以便将编写程序的工作与机器中“硬件”设计更清楚地区分开来。这种链接程序是现代编译器中首创的，它是一种能够在高级语言和低级语言之间进行转换的软件程序。

将可重用的代码片段放入可检索的集合中，这些集合本身可以被组合成更高级别的集合并进行检索，这使得编程能够跟上计算机不断增长的硬件容量和对功能日益强大的软件的需求。

资料来源：格蕾丝·默里·霍珀所写的《编译例程》。

注：（a）霍珀称她的A-0程序为编译器。计算机科学现在用一种更普遍的方式在不同编程语言之间进行翻译。

1957年，IBM的约翰·巴克斯（John Backus）推出了面向工程师和科学家的编程语言FORTRAN。1959年，霍珀参与设计了一种服务于政府和商业需求的语言——COBOL。1964年，霍珀在达特茅斯学院编写了能为学生提供通用编程语言的标准。20世纪70年代，使用诸如此类语言的程序已演变为两大类软件：计算机和应用程序的通用操作系统和旨在操作系统中执行一组较简单任务的应用程序。计算机制造商通常会提供可以在自己计算机上运行的软件，但独立公司也可以出售应用程序以及使用它们的服务。[10]

计算机开始自动执行重复性工作，例如留存记录和进行计算，并提供新服务。1958年以后，随着喷气式客机航空旅行的增加，在航空公司预订机票和制定航班时刻表变得更加困难。1964年，IBM生产了SABRE，这是一种用于预订和更改机票的计算机系统。新系统借鉴了SAGE系统的技术，由计算机和跟踪站组成。SAGE网络于20世纪50年代问世，可用来警告美国空军正向其接近的敌机。[11]

IBM System/360的重量取决于它的配置，从1吨到几吨，其他大型机也大同小异。大型机和小型机需要专门的操作人员，20世纪60年代计算机操作人员通常在专门的房间或计算机中心工作。20世纪70年代，两大技术进步开始打破这种格局。一是电视的发展，二是与一种新型微芯片与微处理器相连而创建的个人计算机。

三、电视机

“二战”后，美国应用最普遍的新电子设备不是计算机而是电视机，这是一个可以接收信号并在玻璃屏幕上显示移动图像的盒子。电视机是费罗·法恩斯沃斯（Philo Farnsworth）和维拉蒂米尔·斯福罗金（Vladimir Zworykin）两位工程师的发明。

菲尔·法恩斯沃斯生于美国犹他州的一个农庄（图 8.7）。1920 年，14 岁的法恩斯沃斯自学了电子学并且构思了电视系统。他在 1930 年为这项发明申请了专利。工程师们知道从图像反射到化学处理的物体表面会产生电荷。法恩斯沃斯设计了一个内部具有这样的表面的电影摄影机捕捉外面的运动。摄影机将电荷送入电路，该电路可以将电荷发送到接收器，接收器可以将电荷作为电子流投射到接收真空管的内表面。观看者可以看到投射在接收表面上的运动图像，当从接收器外部观看时，形成了玻璃屏幕。无线电传输可以携带伴随的声音。[12]

图8.7　菲尔·法恩斯沃斯

资料来源：犹他州历史学会。

俄罗斯移民工程师维拉蒂米尔·斯福罗金构思了一个类似的系统并在 1923 年获得了专利，但无法制造出工作模型。1931 年，斯福罗金成为了 RCA 研究电视的带头人，他发明的可以捕获图像的电视系统比法恩斯沃斯系统所用的照明更少。[13] RCA 在法恩斯沃斯拒绝向其出售专利时提出了质疑，随后一段时间的诉讼以法恩斯沃斯胜诉告终，要求 RCA 一次性向他支付许可费。在 1939 年纽约的世界博览会上，RCA 总裁戴维·萨尔诺夫（David Sarnoff）演示了斯福罗金的电视，但“二战”期间电视转播中断了。直到 1946 年，RCA 的工程师们又一次改进了电视摄像机。1947 年，法恩斯沃斯的专利过期了。20 世纪 40 年代末，电视机开始了长达 20 年的快速发展期，广播电视网络在现有的广播网络的基础上发展起来。[14]

早期的电视机是黑白的，大盒子中间有一块小的屏幕（图 8.8）。1953 年，斯福罗金发明了彩色电视机，并且价格更便宜。在彩色电视机上，摄像机把电子分成三个流，分别表示红色、绿色和蓝色，然后再将它们在接收器上重新结合。20 世纪 70 年代，彩色摄像机和接收器取代了单色的摄像机和接收器，电视摄像机和接收器也开始使用固态元件代替真空管。[15] 在农村地区，常使用天线通常通过电缆为家庭供电。1965 年以后，卫星传输的出现使个人从外层空间接收信号成为可能。20 世纪 80 年代，有线电视和卫星电视提供商扩展到城市和农村地区，并增加了可用频道的数量。[16]

图8.8　作者（右）和他的妹妹伊丽莎白在看早期的电视

资料来源：比林顿家庭相册。

随着电视机的广泛使用，计算机也变得更易于使用。1951 年，麻省理工学院的杰伊·福里斯特（Jay Forrester）领导的小组开发了一个计算机，作为 SAGE 防空系统一部分的视频屏幕以显示信息。使用视频屏幕的计算机在 20 世纪 60 年代问世。[17] 到了 20 世纪 70 年代，再加上一种新型的微芯片——微处理器，电视机（当与计算机一起使用时称为显示器）终于使计算机变得实用并走向大众。

四、微处理器

1968 年，诺伊斯和戈登·摩尔离开了仙童半导体公司，成立了一家主要生产微芯片的新公司——英特尔。这家新公司专注于制造用于计算机存储器的集成电路。随着电路设计和制造工艺的进步，到 1970 年，一块微芯片从可容纳数百个晶体管和电路组件变成了可容纳数千个晶体管。与此同时，英特尔和其他芯片制造商也发现了新的工程障碍。电子产品的设计者通常会为每种产品创建独有的“芯片组”，并通过增加更多的微芯片来增添新功能（执行新任务的能力）。每个芯片仅执行其设计的功能，这就导致电子产品中的芯片越来越多，用以执行越来越多的功能，但是其中许多功能其实很少使用。[18]

英特尔公司想出了一个解决方案：与一家日本小公司比吉康（Busicom）签订合同，生产用于计算器的芯片组。比吉康公司设计了一个复杂的电路，让接受这项任务的英特尔工程师马西安·霍夫（Marcian Hoff）认为这是不切实际的。霍夫的想法是，只要在一个微芯片上设计一个可重复使用的电路，不同种类的软件就可以执行以往工程师们通过添加硬件电路才能执行的任务。霍夫认为这项与日本公司的合同是设计具有这种能力的新型微芯片的一个机会。两名英特尔工程师弗得里克·法金（Federico Faggin）和斯坦利·马泽尔（Stanley Mazor）协助霍夫将这个想法变成了现实。他们设计出了 4004 微芯片，其电路可以执行中央处理器的功能（专栏 8.5）。[19]

4004 芯片完全能达到日本对计算器的需求。英特尔的领导者们对于向这一想法进行再投资较为犹豫，一部分原因是他们认为芯片很难与算力更强的小型计算机抗衡，还有一部分原因是英特尔只能为一小部分买家提供软件支持。但到了 1971 年，英特尔宣布发售一款新的设备——微处理器。在接下来的数年里，诺伊斯和他的同事们意识到，新的芯片为微型计算机创造了一个全新的市场。外部开发者将很快为这个市场提供软件支持，而不需要英特尔再自行开发。1972 年，英特尔开发了 8008 微处理器；1974 年，在岛正利（一名从日本比吉康公司加入英特尔的工程师）的领导下，英特尔发售了 8080 微处理器。由此，英特尔成为了低成本小型计算机的重要生产商。[20]

专栏 8.5　从微处理器到个人计算机

微处理器

20 世纪 60 年代后期，工程师们增加了集成电路（微芯片）以增强电子设备的功能。1969 年，英特尔的工程师霍夫意识到，如果单个微芯片可以通过运行不同的软件程序来执行不同的功能，就不需要其他微芯片再来提供这些功能了。霍夫与两位同事一起设计了一种新的微芯片——微处理器，它可以以这种方式执行功能，并且可以用作中央处理器。

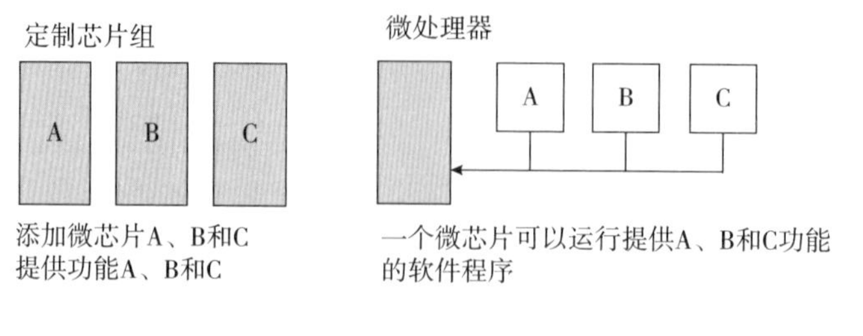

微处理器在单芯片上提供了大型计算机的功能，并使得普通民众可以负担的“微型计算机”成为可能。

个人计算机

个人计算机是通过不同的配置演变而来的。到20世纪80年代后期（如图），大多数台式计算机都具有单独的显示器、单独的键盘、第二输入设备鼠标以及作为输出设备的打印机。

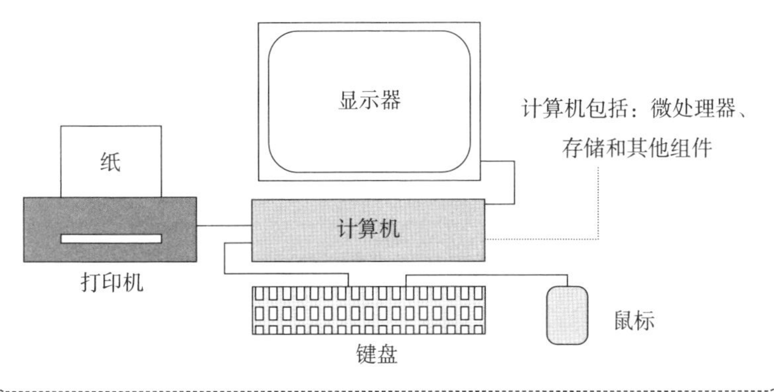

图8.9　MITS Altair 8800微型计算机

资料来源：计算机历史博物馆。

然而，随着微芯片能力的增强，其上的电路设计也变得越来越复杂。这种复杂性是微型化的另一个迫在眉睫的障碍，直到1979年，两位工程师琳·康维（Lynn Conway）和卡弗·米德（Carver Mead）重新定义了微芯片电路设计的规则。这种被称为VLSI（超大规模集成）的新方法使晶体管以每两年翻一番的方式前进。康维的职业生涯几乎在10年前就结束了，当时她将性别从男性转变为女性；一家位于加州的施乐公司帕洛·阿尔托研究中心（PARC），为其提供了支持，这使她的工作得以继续。[21]

1975年，位于新墨西哥州阿尔伯克基的小型公司MITS开始销售工具包，这些工具包使计算机爱好者可以使用Intel 8080微处理器芯片组装自己的微型计算机Altair 8800。Altair只能在前面板上以一排灯显示结果，但是该套件使业余爱好者可以组装一台小型家用计算机（图8.9）。[22] 斯蒂夫·沃兹尼亚克和史蒂夫·乔布斯，这两个业余爱好者将要做的是把微处理器连接到电视上，并创造不需要从套件中组装的个人计算机。

五、乔布斯、沃兹尼亚克和苹果计算机

斯蒂夫·沃兹尼亚克在加州森尼韦尔长大，该地区是旧金山南部新兴的“硅谷”的一部分。虽然当时该地区的果园占据了大部分面积，但在斯坦福大学和全年舒适的气候的吸引下，已有几家航空航天和电子公司入驻。沃兹尼亚克在父亲的鼓励下，到洛克希德（Lockheed）航空航天公司担任电气工程师，他还在上小学时就学习了基本的电子电路，11岁时成为一名业余无线电报务员，并在两年后为一届科学博览会建造了一个电子计算器。

1968年高中毕业后，他先后进入了另外两所大学学习，然后才在加州大学伯克利分校进行深造。1973年初，沃兹尼亚克退学并找到了一份工作，为附近的惠普公司设计计算器电路。[23]

1971年，沃兹尼亚克通过一位朋友认识了史蒂夫·乔布斯，他住在森尼韦尔附近的山景城。乔布斯的父亲是机械师，母亲是簿记员。1972年，乔布斯高中毕业，两年后从俄勒冈州里德学院辍学，在山景城附近的视频游戏制造公司雅达利（Atari）工作。沃兹尼亚克喜欢Atari开发的游戏*Pong*，这是一种带有连接控制装置的在电视机上玩的乒乓球游戏。在乔布斯的建议下，沃兹尼亚克对该游戏进行了改进。1975年，乔布斯和沃兹尼亚克还参加了本地业余爱好者组织“自制计算机俱乐部”，其中“牵牛星8800”（Altair 8800）是人们关注的焦点。乔布斯将微处理器视为计算机领域发展的必然，他说服沃兹尼亚克设计出比“牵牛星”更好的计算机。[24]

斯蒂夫·沃兹尼亚克对计算机有着浓厚的兴趣，他发现了两种工程可能性。首先，微处理器使计算机的价格降低到人们可承受的范围内。其次，他认为电视和键盘能提供比“牵牛星”显示器更直观的感受，并使用户可以使用计算机做更多的事情。确定了惠普公司对他的设计没有兴趣后，沃兹尼亚克设计了Apple I，这是一种带有微处理器和少量内存的电路板。买方必须提供键盘和单色显示的电视机。乔布斯从家人和朋友那里筹集资金购买了电路板的组件，并与一家当地的计算机用品商店签订了协议。乔布斯在1976年春夏季出售了50块电路板，每块收取666.66美元。就这样，乔布斯和沃兹尼亚克赚得了500美元。[25]

不久之后，沃兹尼亚克就通过增加显示颜色的功能改进了

图8.10 斯蒂夫·沃兹尼亚克使用Apple Ⅱ计算机

资料来源：盖蒂图像。

电路板，并开始设计功能更强大的计算机——Apple Ⅱ，该计算机配有内置键盘。乔布斯坚持认为，该设备必须装在一个引人注目的灰白色塑料外壳中，上面可以放置能够显示颜色的显示器（图 8.10）。但是，Apple Ⅱ需要大量资金才能生产。Atari 公司的负责人诺兰·布什内尔（Nolan Bushnell）帮助乔布斯联系了几位潜在的投资者，其中一位名叫迈克·马克库拉（Mike Markkula）的投资人同意投资 91 000 美元并保证提供 25 万美元的贷款。马克库拉是英特尔公司的前营销主管，马克库拉与乔布斯、沃兹尼亚克成为苹果计算机公司的合伙人。苹果公司还聘用了第一批员工。沃兹尼亚克在一番犹豫之后，最终也离开了惠普公司，全身心投入了这家新公司。[26]

Apple Ⅱ于 1977 年 4 月推出，尽管价格高达 1 298 美元，但还是取得了惊人的销售成绩。业余爱好者能用它绘制彩色图形，并可以玩视频游戏。不过，沃兹尼亚克和乔布斯还有更长远的设想。1979 年，他们在波士顿的一家小公司开始出售 Visi Calc，这是 Apple Ⅱ的电子表格程序，该程序使计算机成为一种商务机器。电子表格在列和行中显示数字，并且可以对任何一个数字进行计算，从而简化财务报表。Apple Ⅱ（以及改进后的版本）为这家新公司提供了未来十年的大部分收入，并使乔布斯从包括阿瑟·洛克（Arthur Rock）在内的投资者那里筹集了数百万美元，阿瑟·洛克曾为仙童半导体公司和英特尔公司提供过资金，现在他同意担任苹果公司的董事会主席。[27] 1979 年，沃兹尼亚克在一次私人飞机坠毁的事故中幸免于难，此后便减少了在公司的工作。沃兹尼亚克于 1987 年退休，他从没想过要担任管理职位。[28]

到 1980 年，苹果公司已经有数千名员工，其中包括许多工程师，其中之一就是杰夫·拉斯金（Jef Raskin）。他设计了 Apple Ⅱ 的下一代产品——麦金塔（Macintosh），获得了更大的成功。此设计是在一个盒子中组合一个显示器、一台计算机和一个折叠式键盘。[29] 拉斯金敦促苹果公司从施乐帕克研究中心（Xerox PARC）的最新成果中学习。施乐（Xerox）是一家主要以影印机闻名的公司，该公司于 1970 年以工业研究实验室的形式成立了 PARC，该实验室的计算机工程师率先开发了后来用于个人计算机的一些关键功能，其中最重要的是图形用户界面。

当时的计算机要求用户在键盘上输入指令，这些指令在显示器屏幕上以一行文本的形式显示，被称为“命令行”界面，用户必须通过退格和重新键入来纠正错误。Xerox PARC 的工程师设计了一款软件，不仅可以在屏幕上显示模拟的“桌面”，还可以通过点击或移动与计算机连接的跟踪设备或“鼠标”在“窗口”中打开图形对象。在每个窗口内，操作人员都可以使用鼠标或键盘执行诸如撰写文本或绘制图片之类的任务。其中一位工程师艾伦·凯（Alan Kay）招募了一些居住在公司附近的儿童来测试以这种方式运行的“阿尔托”（Alto）计算机（图 8.11）。[30]

1979 年，在 Xerox 投资了苹果公司后，乔布斯参观了 PARC，在那里他看到了 Alto 及其图形界面。令他惊讶的是，东海岸的 Xerox 管理层对将计算机转化成商业产品并不积极，这也使 PARC 的工程师们非常失望。乔布斯随即设计出了苹果公司的新产品 Lisa—— 一个图形界面。但是 Lisa 的定价为 10 000 美元，因为价格太高没有找到市场。[31] 乔布斯决定在 Macintosh 中制造成本更低的产品。拉斯金希望这种产品便于携带并能以 1 000 美元左右的价格出售，而乔布斯觉得功能越丰富的台式机应该定越高的价格时，不久拉斯金离开了该项目。但是在乔布斯的指导下，项目团队还是为 Macintosh 设计了图形界面，使其操作更高效且富有吸引力。Macintosh 于 1984 年初推出，配有单独的键盘和鼠标，并在单个台式机中集成了计算机和显示器（图 8.12）。[32]

图8.11　测试Alto计算机

资料来源：Xerox PARC。

图8.12　史蒂夫·乔布斯和Macintosh计算机

资料来源：摄影师诺曼·希弗。

Macintosh 的易用性吸引了许多客户，尤其是当它推出桌面软件时，即使当时其价格为 2 500 美元，是原始 Apple II 的两倍。1981 年，IBM 将其颇具竞争力的个人计算机定价为 1 565 美元，并且 IBM 机器（虽然具有命令行界面）很快在商业市场上受到欢迎。20 世纪 80 年代中期，在开发下一代新计算机的问题上，苹果公司的董事与乔布斯发生了争执，使得乔布斯在 1985 年离开了公司，成立了自己的新公司 NeXT。苹果公司决定致力于开拓微型化商品市场，并推出了优雅且易于使用的商品。[33]

IBM 试图在 1975 年销售用于科学研究的个人计算机，但销量不佳。Apple Ⅱ的成功促使人们做出了新的努力。1981 年，由唐·埃斯特利奇（Don Estridge）领导的团队研发了 IBM 个人计算机（PC）。PC 使用了许多非专有部件以加快计算速度，其技术开放性鼓励了作为竞争对手的其他计算机制造商开始寻找合法的途径对专有产品进行大量的反向工程，以便能够“克隆”或制造与 IBM 设计兼容的计算机。尽管这不是公司原先计划的结果，但 IBM 标准在 20 世纪 80 年代占据了大部分的个人计算机市场。

IBM PC 团队的关键成员是马克·迪恩（Mark Dean）（图 8.13），他是一名工程师，为原始 IBM PC 设计了图形功能。1982 年，马克·迪恩成为 PC 的首席架构师，并在新版本 PC/AT 中添加了一个组件，该组件使其他公司在使用该机器时可以连接外部设备，例如打印机以及内部零件。迪恩的创新被称为行业标准体系架构（ISA）系统总线，并帮助推动了 IBM 标准的发展。[34] 但是，在其发展之前，原始的 IBM 个人计算机及其后续产品需要一个操作系统。为此，该公司转向了由比尔·盖茨（Bill Gates）和保罗·艾伦（Paul Allen）创立的新公司。

图8.13　马克·迪恩

资料来源：IBM 公司档案。

六、盖茨、艾伦和微软

比尔·盖茨在华盛顿州的西雅图长大，他的父亲是一名律师，母亲是一名在非营利组织工作的律师。高中时代，年轻的盖茨和保罗·艾伦都对计算机很感兴趣，艾伦的父亲是华盛顿大学的图书馆管理员。盖茨和艾伦学会了使用BASIC编程语言，并为当地计算机的使用者提供咨询。艾伦就读于华盛顿大学，但是不久后就辍学到波士顿的计算机制造公司霍尼韦尔工作，盖茨则于1973就读于哈佛大学。[35]

1975年1月，“牵牛星8800”上市时引起了他们的注意。这台机器没有操作系统，在艾伦演示了由他、盖茨和一名哈佛学生为这台机器编写的简单的操作系统后，Atari的制造商MITS公司雇用艾伦做程序员。盖茨随后从哈佛退学，搬到阿尔伯克基，为MITS公司担任顾问。他还管理着他和艾伦于1975年创立的微软（Microsoft）公司。艾伦于1976年全职加入微软这家通过为其他计算机制造商开发软件成长起来的新公司。

1979年，这家小公司搬回西雅图地区，机会很快就来了。IBM公司因未能与另一家软件开发公司就条款达成一致，找到了微软公司，要求微软公司为IBM的个人计算机开发一套操作系统。保罗·艾伦很快购买了英特尔8080处理器的操作系统，并和盖茨在一个小团队的帮助下对其进行了改进，应用于IBM计算机，并将其命名为PC–DOS，即个人计算机磁盘操作系统的缩写。

IBM很快就为自己的计算机修改了操作系统，但微软保留了其原始系统的版权，使其能够以MS–DOS的形式出售给兼容IBM计算机的制造商，并由此赚取了可观的版税。1982年，保罗·艾伦得了癌症，因此从公司退休，留下比尔·盖茨管理公司。公司此时也进入了快速发展期（图8.14）。[36]

史蒂夫·乔布斯将自己的计算机硬件与专门为其设计的软件

集成在一起，比尔·盖茨则按照IBM的硬件要求制作出可以在不同公司生产的计算机上运行的软件。尽管微软大部分业务都是为兼容IBM的计算机服务，但它也为苹果公司的计算机提供软件。通过访问苹果公司，盖茨看到了图形界面的发展前景。1985年，微软推出了一个图形界面和自己的操作系统。这个名叫Windows的新产品在1990年推出第三个版本时开始流行起来。这也引发了苹果公司提起的版权侵权诉讼，但联邦法院驳回了苹果公司对该界面关键功能版权的诉讼。[37]

图8.14　比尔·盖茨工作图

资料来源：盖蒂图像社。

20世纪90年代，微软继续为全球90%的个人计算机提供Windows操作系统。能够形成这种主导地位，是因为现在的个人计算机和软件不仅销售给商业公司和政府，而且销售给数以万计的个人用户。微软开发的应用程序可以提供文字处理、电子表格和数据库的功能，这些功能与台式计算机的操作系统以及计算机硬件的发展一样重要。[38]然而，新出现的因特网很快就对台式个人计算机提出了挑战，它提供了一种新的电子通信媒介。

七、互联网的兴起

美国第一台电子计算机ENIAC是一个军用项目。互联网也起源于军事需要，它是美国国防部内部于 1958 年成立的一个小型组织——高级研究计划局（ARPA）——支持的项目。ARPA 成立的主要职责是探索非常规领域的潜在军事价值，ARPA 内的一个办公室资助了大学和私人机构的计算机和计算研究。在早期 ARPA 的计算领域，最重要的项目是一个连接全国不同地区计算机的实验网络。[39]

20 世纪 60 年代，多人同时使用计算机、共享访问或“分时共享”在大学校园里变得常见。[40] ARPA 认识到如果该国不同地区的科学家和工程师能够远距离共享彼此的计算机，计算机技术就可以得到更广泛的应用，并更加专业化。约瑟夫·利克莱德（J.C.R Licklider）作为 APRA 计算机技术研究室的第一任主任设想了一个可以作为信息仓库的计算机网络。[41] 但要实现这样一个网络 APRA 面临着两项挑战。首先，通过电话系统进行的长途连接将比本地电话更加昂贵，而且很容易中断；其次，通过网络连接的计算机通常是既不同也不兼容的。

第一个问题的解决方案是分布式通信，这是由兰德公司的一名工程师保罗·巴兰（Paul Baran）提出的想法。兰德公司是位于加州圣莫妮卡的一所民用研究机构，与美国空军签订了合同。巴兰的想法回应了 20 世纪 60 年代早期对军队的担忧。当时对核战争的恐惧非常强烈，联邦政府的关键部门和军队之间需要可靠和安全的通信。在传统的电话通信中，不间断的连接是完成一次呼叫或信息传递的必要条件。如果连接中断，呼叫或信息传递将是不完整的。为了在计算机之间传递信息，巴兰要求将每条信息分解成大小一致的数据块。如果每块数据都有明确的目的地，就可以绕过断开的链接，通过一条可用的路径到达目的地。每个数据块在最后被重新组装，就像将纸上的信息分成不同的部分，用不同的信息包寄往同一个目的地（图 8.15）。

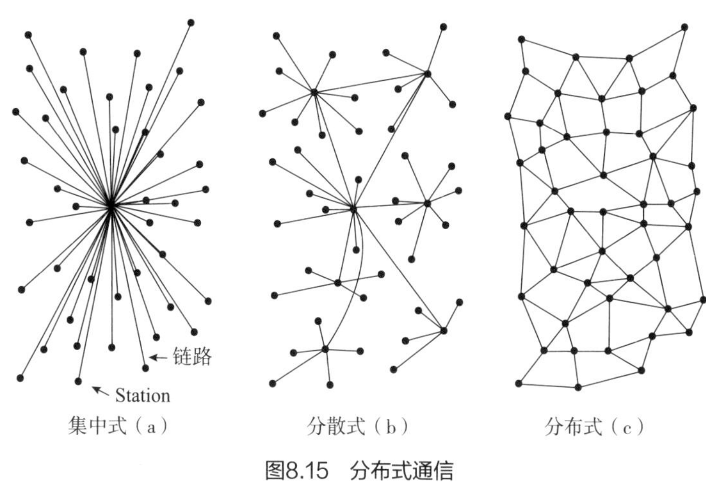

图8.15　分布式通信

资料来源：兰德公司。

注：（a）通信线路集中在一个点。（b）通过交换中心连接点的电话网彼此相连。（c）一种分布式通信网络，其中“包”可以沿着任何开放的路径到达目的地。

巴兰的想法提供了一种更安全的通信方式，也为和平时期的民众提供了一种更有效的共享大型机访问权限的方式。不同于每个用户都需要进行一次不间断的计算机连接，多个用户可以先分解数据，再让计算机在数据全部到达时进行重新组装，然后以同样的方式返回数据，从而共享一条更昂贵的高速线路。英国计算机研究员唐纳德·戴维斯（Donald Davies）在 20 世纪 60 年代中期独立构思了分布式通信并将其命名为“包交换”（Package-Switching）。ARPA 是在一次戴维斯担任发言人的会议上了解到这一点的。戴维斯和 ARPA 后来都支持了巴兰早期的工作。[42]

为了减少硬件不兼容的问题，华盛顿大学圣路易斯分校的计算机科学家威斯利·克拉克（Wesley A. Clark）提出网络上的每个计算机中心或节点都需要配备一台标准的接口信息处理器（IMP），以便每个节点通过相同类型的机器连接到网络。然后，每个 IMP 就可以连接到各种各样的计算机。后来，被称为路由器的设备在本地网络和长途网络之间提供了接口。为了相互通信，计算机还采用了一种通用的软件语言，即网络协议。

1969 年，ARPA 成功地测试了其网络的早期版本——阿帕网，它只有几个节点（图 8.16）。1972 年，该机构在其名称中加入了国防（Defense）一词，并决定该网络可以通过无线电、卫星以及电话来传输信息，而电话连接协议将不再用于无线电和卫星。1973—1974 年，美国国防部高级研究计划局（DARPA）的计算机工程师罗伯特·卡恩（Robert Kahn）与加州大学洛杉矶分校的计算机科学家温顿·瑟夫（Vinton Cerf，他曾帮助设计了阿帕网上电话通信的原始协议），一起编写了一个程序。新程序后来被称为传输控制互联网协议（TCP/2P），新的协议使电话、无线电和卫星网络之间的通信成为可能，由此产生了更大的互联网络，简称为互联网。[43]

互联网最初的目的是让人们远距离共享昂贵的大型计算机。但事实证明，随着大学和实验室拥有的计算机变得更小、功能更强、成本更低，互联网的初衷变得不必要了。取而代之的是，科学家和工程师主要通过电子邮件来交流。1983 年，DARPA 拆分了网络，将一部分分配给武装部队，并将其余部分与一个由国家科学基金会管理的民用网络 NSF-Net 合并，该网络使用了 AT&T 租用的高速电缆。1984 年在打破电话的垄断传输后，后来的电话公司开始通过高速电话线提供数据传输服务，而有线电视提供商也开始通过其线路为公众提供数据服务。1995 年，NSF 将其网络资产卖给了私人互联网服务商，尽管国际组织互联网工程任务组（Internet Engineering Task Force）制定了自愿的技术标准，但现在仍没有中央控制。[44]

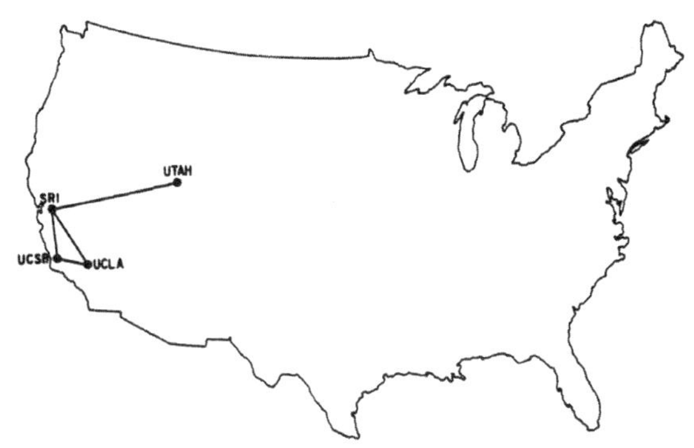

图8.16　阿帕网的第一批“节点”

资料来源：DARPA 和 Bolt、Beranek 和 Newman 提供。

注：图中节点分别为犹他大学、斯坦福研究所、加州大学圣巴巴拉分校、和洛杉矶分校。

八、万维网

直到 20 世纪 80 年代末，互联网在很大程度上仍然只在大学和其他研究组织中使用，那时私营公司开始通过个人计算机的拨号连接为消费者提供电子邮件和专有内容的访问。20 世纪 90 年代，互联网才开始逐渐普及。[45]

20 世纪 60 年代初，斯坦福研究所的一名电气工程师道格拉斯·恩格尔巴特（Douglas C. Engel bart）发明了“鼠标”跟踪装置，作为视频屏幕系统的一部分，鼠标可以在其上单击一个单词或一行文本以在另一页上显示另一段文字。一个单词或一行可以以这种方式链接到其他地方的文字被称为超文本。但是，直到20世纪80年代互联网开始发展后，才出现了一个广泛使用这种链接的外部网络。[46]

蒂姆·伯纳斯·李（Tim Berners–Lee）设计了一种新的方法来使用超文本。伯纳斯·李的父母都是数学家，他曾接受过物理学的培训，但后来进入了计算机编程领域。1980年，他曾在位于瑞士日内瓦附近的欧洲核研究理事会（CERN）赞助的物理实验室短暂工作过，后来于1984年重返CERN。在CERN，伯纳斯·李发现了超文本是一种对他在本地计算机网络上组织文件的有用方法，但他无法在外部网络使用它。TCP/IP协议使文档从一台计算机发送到另一台计算机成为可能，但需要在两端都装有兼容软件来读取文档。电子邮件更为通用，但缺乏进行更复杂创作的能力。伯纳斯·李并没有争论要进一步实现硬件和软件的标准化，而是得出结论——互联网需要一种更简单的互连方式以实现已经存在的多样性。[47]

20世纪80年代，一种新型的计算机共享形式出现了。不像20世纪60年代那样在房间里共享同一台计算机，人们现在拥有自己的个人台式计算机，并使用线路连接其他计算机，台式计算机可以检索信息，被称为服务器。为了执行此检索，每台台式计算机都使用称为客户端的软件。[48]

伯纳斯·李设计了一个简单的客户程序，称之为网页浏览器，可以从世界上任何通过互联网链接并向公众开放的计算机服务器中检索文本和其他媒体（图8.17）。网页浏览器可以读取在文本中插入的一些带有简单括号的缩写（称为标签）的页面。这些对于使用者来说是不可见的，但是能使浏览器在屏幕上的窗口中显示页面及其内容。一个页面可以同时显示图像、文本与其他媒体，某些标签可以使一个单词、短语或图像成为一个超文本，从而链接到互联网上任何可以访问的其他标记页面。浏览器需要与自己的计算机兼容，但浏览器可以检索到在不同计算机的服务器上的标记页面、操作系统和创作软件。这些服务器的页面构成了伯纳斯・李所谓的万维网。[49]

图8.17　蒂姆・伯纳斯・李和早期的万维网页面

资料来源：CERN 新闻办公室。

网页服务器、浏览器和页面实现了两个目标。一是使工程师、科学家和其他研究人员能够在计算机之间分享更多的信息而不需要共享相同类型的机器和软件。二是允许轻松的跨互联网超链接。在比利时程序员罗伯特・卡里奥（Robert Cailliau）和 CERN 的帮助下，伯纳斯・李改进了这项工作，并在 20 世纪 90 年代初进行了演示。[50]

伊利诺伊大学的两名研究生马克・安德烈森（Marc Andreessen）

和埃里克·比纳（Eric Bina）很清楚网页的优势，他们设计了一个简单的网页浏览器，名为Mosaic。安德森随后为商业销售创建了 Mosaic 的改进版本，他称之为网景浏览器（Netscape）。在加州投资者的帮助下，1994 年，安德森开始向公众销售网景浏览器（后来浏览器演变为火狐浏览器）。结果，公众对互联网的需求急剧增长。作为回应，苹果推出了一个名为 Safari 的浏览器，供其计算机使用，微软推出了一个网页浏览器 Internet Explorer，作为其 Windows 操作系统的一部分。[51]

20 世纪 90 年代，随着商业公司开始使用网页进行广告宣传、市场销售、提供服务，以及个人开始建立个人“主页”，网页的数量开始从数百种增加到几百万种。2000 年后，使用高速线路的成本开始下降，使电话和有线电视提供商能够提供更实惠的价格和更快的互联网访问速度。随着万维网开始需要更高速度的链接才能查看页面，拨号访问的使用开始减少。

计算领域的最新变化紧随其后——计算技术与移动电话的融合。史蒂夫·乔布斯再次扮演了领导角色。1985 年离开苹果公司后，乔布斯推出了一款优雅的个人计算机 NeXT，具备他所需要的所有功能。但是，尽管蒂姆·伯纳斯·李曾用它制作了他的第一个网页并将其作为第一台网络服务器，但对于市场来说，它的价格太高了。[52] 1997 年，随着市场份额的减少，苹果公司面临着停业的风险，这时苹果公司邀请乔布斯重新掌控公司。他很快推出了一系列集成式台式机计算机，这些计算机使用了鲜艳的外壳（与通用米色形成鲜明对比），吸引了年轻的买家，并抑制了公司业绩的下滑。苹果还在其新款计算机上使用了更稳定的操作系统（基于 Unix，该系统是 20 世纪 70 年代贝尔电话实验室开发的系统）和英特尔生产的微处理器。

2001 年，乔布斯推出了手持式数字音乐播放器 iPod，并于 2003 年在互联网上建立了商店，以电子音乐下载的形式廉价出售音乐。该音乐播放器备受欢迎。2007 年，乔布斯推出了新的手机 iPhone，该手机结合了 iPod 和移动电话的功能。移动电话发明于 20 世纪 70 年代，但直到 20 世纪 90 年代才开始被广泛使用，它表明使电路更紧凑变得切实可行。iPhone 通过触摸屏进行操作，并且是第一款“智能电话”或具有附加功能的移动电话，可以应用于大众市场，而不只是应用于商业用途。具有无线数据网络的电话公司将新电话与电话网络和互联网连接起来。iPhone 很快就加入了由其他公司设计的相机和其他功能，并在 2010 年创造了数十亿规模的全球市场。

尽管自己不是工程师，但史蒂夫・乔布斯说服了他的朋友斯蒂夫・沃兹尼亚克设计了第一台苹果计算机，之后在 1984 年推出 Macintosh 电脑及其图形界面。23 年后，iPhone 使手持式“智能手机”变得普及，这可以说是 21 世纪初世界上应用最广的技术创新。乔布斯在 2011 年因患癌症去世。乔布斯不仅将自己定义为一个激进的创新者，而且将自己定义为新的数字经济及其在现代生活中影响力日益增长的象征性人物。[53] 他临终时说：“获利当然很好，因为那才使你能够制造出伟大的产品。但是产品才是动机，而不是利润。”他向所有创新者表示：“我们的任务是阅读页面上尚未出现的内容。”[54]

九、计算机创新

在计算机出现之前，随着产业成熟，社会逐步趋于稳定。在美国，水利控制工程和公路网在20世纪80年代基本完成，这是美国在20世纪50年代制定的目标。汽车和飞机分别是在20世纪30年代和60年代问世的，尽管两者的设计和性能都在不断改善。20世纪30年代，电力生产和电力分配的原则也已经确立，广播电台和电视标准也在20世纪30年代和40年代制定完成，直到21世纪初，数字标准取代了过去的标准。在电子领域，从20世纪初到20世纪50年代，真空管一直处于统治地位，后来晶体管开始逐渐取代真空管。集成电路或微芯片在20世纪60年代普及，并将继续作为现代电子产品的核心部件。

计算机则不同。从20世纪60年代中期到20世纪末，随着微芯片上晶体管的密度每两年翻一番，微芯片的计算能力得到了快速提高。在工程的其他分支，容量翻倍是一项重大成就。然而在计算中，容量每两年增加一倍几乎是一种常规的创新。尽管如此，这样的加倍也伴随着制造成本的增加。微芯片可能正在接近硅片微型化的使用极限，但是研究量子计算和其他新技术领域可能会继续以颠覆性的（或累积的）方式推进计算的发展，计算对生活各方面的影响仍在展开，而且在许多方面才刚刚开始。[55]

计算对社会产生了有争议的影响。就业越来越需要掌握一定的计算机使用能力；网商企业扩大了消费者的选择范围和便利性，但也带来了一定程度的商业集中，类似于一个世纪前的一些行业；新网站作为社会联系的手段和寻找信息的途径，为数以百万计的人服务，但在互联网上也使个人隐私变得更加脆弱，并使商业公司和政府面临新的攻击形式。一个世纪前的工业也带来了新的利益和危险，人们需要接受变革的不断发生和新技术的不断发展。

计算机技术的普及可能会给21世纪带来前所未有的发展，就像20世纪电和内燃机带来的发展以及19世纪铁和蒸汽机带来的发展一样。在发达国家，乃至整个世界，计算机已成为日常生活中不可或缺的一部分。而这场革命的影响还没有完全显现出来。

结 论

现代工程改变美国人的生活大致可以分为三个阶段。

第一个阶段：从美国独立到内战结束。工程师们开创了钢铁、纺织、电报通信等新型工业，以及汽船和铁路运输的新型运输方式。

第二个阶段：从19世纪70年代到20世纪30年代。工程师们通过电话、钢铁、化学制品、汽车、飞机、无线电、配电以及在建筑中使用新材料（钢铁和混凝土）等，将美国从一个以农村和农业为主的社会转变为一个以城市和工业为主的社会。

第三个阶段：与第二个阶段的20世纪20年代至30年代重叠。当时工程师们开始管控河流以获取水源和电力，并开始在国家内部铺设公路。高速公路和摩天大楼出现在20世纪50年代和60年代。1945年后，核能引入了一种新的能源，但有争议。喷气发动机改变了空中旅行，火箭进入了外层空间。一场电子和计算领域的革命开始了，至今仍在进行。

一、突破性思维创新

密西西比河以西建造的大坝使美国西部获得惊人发展。尽管这些大坝的规模庞大，但这些建筑与自然的关系仍然脆弱，尤其是在气候变化可能影响降雨量的地方。然而，如果不能以更自然的方式管理海平面上升和洪涝灾害事件，其他地方可能仍然需要防水屏障。社会越来越依赖太阳能和风能作为能源，而在这些能源在日常供应并不稳定时，运用水力发电也在所难免。水库形成了稳定的能量储备，大坝可以迅速利用这些储备来保持电力供需平衡。

TVA 比西部任何大坝都有更重要的使命：利用工程技术改善土地使用，以更低的价格供电，并控制一条主要河流，从而减轻广大地区的贫困。虽不能让每个人都受益，但该机构确实改善了当地许多人的生活。亚瑟·摩根对可再生能源的使用以及对更符合道德的生活方式的强调，预示了 21 世纪的一些问题。但是摩根的工程依赖于现代工业，他给当地设定的自给自足目标并没有实现。大卫·利连塔尔将田纳西河流域管理局视为证明政府能够满足私营企业未能提供的社会重要需求的一种手段。他的努力是政府在社会中的作用的一个历史性事件，但他的区域管理模式没有普及到美国其他地方。1945 年后，TVA 放弃了许多初始的目标。近年来，该机构努力履行其供电义务，同时促进区域更可持续的发展。

联邦高速公路项目起始于美国高速公路，接着是州际高速公路系统，由此建立了一个机动车辆运输的全国性网络。城市也随着高楼大厦的建设直冲云际。每天有百万人员远距离移动，随之而来的是逐渐形成的郊区文明。虽然托马斯·麦克唐纳规划了公路网，但离不开他的部门与州际工程师的合作、民众参与道路建设工作以及汽车工业和化石能源燃料的兴起。更高的人口密度、新的经济活动模式和施加于自然环境的压力可能会改变这种生活方式。然而，延续高度流动文明的新方法可能无法解决更深层次的问题。正如作者的父亲在1974年写道："美国人首先向西迁移，然后到郊区，现在依然在迁移。"[1]未来在现代工程中，可能需要在赋予自由和流动性的事物与赋予归属感和场所感的事物之间取得更好的平衡。

海军上将里科弗为美国海军设计的核动力潜艇满足了其他技术无法提供的需求。但里科弗认识到，一个利用核能的系统需要非常严格的工程和问责标准，才能确保其设计和运行的安全。核能并没有实现其会使能源价格下降的承诺。1979年三里岛的一个民用核反应堆的失败证明了里科弗严格关注安全的必要性，以及严格关注在深水中提取化石燃料和在陆地上进行新型钻探所造成的环境破坏的必要性。尽管运行中的核电站不排放温室气体，但它们会产生放射性废物，而且核能的使用前景也不确定。核能创新的教训是必须谨慎对待各类危险的工程和科学。

喷气发动机和火箭的最初设计归功于两个人——弗兰克·惠特尔和罗伯特·戈达德。1945年后，飞机和宇宙飞船的设计最初是为军事目的而受资助的新航天工业的工作。由喷气式发动机推动的民用飞机在很大程度上取代了长途运输的铁路，登月也是世界历史上的一个独特时刻。然而，1970年后，喷气式飞机工程没有很大的改进，后来太空计划也减少了。只有当喷气式发动机有同样高效和更适用的替代方案时，或者现代生活对速度的要求降低时，喷气式发动机才可能继续使用下去。除非受到新的安全压力或不寻常的事件（如发现外星生命）的推动，否则进入外层空间的冒险探索将继续以更慢的速度进行。

定义21世纪早期的技术是数字计算，随着20世纪40年代末晶体管的发明，数字计算变得更加实用。1945年，时任总统科学顾问的范内瓦·布什认为，不带任何实际目的而研究自然的基础科学研究是所有重要技术创新的源泉。晶体管长期以来被认为是纯科学研究（在量子物理学）之后的技术进步的典范。但是想象一下晶体管需要一个预先的研究工程图像三极管。20世纪30年代，新物理学表明固态三极管或许会成为可能，但战时半导体提纯技术的进步必须放在首位。约翰·巴丁和他的同事沃尔特·布拉顿必须更深入地研究半导体的自然属性，因为1945年的科学还不支持简单应用。但是在晶体管的发展过程中，工程和科学同样是创新的基础。

晶体管发明十年后，它的制造面临着一个障碍，即如何将电子电路微型化，使其大小小于人手所能组装的规模。美国武装部队招募了领先的电子公司来解决这个问题，结果却失败了。杰克·基尔比认识到，简单地在一个单一材料上制作电路，就没有必要将不同材料组成的部件连接在一起。罗伯特·诺伊斯意识到他的公司刚刚发明的制造晶体管的新方法也可以制造更小尺寸的完整电路。将这两种观点结合起来，就产生了集成电路或微芯片，不需要新的科学。贝尔电话实验室在20世纪50年代末选择专注于改进他们标志性的创新产品——晶体管。基尔比和诺伊斯具有新公司提供的创新微芯片的自由和动力。

晶体管和微芯片说明了洞察力如何在不同的环境中发挥作用的。然而，不同的环境对工程来说很重要：晶体管在小型初创公司中更难开发，而微芯片不需要大型实验室和较长的研究时间。晶体管和微芯片研发的共同点是他们的工程师同事在高层管理人员的支持下进行革命性思考的能力。

通用电子计算机始于美国的一个军事项目，私营工业于20世纪50年代开始制造这种机器。20世纪70年代之前，计算机一直为大型组织机构所拥有，直到微处理器的发明让个人可以拥有计算机。史蒂夫·乔布斯和斯蒂夫·沃兹尼亚克成功开发了一款商业个人计算机。随后，在比尔·盖茨等人编写的软件帮助下，IBM的一位工程师迅速开发出了一种更开放的硬件设计，这种设计演变成了台式机计算的主导标准。20世纪60年代，互联网也是作为一个军事项目被开发的；20世纪90年代，蒂姆·伯纳斯·李通过万维网将互联网带给了更广泛的公众；21世纪初，史蒂夫·乔布斯将计算和通信集成到消费者的手持设备中。其他制造商紧随其后，推出了自己的设备，这些设备传播到了世界各地，现代生活随之也越来越数字化。

美国一直依赖于早期工程。水路和铁路仍然承载着很大一部分货物运输，一个世纪前出现的许多行业到今天仍然很重要。然而，20世纪20年代后，这在两个方面出现了变化。首先，20世纪30年代和40年代，联邦政府在承担大型公共工程项目方面发挥了越来越大的影响力。1945年后，联邦政府资助了新公路、新航空航天和电子工业的发展，并继续支持工程和科学领域的高级研究。其次，重大创新轨迹发生变化。直到1970年前后，根本性创新有一个向外和向上的发展趋势，表现在河流工程、远距离公路、摩天大楼、喷气式飞机和太空旅行方面。后来，一种更加向内的势头开始形成，以越来越小尺寸的电子电路设计为代表，带来了一种不同的变化。政府的角色和发展趋势的转移对未来提出了重要的问题。

二、政府的作用

20世纪30年代之前，联邦政府规模相对较小，在此之前，私营企业主要依靠私人对商品和服务的需求。到20世纪中叶，这种情况发生了变化。20世纪20年代和30年代，公共事业支出增加。1945年后，美国需要更大规模的和平时期武装力量。20世纪50年代和60年代，出于国家安全考虑，联邦政府资助了高速公路、核电、航空航天工业、电子产品和高等教育。联邦预算的规模使其成为经济生活的核心部分。

20世纪后期，公众针对政府的作用形成了两种截然不同的观点：政府是重大创新的刺激因素还是阻碍因素？由于这场争论是关于政府所作所为的实际记录，本书涉及的技术表明，政府在所有发明创新中发挥了至关重要的作用，但是政府的角色一直在改变。在电子领域，私人公司的工程师发明了晶体管和微芯片，但为了降低价格，需要联邦政府大量采购新设备。计算机和互联网最初是军事项目，但需要私人投资才能发展成新的民用产业。联邦政府和私营企业的互动方式很难与政府的两极分化观点相调和。[2]

创新现在被许多人视为一个管理过程或“创新系统”的产品，它将政府、大学和企业联结在一起进行深入研究，其中专家同行团队具有很大的影响力。[3]“冷战”期间，出于国防原因，联邦政府增加了工程和科学研究方面的支出。今天，它不仅继续支持国家安全，而且继续开发新技术推动民用经济增长。[4]本书所举的示例提出了两个关于联邦政府支持下研究的未来发展问题。

第一个问题是，科学是否先于工程。核物理的科学发现直接激发了对核能的探索，并且科学在晶体管中发挥了至关重要的作用。但是在这两种情况下的工程设计都来自不同且独立的想象力和洞察力。科学原理和自然属性的知识对于公共工程、新能源、航空航天和电子领域的突破性创新是必要的，但科学并没有提供设计所需的洞察力。工程和科学在未来可能会越来越交织在一起，但这两者同样是基础研究的基础，而不是一个来自另一个。

第二个问题是，将创新作为一种流程来管理和维持，是否对基本的工程洞察力有益。罕见的洞察力和（或）一次性目标是创新的特征，而不是任何正常意义上的流程的一部分。一个将创新作为流程来管理的系统有一个内置的机器映象，创新被视为来源于一种装配线。这种模式擅长产生更有限和更频繁的技术变化。即使是联邦“国防高级研究计划局模型”给予研究人员广泛的自由，也通常会要求在五年或更短的时间内获得结果。[5]如要继续下去，基本的洞察力可能需要一个不以过程为导向的创新概念。

三、创新的轨迹

本书提出的创新的不同之处是，研究者是以长期发展方向作为研究对象。从 20 世纪 20 年代到 60 年代，工程学延续了早期对创新的追求，通过重建景观大坝和公路等公共工程向外延伸，通过摩天大楼、喷气式飞机和太空旅行向上延伸。20世纪后期，美国和其他发达国家的技术重点向内转移，转向越来越小的物理领域的创新，最突出的是微芯片上的电路。联邦政府减少在国防和大型基础设施项目上的支出解释了这一转变的部分原因，但经济大环境也发生了变化，这可能强化了这种新的关注点。

到20世纪70年代，始于20世纪初的工业已经成熟，也就是说，生产不再像1900—1929年那样迅速扩张（1945年后的一段时间再次扩张）。美国的主导行业——汽车工业——从早期的彻底创新发展到“二战”后的基础标准化，强调渐进变革，人均汽车数量在1970年后大致稳定。[6]就业也发生了变化。20世纪初，离开农场的人可以在新的钢铁、汽车和电器行业找到半熟练的工作。相比之下，20世纪后期增长迅速的产业在国内雇用的人更少，并且需要更高的技能。由于技术需求更稳定和持续的自动化，旧工业需要的人也在减少。

美国人倾向于用机器来看待技术。机器是大规模生产的，以同样的方式在各地工作，通常是私人拥有和使用，很快就过时了。但是，如果21世纪的挑战与经济安全和可持续性有关，人们可能会对地方问题、公共需求和持久问题重新产生兴趣，这些都与社会的结构性需求有关。

这本书省略了农业和医学的主要进展，只简要地涉及军事领域的进展。对20世纪的生产至关重要的可替换或标准化零件的想法实际上始于19世纪的火器制造。[7]对现代生活的改善至关重要的是更好地理解植物、动物和微生物，以及在疾病和许多致残病因和治疗方面的医学发现。[8]但公共卫生的进步也取决于供水和土木工程卫生，正是农业和食品运输的机械化结束了饥荒，使大多数人得以在城市和郊区工作。如今，这些进展对当今生活提出了值得关注的问题：水和食品供应的可持续性、健康安全以及可能被武器化的新兴技术。这些问题在本书中无法得到更完美的答案，但它们值得在未来被持续关注。

四、未来

未来会怎样？美国西北大学的罗伯特·戈登（Robert Gordon）观察到，工业革命的许多成就都是一次性事件。戈登认为社会不需要重新发明汽车，未来会有更好的创造。一个多世纪前开始的现代供水系统和卫生设施、道路和桥梁、电力和其他技术也可能在工作方式上有所改进，但在本质上不需要重新发明。戈登认为，社会最终会进入一种以技术变革更为渐进、增长更为缓慢为特征的发展模式。[9]

虽然过去两个世纪的发展趋势支持戈登的论点，但也要强调这样一个事实，即现代工程的趋势也是将人类从不想做的工作中解放出来。工业革命用机器和无生命的能量代替了人类和动物的肌肉力量和能量。两个世纪后，几乎所有发达国家的人都可以从事非农业工作。如果计算提高了机器能够可靠运行的能力，那么机器将越来越多地取代人类劳动。与此同时，它们也能将更多人从不想做的工作中解脱出来。[10]

在旧职业中被取代的人的后代在新职业中找到工作的模式可能会继续下去。但是现代工程的长期发展趋势表明，有一天工作本身会成为一种选择而不是必需品。如果有一天机器将雇用人类的需求降低到目前水平的一小部分，就像20世纪的机器减少了农业所需的人数一样，那么这种自动化的好处似乎需要为人类共享，从那时起，工作可能会变得更加自愿。这可能是一个遥远的前景，但如果这一前景开始重塑社会对技术及其进步的手段和目的的看法，可能会有所帮助。技术进步是通向不断变化的需求和欲望的手段，这种观点只有在相对意义上才是正确的。事实上，人类的基本需求和欲望可能会以更持久的方式得到满足，它让人类可以从事其他活动，从而赋予人类生活其他意义。

现代社会首先必须使自己与自然保持可持续的平衡。伟大的创新产生了意想不到的后果，21世纪最大的工程挑战可能是减轻现代文明对自然环境的压力。这种压力对气候产生了危险的影响，使得疾病更容易从动物传播到人类。新的危险也可能因技术进步而出现，这些技术进步是社会在道德层面上准备好管理它们之前出现的。这种风险在使用计算机进行监控时显而易见，同时风险也可能出现在生物工程、生物合成和人类基因组操作中。这些前景强调了工程师和科学家的责任，他们知道如何处理这些事情。尽管受制于效率和经济需求，现代工程并不是不可避免的“最佳方法”，也不是假定的技术命令的操作。工程师和整个社会一样，对自己做出的选择有一定程度的自由和责任。

对于大多数技术工作来说，现在需要的知识和技能水平比一个世纪前更高，但是仅靠技能无法产生富有成效的新见解。目前的工程知识和技能教授人们解决问题的方法，从根本上来说，这些问题已经为人所知了，这种知识只能在一定程度上帮助解决超出已知范围的问题。根本的创新需要一种新思维，对工程师及其作品的研究可能最能解释和传授这种新思维。了解早期创新者是如何克服障碍和挑战的，可以让工程师和更多公众深入了解现代文明是如何演变的，以及主要创新包括哪些内容。[11]

人类天生好奇，挑战和机遇将持续激发人们非常规的洞察力。研究突破性工程创新的历史是为了了解最深刻的技术变革是如何发生的。而真正的挑战可能是如何应对这一变化。

致　谢

首先我要感谢我的父亲戴维·P. 比林顿，他曾于1958—2013年在普林斯顿大学工程与应用科学学院土木与环境工程系任职。在教学和研究过程中，他提出了本书所采用的研究方法，并确定了本书的基本框架。遗憾的是，他无法作为合著者，参与由他开启的现代工程三部曲中的最后一部。但他对主题进行了深入的研究，提出了清晰的框架，并为初稿提出了修改意见。

美国国家人文基金会（National Endowment for the Humanities）主席詹姆斯·A. S. 里奇（James A. S. Leach）为我提供了一笔主席研究资助，对此我深表感激。正是这笔资助使本书的研究和写作成为可能。在美国国家工程学院（National Academy of Engineering）工程教育奖学金促进中心的创办主任诺曼·L. 福滕贝里（Norman L. Fortenberry）博士的鼓励下，我父亲申请了沃尔特·L. 罗伯高级奖学金（Walter L. Robb Senior Scholarships）。罗伯奖学金使我们能够开展本书的早期研究。本书中表达的任何观点、发现、结论或建议不一定反映美国国家人文基金会、美国国家工程学院或任何其他资助组织的观点。

美国国家科学基金会本科教育部和阿尔弗雷德·P. 斯隆

（Alfred P. Sloan）基金会向我父亲提供的资助，支持了他的教学和研究工作，对本书起到了很大帮助。特别感谢斯隆基金会的多伦·韦伯（Doron Weber），他长期的支持让本书终于圆满完成。我还要感谢约翰·W. 克恩三世（John W. Kern III）阁下和 B. 保罗·科特（B. Paul Cotter）阁下，从 2007 年开始，他们邀请我为哈罗德·R. 麦地那研讨会（为州和联邦法官开办的研讨会，从 2012 年开始称为克恩 – 麦地那研讨会）授课。该研讨会于每年 6 月在普林斯顿大学校园内举行，这提高了我向杰出人士展示工程理念的能力。

本书的基本素材和主要理论来自我父亲 1985 年在普林斯顿大学开始教授的课程“现代世界中的工程”，现在这门课程由迈克尔·G. 利特曼教授在秋季学期教授，该课程主要讲授现代工程创新概况。在我父亲休假的 2007—2008 年，我担任该课程的负责人，利特曼教授的指导和鼓励对我后来完成本书至关重要。我要感谢玛丽亚·加洛克（Maria Garlock）教授，她教授春季学期的配套课程“结构与城市环境”。她在我撰写本书和另一本关于金门大桥的书时提供了帮助。我还要感谢西格丽德·阿德里安森斯（Sigrid Adriaenssens）教授和布兰科·格利西奇（Branko Glisic）教授的鼓励和支持。

普林斯顿大学工程与应用科学学院土木与环境工程系、科学与技术学院委员会批准我父亲讲授“现代世界中的工程”课程，并为我提供了奖学金，我和我父亲都铭记于心。我要特别感谢保罗·普鲁纳尔（Paul Prucnal）教授，他审阅了本书的一个章节。20 世纪 90 年代，在哈罗德·夏皮罗（Harold Shapiro）校长的推动下，该课程及其相关研究得以发展，雪莉·蒂尔曼（Shirley

Tilghman）校长和克里斯托弗·艾斯格鲁伯（Christopher Eisgruber）校长以及工程与应用科学系主任詹姆士·魏（James Wei）、玛丽亚·克劳（Maria Klawe）和文森特·普尔（H. Vince Poor），副主任的罗兰·赫克（Roland Heck），以及彼得·贾菲（Peter Jaffe）、迈克尔·西莉亚（Michael Celia）和詹姆斯·史密斯（James Smith）教授，他们一直支持这门课程。我还要感谢指导教师托马斯·罗登伯里（Thomas Roddenbery）、实验室主任约瑟夫·沃卡图罗（Joseph Vocaturo）和行政助理凯西·波斯内特（Kathy Posnett）的协助。媒体服务部门的蒂莫西·曼宁（Timothy Manning）为我父亲和我的演讲提供了帮助，普林斯顿大学1947级的韦曼·威廉姆斯（J. Wayman Williams）为本书提供了图片和出版协助。帮助教授该课程的研究生和参加该课程的许多本科生证明了这种研究和教授方法有助于对内容的理解和拓展延伸。许多学生毕业后仍对我父亲十分钦佩和喜爱，对他和我都有着长期的积极影响。

我父亲普林斯顿大学1950级的同学和其他普林斯顿校友在我开展研究和撰写本书期间对我的鼓励和支持，我需要特别感谢。我要特别感谢1950级的查尔斯·罗斯（Charles Rose）、乔恩·洛夫莱斯（Jon Lovelace）、斯图尔特·邓肯（Stuart Duncan）、彼得·厄德曼（Peter Erdman）和大卫·麦卡尔平（David McAlpin），以及1960级的普雷斯顿·哈斯克尔（Preston Haskell）。1951级的约翰·C. 博格尔（John C. Bogle）在他的经典著作《共同基金常识》（*Common Sense on Mutual Funds*）的修订版中，对我们2006年的作品《权力速度与形式》（*Power Speed and Form*）进行了热情洋溢的赞扬。1958级的戈登·Y. S. 吴（Gordon Y. S. Wu）聘任我父亲在1996—2010年担任教授，我非常感谢诺曼·索伦伯格（Norman Sollenberger）教授在他的整个职业生涯中对我父亲的指导，并与我分享他的一些经验。

宾夕法尼亚州波茨敦的希尔学校、纽约州摄政外部学位项目（现伊克塞尔希尔学院）、约翰·霍普金斯大学保罗·H.尼采高级国际研究学院的教员和德克萨斯大学奥斯汀分校的教员对我成为一名历史学家提供了帮助。我还在华盛顿特区史密森学会伍德罗·威尔逊国际学者中心和约瑟夫·亨利论文中心工作过，而后我到德克萨斯大学奥斯汀分校攻读博士学位。我特别感谢德克萨斯大学奥斯汀分校的我的博士论文导师W.罗杰·路易斯（W. Roger Louis）教授的指导和支持。

如果没有以下老师的悉心指导，我将不可能完成学业和研究。我要特别感谢普林斯顿大学的西里尔·E.布莱克（Cyril E. Black）和朱利安·P.博伊德（Julian P. Boyd）教授、哥伦比亚广播公司的斯蒂芬·C.弗兰德斯（Stephen C. Flanders）和美国商务部的罗斯维尔·温格（Roswell B. Wing）。我还要感谢奥雷斯特·佩莱奇（Orest Pelech）、S.弗雷德里克·斯塔尔（S. Frederick Starr）、R.贝利·温德（R. Bayly Winder）和杰·布莱曼（Jay Bleiman）以及希尔中校的托马斯·G.露丝（Thomas G. Ruth）在我生命中的重要时刻提供的帮助。

我要特别感谢克莱尔·基尔比的女儿安（Ann Kilby）和珍妮特·基尔比（Janet Kilby），她们慷慨地提供并允许我使用她们父亲的照片。我也感谢基尔比的朋友兼传记作者埃德·米利斯（Ed Millis）帮助我与基尔比的家人取得联系。杰出的摄影师诺曼·西夫（Norman Seeff）允许我选择他在1984年为已故的史蒂夫·乔布斯拍摄的一组标志性照片中的一张。我要感谢西夫的商业伙伴查尔斯·汉纳（Charles Hannah），他提供了我选择的照片并授权我使用。我要特别感谢帮助设计 IBM 个人计算机的马克·E. 迪恩（Mark E. Dean）博士提供有关他工作的信息。

图书馆对作者的研究和写作至关重要。普林斯顿大学工程图书馆馆长阿德里安娜·波佩斯库（Adriana Popescu）和威洛·德雷塞尔（Willow Dressel）提供了帮助，珍本和特藏馆副馆长本·普利米尔（Ben Primer）、大学档案管理员丹尼尔·林克（Daniel Linke）和手稿馆长唐·斯凯默（Don Skemer）也提供了帮助。我还要感谢国会图书馆手稿图书馆馆长詹姆斯·赫特森（James Hutson）在杰克·基尔比的论文和许多其他事务上的帮助。圣莫尼卡公共图书馆的馆际互借服务以及加州大学洛杉矶分校查尔斯·E. 杨研究图书馆、洛杉矶公共图书馆和加州大学洛杉矶分校南部地区图书馆的馆藏也帮助了本书的研究。同时，我要感谢以下对各个章节的撰写提供帮助的学者、图书馆员和档案管理员。

对于第一章的撰写，我特别感谢拉斐特学院的唐纳德·C. 杰克逊（Donald C. Jackson）教授。他在美国大坝历史方面的学术成就，以及他与我父亲合著的《新政时代的大坝》（2006 年）成为了本章的基础。大坝的历史研究最初是由联邦垦务局和美国陆军工程兵团联合资助的一个项目。我父亲和我都得到了垦务局历史学家布利特·斯特里（Brit Storey）和工程兵团历史学家马丁·罗伊斯（Martin Reuss）的宝贵帮助。我还要感谢弗吉尼亚·伯克利（Virginia Berkeley）允许我使用她父亲拍摄的杰克萨维奇（Jack Savage）的照片，以及小托马斯·米德图恩（Thomas Midthun, Jr.）允许我使用他父亲拍摄的两张照片。垦务局的帕特里克·雅各布斯（Patrick Jacobs）也为该章节提供了照片。

对于第二章的撰写，我要感谢俄亥俄州代顿市迈阿密保护区的黛博拉·詹宁（Deborah Janning）和珍妮特·布莱（Janet Bly）提供的照片。我也要感谢安提阿学院图书馆的斯科特·桑德斯（Scott Sanders）提供的有关亚瑟·摩根和第一任田纳西河谷管理局理事会成员们的照片。如果没有现任科罗拉多大学教授艾比·莉尔（Abbie Liel）在普林斯顿大学读研究生时对田纳西河谷管理局进行的档案研究，我不可能写出这一章。我还得到了1960级普林斯顿大学校友普雷斯顿·哈斯克尔（Preston Haskell）的慷慨支持。田纳西河谷管理局河流运行部门的苏珊埃尔德（Susan Elder）提供了有关威尔逊大坝的宝贵工程数据。纽约海德公园富兰克林·D. 罗斯福图书馆的帕特里克·法伊（Patrick Fahy）和亚特兰大国家档案馆的莫琳·黑尔（Maureen Hill）提供了图片，国会图书馆和田纳西河谷管理局也提供了图片。

对于第三章的撰写，我要感谢爱荷华州交通部的安德里亚·亨利（Andrea Henry）和里克·默里（Rick Murray）、联邦公路管理局的理查德·温格罗夫（Richard Weingroff）和加州交通部图书馆的舒班吉·克尔卡尔（Shubangi Kelakar）提供的照片。我也要感谢大卫·古德伊尔（David Goodyear）和已故的阿维德·格兰特（Arvid Grant）拍摄的由格兰特设计的东亨廷顿桥的照片，我要特别感谢工程师法斯勒·汗的女儿亚斯敏·萨宾娜·汗（Yasmin Sabina Khan）为她父亲撰写了一本出色的传记。我也非常感谢芝加哥 SOM 建筑设计事务所的合伙人威廉·F. 贝克（William F. Baker）以及阿德里·耶夫蒂奇（Adri Jevtic）提供的帮助，并感谢撰写《工程新闻记录》(*Engineering News-Record*）的斯科特·刘易斯（Scott Lewis）允许我使用该杂志的封面。我要感谢普林斯顿大学 1947 级的 J. 韦曼·威廉姆斯（J. Wayman Williams）拍摄的芝加哥约翰汉考克中心的照片，并感谢他在计算和图形软件方面的慷慨帮助。

对于第四章的撰写，我要感谢阿贡国家实验室贾斯汀·H. S. 布鲁（Justin H. S. Breaux)、美国海军历史与遗产司令部罗伯特·克雷斯曼（Robert Cressman)、约翰·格雷科（John Greco）和马修·斯塔登（Matthew Staden)、海军信息办公室的苏泽特·科滕霍芬（Suzette Kettenhofen)，以及马里兰州大学公园国家档案馆的纳撒尼尔·S. 帕斯（Nathaniel S. Patch）帮助我获取有关海曼·里科弗海军上将的照片和文档。我也要感谢康涅狄格州格罗顿潜艇部队图书馆和博物馆的温迪·古利（Wendy Gulley）和迈克·里格尔（Mike Riegel）提供有关鹦鹉螺号航空母舰的信息。我要感谢洛斯阿拉莫斯国家实验室的米歇尔·米特拉赫（Michelle Mittrach）和艾伦·卡尔（Alan Carr)、爱达荷国家实验室的杰奎琳·路普（Jacqueline Loop）以及美国海军和美国国家档案馆提供的照片。我还要感谢马里兰州大学帕克市美国国家档案馆静态图片分部的霍利·李德（Holly Reed）为三里岛核电站拍摄的照片。

对于第五章的撰写，我要感谢美国国家科学院的丹尼尔·巴比罗（Daniel Barbiero）和国家航空航天博物馆的卡罗尔·赫德（Carol Heard）提供有关喷气发动机和弗兰克·惠特尔（Frank Whittle）的重要文件。伦敦机械工程师学会的卡琳·弗兰奇

（Karyn French）和劳拉·加德纳（Laura Gardner）为本书提供了惠特尔和第一台喷气发动机的照片。帝国战争博物馆的尼拉·普塔皮帕特（Neera Puttapipat）、美国宇航局阿姆斯特朗飞行研究中心的梦露·康纳（Monroe Conner）和波音图像档案馆的卡尔顿·威尔克森（Carleton Wilkerson）为本书提供了与早期喷气式飞机有关的宝贵照片。我要感谢克拉克大学档案馆的福代斯·威廉姆斯（Fordyce Williams）为罗伯特·戈达德拍摄了一张照片，感谢美国宇航局的大卫·P. 斯特恩（David P. Stern）对戈达德早期实验的解释。美国宇航局历史办公室和美国宇航局马歇尔太空飞行中心为本章提供了有关火箭和航天器的照片。

对于第六章的撰写，我要特别感谢 AT&T 历史中心和档案馆档案管理员谢尔顿·霍赫海塞尔（Sheldon Hochheiser）和他的同事威廉·D. 考林（William D. Caughlin），感谢他们提供的帮助和宝贵的照片。我要感谢费城国家档案馆的安德鲁·贝格利（Andrew Begley）提供雷达图像，感谢 Don Pies 网站提供晶体管收音机，Regency TR-1 手册。我也深深地感谢迈克尔·里奥丹（Michael Riordan）和莉莲·霍德森（Lillian Hoddeson）在晶体管历史研究上的资助。

对于第七章的撰写，除了基尔比家族，我还要感谢埃德·米利斯（Ed Millis）所著的基尔比传记。我要特别感谢格林内尔学院的威廉·凯斯教授对我父亲工作的支持，以及为本书提供罗伯特·诺伊斯学生时期的珍贵照片。我要感谢艾莉森·哈克（Allison Haack）和格林内尔学院图书馆的特别收藏和档案部以及格林内尔学院通信办公室允许我使用其中一张诺伊斯的照片。我要感谢德州仪器公司允许我使用基尔比及其创新的照片，感谢南卫理公会大学的德戈莱尔图书馆允许我从基尔比论文中获取信息，感谢马格兰摄影通讯社（Magnum Photos）迈克尔·舒尔曼（Michael Shulman）提供仙童公司创始人的照片。飞兆半导体公司为本书提供了第一块商用集成电路的照片。我还要感谢斯坦福大学档案管理员丹尼尔·哈特维格（Daniel Hartwig）为我拍摄了弗雷德里克·特曼（Frederick Terman）的照片，感谢美国国会图书馆的芭芭拉·纳坦森（Barbara Natanson）对我有关基尔比的研究的帮助。T. R. 雷德（T. R. Reid）的《芯片》(*The Chip*)一书对我了解基尔比和诺伊斯如何为集成电路或微芯片做出贡献至关重要，我受益于莱斯利·柏林（Leslie Berlin）为诺伊斯撰写的传记。

对于最后一章的撰写，我要感谢普林斯顿大学西利·穆德档案馆，感谢斯蒂芬·弗格森（Stephen Ferguson）、克里斯塔·克莱顿（Christa Cleeton）和克洛伊·普芬德勒（Chloe Pfendler）提供了艾伦·图灵（Alan Turing）研究生时代的照片。我还分别向普林斯顿大学和剑桥大学国王学院档案管理员丹尼尔·林克（Daniel Linke）和帕特里夏·麦奎尔（Patricia McGuire）寻求有关照片出处的建议。我还要感谢迈克尔·约翰·穆斯（Michael John Muuss）和美国陆军研究实验室提供ENIAC计算机的照片。IBM企业档案馆的唐·斯坦福（Dawn Stanford）和马克斯·坎贝尔（Max Campbell）提供照片并允许我使用。我还要感谢哈格利博物馆和图书馆，感谢优利公司的布赖恩·C. 戴利（Brian C. Daly）提供的格蕾丝·默里·霍珀（Grace Murray Hopper）的照片，也感谢犹他州历史学会研究中心的道格拉斯·米斯纳（Douglas Misner）和格雷格·沃尔兹（Greg Walz）提供菲洛·法恩斯沃思（Philo Farnsworth）的照片。我要感谢迈克尔·霍利（Michael Holley）提供Altair 8800微型计算机的照片，感谢盖蒂图片社（Getty Images）提供了史蒂夫·沃兹尼亚克（Steve Wozniak）、比尔·盖茨（Bill Gates）和克劳德·香农（Claude Shannon）的照片。我要感谢施乐公司帕洛阿尔托（Palo Alto）研究中心的苏西·穆尔赫恩（Susie Mulhern）提供了一张儿童测试Alto计算机的照片，并感谢兰德公司的贝丝·伯恩斯坦（Beth Bernstein）提供了保罗·巴兰（Paul Baran）的分布式通信图表。我还要感谢位于瑞士日内瓦的CERN新闻办公室为蒂莫西·伯纳斯–李（Timothy Berners-Lee）拍摄的照片。计算机历史博物馆对我的计算机研究提供了非常宝贵的帮助，感谢悉尼·古尔布龙森（Sydney Gulbronson）、莎拉·洛特（Sarah Lott）、马西莫·彼得罗齐（Massimo Petrozzi）和卡丽娜·斯威特（Carina Sweet）。

最后，本书的出版离不开麻省理工学院出版社的杰米·马修斯（Jermey Matthews）的付出，以及加布里埃拉·布埃诺·吉布斯（Gabriela Bueno Gibbs）、海莉·比尔曼（Haley Biermann）、黛博拉·康托尔–亚当斯（Deborah Cantor-Adams）、斯蒂芬妮·萨克森（Stephanie Sakson）、玛丽·赖利（Mary Reilly）、恩科米恩达（Marge Encomienda）、苏珊·克拉克（Susan Clark）、吉姆·米切尔（Jim Mitchell）、莫莉·格罗特（Molly Grote）和希瑟·高斯（Heather Goss）的支持与帮助。

我要感谢普林斯顿大学学生朱迪·麦卡丁·施德（Judy McCartin Scheide）与我父亲和我一起工作，感谢特里·托（Terry Towe）的鼓励和建议。我要感谢埃里克·海尼（Eric Henney）和黛博拉·泰加登（Deborah Tegarden）敦促我继续写这本书，包括格伦·斯佩尔（Glenn Speer）、亚伦特雷·哈布（Aaron Trehub）、亚伦·福斯伯格（Aaron Forsberg）、詹妮弗·洛林（Jennifer Loehlin）、W. 特拉维斯·汉斯（W. Travis Hanes）、詹姆斯·K. 邱（James K. Chiu）、安德鲁·布朗宁（Andrew Browning）和珍妮·沃兹沃思（Jennie Wadsworth）在内的许多朋友也是如此。

弗兰德斯（Flanders）家族的斯蒂芬（Stephen）和海蒂（Hedy）、杰斐逊（Jefferson）和麦茜（Maisie）、托尼（Tony）和邦尼（Bunny）、朱莉（Julie）和埃米尔（Emil）、卡尔（Carl）和安德里亚（Andrea）；莱蒂（Laity）家族的吉姆（Jim）和玛丽·安（Mary Ann）、苏珊（Susan）、凯特（Kate）和厄尔（Earl）、比尔（Bill）和约翰（John）；以及布莱克家族的吉姆（Jim）、玛莎（Martha）和克里斯蒂娜（Christina）在我大部分的人生旅程中支持我，感谢他们的友谊和支持。

我特别感谢涅瓦·文（Neva Wing）、卡罗尔·弗兰德斯（Carol Flanders）、科琳·布莱克（Corinne Black）和玛丽·莱蒂（Mary Laity）的鼓励。我也深深地感谢比林顿家族和伯格奎斯特家族的成员，感谢我的祖父母纳尔逊（Nelson）和简（Jane），以及外祖父乔纳森（Jonathan）和格尔达（Gerda）。我要感谢我的继祖母多萝西·冈特·比林顿（Dorothy Gaunt Billington），还有比尔（Bill）和温迪·冈特（Wendy Gaunt），以及我的叔叔和阿姨们——詹姆斯（James）和玛乔丽·比林顿（Marjorie Billington）、约翰（John）和林恩·比林顿（Lynn Billington）、珍妮特（Janet）和约翰·费舍尔（John Fisher）、阿洛亚·伯格奎斯特（Arloa Bergquist），同时还有所有比林顿家族和伯格奎斯特家族的表亲。

我最要感谢我的兄弟姐妹——伊丽莎白（Elizabeth）和唐纳

德（Donald）、简（Jane）和约翰逊（Johnson）、菲利普（Philip）和尼尼克（Ninik）、史蒂芬（Stephen）和米莉安（Miriam），以及萨拉（Sarah）和彼得（Peter），感谢他们的爱和支持，还有我的 11 个侄女和侄子。我最感激的是我的父母——戴维·珀金斯·比林顿（David Perkins Billington）和菲利斯·伯格奎斯特·比林顿（Phyllis Bergquist Billington）。为了纪念他们，我将这本书献给他们。

注　释

前　言

1. David P. Billington and David P. Billington, Jr., *Power Speed and Form: Engineers and the Making of the Twentieth Century* (Princeton, NJ : Princeton University Press, 2006).
2. 参见 Vaclav Smil, Creating the Twentieth Century : Technical *Innovations of 1867 to 1914 and Their Lasting Impact* (New York : Oxford University Press, 2005) 和 *Transforming the Twentieth Century: Technical Innovations and Their Consequences* (New York : Oxford University Press, 2006). 受国家工程院委托所做的调研，参见 George Constable, Bob Somerville, *A Century of Innovation: Twenty Engineering Achievements That Transformed Our Lives* (Washington, DC : Joseph Henry Press, 2003).

引　言

1. 电力开始被用作电源（例如，用于照明）或作为一种新的通信方式（例如，有线电话）。内燃是在发动机内部的一个或多个燃烧室中燃烧燃料以驱动机械作用。蒸汽机使用外部燃烧，其中燃料在锅炉中燃烧以产生蒸汽，然后蒸汽进入一个单独的驱动机构。
2. 关于科学在重大创新初期的作用，参见 Harold C. Passer, "Electrical Science and the Early Development of the Electrical Manufacturing Industry in the United States," *Annals of Science* 7, no. 4 (December 28, 1951) : 383–429 ; David A. Hounshell, "Two Paths to the Telephone," *Scientific American* 244 (January 1981) : 156–163 ; Lynwood Bryant, "The Origin of the Automobile Engine," *Scientific American* 216 (March 1967) : 102–113 ; John D. Anderson, Jr., *A History of Aerodynamics and Its Impact on Flying Machines* (Cambridge :

Cambridge University Press, 1997), 192, 242–243 ; Sungook Hong, "Marconi and the Maxwellians : The Origins of Wireless Telegraphy Revisited," *Technology and Culture* 35, no. 4 (October 1994) : 717–749。化学工业是个例外，其中实验室科学发挥着核心作用。欧姆、法拉第、亨利和其他人在 19 世纪早期对电气原理的发现既是电气工程原理，也是科学原理。它们被认为是科学，因为它们的发现者并没有考虑实际的动机。

3. 这是 W. 布赖恩 · 亚瑟（W. Brian Arthur）在其著作 *The Nature of Technology: What It Is and How It Evolves* (New York : Simon & Schuster/Free Press, 2009) 中许多有用的观点之一。
4. 一些后来的作家对爱迪生自我宣传的反应是否认他是一名现代工程师，而是称他为一个单纯的发明家。关于爱迪生，参见 David P. Billington and David P. Billington, Jr., *Power Speed and Form: Engineers and the Making of the Twentieth Century* (Princeton, NJ : Princeton University Press, 2006), 17–25。有关怀特兄弟的才华，参见 Howard S. Wolko, ed., *The Wright Flyer: An Engineering Perspective* (Washington, DC : Smithsonian Institution Press, 1987)。
5. 参见 Walter G. Vincenti, *What Engineers Know and How They Know It: Analytical Studies from Aeronautical History* (Baltimore, MD : Johns Hopkins University Press, 1990), 7–9。
6. 有关 1870 年代电力分配的专家观点，参见 Paget Higgs, *The Electric Light in Its Practical Application* (London : E. and F. L. Spon, 1879), 158–175。对于爱迪生的回应，参见 Billington and Billington, *Power Speed and Form*, 220–222。托马斯 · 爱迪生没有发明白炽灯泡（约瑟夫 · 斯旺爵士在 1840 年代发明了低电阻灯泡）。爱迪生设计的是一种高电阻灯泡，它可以使本地系统高效、经济地将电力分配给灯泡，这是低电阻灯泡无法做到的。

第一章　河流与地区

1. 关于 1920 年美国的城市和农村人口，参见 *Statistical Abstract of the United States 1930* (Washington, DC : U.S. Government Printing Office, 1930), 45–46。居住在 2, 500 人或以上的社区的人口被归类为城市人口，近 44% 的人居住在 8, 000 人或更多的地方；参见同上，47。
2. 关于 19 世纪中叶的工业，参见 David P. Billington, *The Innovators: The Engineering Pioneers Who Made America Modern* (New York : John Wiley and Sons, 1996); and James C. Williams, "The American Industrial Revolution," in *A Companion to American Technology*, ed. Carroll Pursell (Oxford : Blackwell Publishing, 2005), 31–51。对于 19 世纪末和 20 世纪初的行业，参见 David P. Billington and David P. Billington, Jr., *Power Speed and Form: Engineers and the Making of the Twentieth Century* (Princeton, NJ : Princeton University Press, 2006); and Vaclav Smil, *Creating the Twentieth Century: Technical Innovations of*

1867–1914 and Their Lasting Impact（New York：Oxford University Press，2005）。

3. 关于当地供水系统的开发，参见 Nelson M. Blake，*Water for the Cities: A History of the Urban Water Supply Problem in the United States*（Syracuse，NY：Syracuse University Press，1956）；and Martin Melosi，*The Sanitary City: Urban Infrastructure in America from Colonial Times to the Present*（Baltimore，MD：Johns Hopkins University Press，2000）。有关此时公共供水工程的土木工程，参见 F. E. Turneaure and H. L. Russell，*Public Water Supplies: Requirements，Resources，and Construction of Works*，4th ed.（New York：John Wiley and Sons，1940）。
4. 参 见 A. Wolman and L. H. Enslow，"Chlorine Absorption and Chlorination of Water，" *Journal of Industrial and Engineering Chemistry* 11（1919）：206–213。关于沃尔曼（Wolman），参见 M. Gordon Wolman，"Abel Wolman 1892–1989，" in National Academy of Sciences，*Biographical Memoirs* 83（2003）：3–18。
5. 有关美国河流的概述，参见 Arthur C. Benke and Colbert E. Cushing，eds.，*Rivers of North America*（New York：Elsevier/Academic Press，2005）。每章所附的参考书目提供了有关自然生态系统和人类活动对河流影响的更多信息。
6. 关于美国河流的早期航行，参见 Louis C. Hunter，*Steamboats on the Western Rivers: An Economic and Technological History*（Cambridge，MA：Harvard University Press，1949）。关于蒸汽船的工程和使用水为早期纺织工业提供动力的信息，参见 Billington，*The Innovators*，41–94。关于使用尼亚加拉大瀑布发电，参见 R. Belfield，"The Niagara System：The Evolution of an Electric Power Complex at Niagara Falls，1883–1896，" *Proceedings of the IEEE* 64，no. 9（September 1976）：1344–1350。
7. 关于 19 世纪的美国陆军工程兵团，参见 Todd Shallat，*Structures in the Stream: Water，Science，and the Rise of the U.S. Army Corps of Engineers*（Austin：University of Texas Press，1994）。关于俄亥俄河上军团的早期水闸和水坝，参见 Leland R. Johnson，*The Davis Island Lock and Dam，1870–1922*（Pittsburgh，PA：U.S. Army Engineer District，1985）。
8. 关于填海服务局，后来的填海局，见 Donald J. Pisani，*Water and American Government: The Reclamation Bureau，National Water Policy，and the West，1902–1935*（Berkeley：University of California Press，2002）。
9. 有关主要在密西西比河以西的联邦大坝的历史，参见 David P. Billington and Donald C. Jackson，*Big Dams of the New Deal Era: A Confluence of Engineering and Politics*（Norman：University of Oklahoma Press，2006）；David P. Billington，Donald C. Jackson，and Martin V. Melosi，*The History of Large Federal Dams: Planning，Design，and Construction in the Era of Big Dams*（Denver，CO：U.S. Department of the Interior，Bureau of Reclamation，2005）。关于大坝时代之前的科罗拉多河，参见 Paul L. Kleinsorge，*The Boulder Canyon Project: Historical and Economic Aspects*（Stanford，CA：Stanford University Press，1941），2–15。关于胡佛水坝前科罗拉多河的排放，参见 Jay Kammerer，*Water Fact Sheet: Largest Rivers in the United States*（Washington，DC：U.S. Geological Survey，1990），1.

关于密西西比河，同上，2。本章讨论的科罗拉多河与流经德克萨斯州到墨西哥湾的较小的科罗拉多河是分开的。

10. 关于帝王谷的早期，见 Norris Hundley, Jr., *Water and the West: The Colorado River Compact and the Politics of Water in the American West*, 2nd ed.（Berkeley：University of California Press, 2009）, 17–36。

11. 北加州的城市也需要水。1913 年，国会授权旧金山在位于内华达山脉联邦土地上的赫奇（Hetch Hetchy））修建图奥勒米河（Tuolumne River）。由此产生的水库的管道向西向旧金山和周边县供水。有关旧金山和洛杉矶获取水的早期努力，参见 Norris Hundley, Jr., *The Great Thirst: Californians and Water, A History*, 2nd ed.（Berkeley：University of California Press, 2001）, 121–202。关于洛杉矶从 1900 年到 1920 年的人口增长情况，参见 the U.S. Bureau of the Census, *Fourteenth Census of the United States Taken in the Year 1920*, 12 vols.（Washington, DC：U.S. Government Printing Office, 1921）, 1：76。关于 1930 年洛杉矶的人口，参见 *Statistical Abstract of the United States 1940*（Washington, DC：U.S. Government Printing Office, 1941）, 3。

12. 关于科罗拉多协约，见 Norris Hundley, Jr., *Water and the West*, 53 et seq. For the text of the compact, see ibid., 353–359。关于中央亚利桑那项目，参见 Rich Johnson, *The Central Arizona Project, 1918– 1968*（Tucson：University of Arizona Press, 1977）。1987 年，南加州机构偿还了美国财政部的贷款，用于建造胡佛水坝。

13. 关于大都会水域的创建，参见 Billington and Jackson, *Big Dams of the New Deal Era*, 116–122；*The Metropolitan Water District of Southern California: History and First Annual Report*, Charles A. Bissell, comp.（Los Angeles, CA：Metropolitan Water District, 1939）。关于《博尔德峡谷项目法》，参见 *United States Statutes at Large, 1927–1929*, vol. 45, Part 1（Washington, DC：U.S. Government Printing Office, 1929）, 1057–1066。

14. 关于现代大坝设计的演变，存在拱坝和重力坝之间的竞争，以及 20 世纪 20 年代和 30 年代质量对形式的胜利，参见 Billington and Jackson, *Big Dams of the New Deal Era*, 29–70。

15. 关于拱形重力坝的演变，参见 David P. Billington, Chelsea Honigmann, and Moira Treacy, "From Pathfinder to Glen Canyon：The Structural Analysis of Arched, Gravity Dams," in *The Bureau of Reclamation: History Essays from the Centennial Symposium*, 2 vols.（Washington, DC：U.S. Government Printing Office, 2002）, 1：249–271。关于胡佛大坝的设计，参见 *Boulder Canyon Project Final Reports: General History and Description of the Project*（Boulder City：U.S. Bureau of Reclamation, 1948）；Donald C. Jackson, "Origins of Boulder/Hoover Dam：Siting, Design, and Hydroelectric Power," in *The Bureau of Reclamation: History Essays from the Centennial Symposium*, 1：273–288。关于 John Lucian Savage（1879-1967），见 Benjamin D. Rhodes, "From Cooksville to Chunking：The Dam-Designing Career of John L. Savage," *Wisconsin Magazine of History* 72,

no. 4（summer 1989）：242–272。关于弗兰克·E·韦茅斯（1874-1941），参见他在加利福尼亚州克莱蒙特霍诺德/穆德图书馆的论文查找帮助。

16. Billington and Jackson, *Big Dams of the New Deal Era*, 36–41.

17. 关于圣弗兰西斯大坝灾难，见 Norris Hundley, Jr., and Donald C. Jackson, *Heavy Ground: William Mulholland and the St. Francis Dam Disaster*（Berkeley：University of California Press, 2016）。

18. 关于胡佛大坝的叙述，见 Joseph E. Stevens, *Hoover Dam: An American Adventure*（Norman：University of Oklahoma Press, 1988）。有关大坝的工程历史，参见 U.S. Department of the Interior, Bureau of Reclamation, *Boulder Canyon Project Final Reports, Part IV—Design and Construction*（Denver：U.S. Department of the Interior, 1941）。本卷还有第二个副标题"Bulletin 1：General Features"。关于胡佛大坝，另见 Billington and Jackson, *Big Dams of the New Deal Era*, 127–144；and Kleinsorge, *The Boulder Canyon Project*, 185–230。

19. 关于六家公司，见 Stevens, *Hoover Dam*, 34–45。有关通货膨胀调整后的成本，请通过网站查询：http：//www.bls.gov/data/inflation_calculator.htm（link retrieved October 26, 2019）。转换是近似的，可能反映了 1929 年之后名义价格的暴跌。对于 Francis Trenholm Crowe，参见他的生平回忆录 *Transactions of the American Society of Civil Engineers* 113（1948）：1397–1403（以下称为 *ASCE Transactions*）。另见 Stevens, *Hoover Dam*, 36–46；and Al M. Rocca, *America's Master Dam Builder: The Engineering Genius of Frank T. Crowe*（New York：University Press of America, 2001）。

20. 关于弗兰克克劳的名言，参见"The Earth Movers I," *Fortune Magazine* 28, no. 8（August 1943）：103.

21. 关于沃克·杨（Walker Young），参见他在 *Who's Who in Engineering: A Dictionary of the Engineering Profession*, 6th ed.（New York：Lewis Historical Publishing, 1948），2246 中的条目（以下按年份引用为 *Who's Who in Engineering*）。关于杨在大坝现场与克劳的关系，参见"The Dam," *Fortune Magazine* 8, no. 3（September 1933）：74–88。

22. 关于项目完成日期，见 Stevens, *Hoover Dam*, 34。关于迟到完成导流隧道的处罚，同上，59。克劳将获得六家公司在该项目中的利润份额（2.5%），同上，252。关于恶劣的工作条件和罢工，同上，59-79

23. 关于工人的引述，参见 Andrew J. Dunar and Dennis McBride, *Building Hoover Dam: An Oral History of the Great Depression*（Reno and Las Vegas：University of Nevada Press, 1993），95（interview with Saul "Red" Wixson）。

24. 隧道内汽油发动机尾气造成的伤害导致对六家公司的诉讼。参见 Stevens, *Hoover Dam*, 206–214。在"高定标者"上，工人们从峡谷壁上下来，削掉松散的石头，同上，103-107。一些高定标者是美洲原住民。地面层的工人包括一群非裔美国人。但是非白人工人与其他人隔离。

25. 关于罗斯福的愿景，包括在公共工程中的就业，参见他的第一次就职演说，转载于 Franklin D. Roosevelt, *Looking Forward*（New York：John Day, 1933；

reprint ed., Simon & Schuster, 2009), 219–226 . 有关更名为 Boulder Dam 的名称，参见 Stevens, Hoover Dam, 173–174。

26. 关于地基的挖掘，见 Stevens, *Hoover Dam*, 185–190。关于混凝土的凝固，同上，191-197。水和水泥反应时放出的热量称为水化热。

27. 关于克劳建设的索道，见 Stevens, *Hoover Dam*, 196–197；以及为完成大坝，同上，191-241。关于大坝中混凝土的立方码，参见 Water and Power Resources Service, *Project Data* (Washington, DC : U.S. Department of the Interior, 1981), 84。垦务局于 1979 年更名为水和电力资源服务局 但在 1981 年恢复了以前的名称。关于大坝的奉献，参见 Stevens, *Hoover Dam*, 243–248。

28. 有关科罗拉多河渡槽的规划，参见 F. E. Weymouth, "Colorado Aqueduct," *Civil Engineering* 1, no. 5 (February 1931): 371–376。有关科罗拉多河下游的项目，参见 Kleinsorge, *The Boulder Canyon Project*, 230–244；and David Carle, *Introduction to Water in California* (Berkeley : University of California Press, 2004), 110–115。关于完成胡佛水坝的动力装置和辅助工程，参见 Stevens, *Hoover Dam*, 248–252。由流动的水旋转的涡轮机或叶片轴可以发电（见第 2 章的文本框 2.1、2.2 和 2.3）。关于改回胡佛水坝的名称，参见 *United States Statutes at Large*, vol. 61, Part 1 (Washington, DC : Government Printing Office, 1948), 56–57。

29. 关于中央谷项目，参见 Billington and Jackson, *Big Dams of the New Deal Era*, 253–275；Hundley, *The Great Thirst*, 203–275；and Carle, *Introduction to Water in California*, 103–109.

30. 关于沙斯塔水坝和弗里安水坝的设计和建造，参见 Billington and Jackson, *Big Dams of the New Deal Era*, 275–288。关于沙斯塔水坝的建设，另见 Pacific Constructors, *Shasta Dam and Its Builders* (San Francisco, CA : Schwabacher-Frey, 1945)。

31. 关于中央谷项目的结果，见关于中央谷项目的结果，见 Billington 和 Jackson, Big Dams of the New Deal Era, 288-292。二十世纪末，加州生产了全国一半以上的蔬菜和一半以上的水果，参见 *1997 Census of Agriculture*, 3 vols. (Washington, DC : U.S. Department of Agriculture, 1997), vol. 2, Part 2, 37–38。有关加利福尼亚农业人口的变化，参见 Hundley, *The Great Thirst*, 240–242, 260–272。160 英亩的限制是针对个体农民的；一对已婚夫妇可以拥有 320 英亩土地。大型农场遵守种植面积限制并规避其意图的一种常见方法是将大量资产分配给其他亲属、雇员或股东。1982 年，国会将个人土地的限制提高到 900 英亩。有关二战后加利福尼亚土地使用权的变化，参见 Ellen Liebman, California Farmland : A History of Large Agriculture Landholdings (Totowa, NJ : Rowman and Allanheld, 1983), 129–173。有关该项目的回顾，参见 Ellen Liebman, *California Farmland: A History of Large Agricultural Landholdings* (Totowa, NJ : Rowman and Allanheld, 1983), 129–173。有关该项目的回顾，参见 Erik A. Stene, "The Central Valley Project : Controversies Surrounding Reclamation' s Largest Project," in *The Bureau of Reclamation: History Essays from the Centennial*

Symposium, 2 : 503–521。

32. 对于加利福尼亚州的水项目，见 Hundley, *The Great Thirst*, 276–302 ; and Carle, *Introduction to Water in California*, 92–103。关于 1920 年至 1970 年的人口增长情况，参见 the *Statistical Abstract of the United States for 1980*（Washington, DC : U.S. Bureau of the Census, 1980），10。关于联邦政府在 1945 年后加利福尼亚和西部经济发展中的作用概述，参见 Gerald D. Nash, *The Federal Landscape: An Economic History of the Twentieth-Century West*（Tucson : University of Arizona Press, 1999）。

33. 关于今天哥伦比亚河口的流量，参见 Kammerer, Water Fact Sheet, 2。科罗拉多河的流量在 1934 年之前为每秒 22, 000 立方英尺；同上，1. 关于哥伦比亚河的工程利益，参见 Billington and Jackson, *Big Dams of the New Deal Era*, 152–156。

34. 关于建造两座水坝以及关于大古力大坝的成本和高度的争议，参见 Billington and Jackson, *Big Dams of the New Deal Era*, 168–170, 174–178。

35. 关于邦纳维尔大坝，参见 Billington and Jackson, *Big Dams of the New Deal Era*, pp. 156–170 ; William F. Willingham, *Water Power in the "Wilderness": The History of Bonneville Lock and Dam*（Portland, OR : U.S. Army Corps of Engineers, Portland District, 1997）。关于乔治·格德斯（1900–1972），参见 Thornton Corwin, "Henry George Gerdes," *ASCE Transactions* 139（1974）: 565。有关邦纳维尔大坝的设计特点，参见 Abbie Liel and David P. Billington, "Engineering Innovation at Bonneville Dam," *Technology and Culture* 49, no. 3（July 2008）: 727–751。硬化下游底座并添加挡板导致溢出的水向上跳跃，从而减轻影响。在较小的规模上，亚瑟摩根设计了具有相似特征的迈阿密水利大坝的出口（见第 2 章）。众所周知，添加到混凝土中的二氧化硅可以提高其防水性并在混凝土凝固时冷却。在邦纳维尔大坝，工程师没有使用冷水管道，而是在混凝土中添加了二氧化硅。邦纳维尔大坝的工程师安装了带有可调叶片的新型涡轮机（Kaplan 涡轮机），该涡轮机比其他水坝使用的固定叶片涡轮机更好地管理可变水流，因为其他水坝的流量变化较小。

36. 关于大古力大坝，参见 Billington and Jackson, *Big Dams of the New Deal Era*, 165–188 ; Paul C. Pitzer, *Grand Coulee: Harnessing a Dream*（Pullman : Washington State University Press, 1994）。关于 Frank Arthur Banks（1883–1957），参见 The National Cyclopaedia of American Biography, F, 1939–1942（New York : James T. White and Company, 1942），450–451 中关于他的条目；以及 *Civil Engineering* 28, no. 2（February 1958）: 131。像弗兰克·克劳（Frank Crowe）一样，班克斯（Frank Crowe）来自缅因州并就读于其州立大学。

37. 关于哥伦比亚大坝在战时的贡献，参见 Vernon M. Murray, "Grand Coulee and Bonneville Power in the National War Effort," *Journal of Land and Public Utility Economics* 18, no. 2（May 1942）: 134–139。交流电每秒反转多次，而直流电只在一个方向流动。

38. 关于哥伦比亚河控制计划，参见 Billington and Jackson, *Big Dams of the New*

Deal Era，192–199；and William Whipple，Jr.，"Comprehensive Plan for the Columbia Basin，" *ASCE Transactions* 115（1950）：1426–1436。关于小威廉·惠普尔（William Whipple，Jr.）（1909–2007），参见 William Whipple，Jr.，Autobiography（Princeton，NJ：private printing，1996）。普林斯顿大学工程图书馆中的复印件。

39. 关于 BPA，参见 Gene Tollefson，*BPA: The Struggle for Power at Cost*（Portland，OR：Bonneville Power Administration，1987）；and *Power of the River: The Continuing Legacy of the Bonneville Power Administration in the Pacific Northwest*（Portland，OR：Bonneville Power Administration，2012）。关于太平洋西北部各州到 1970 年的人口增长情况，参见 *Statistical Abstract of the United States for 1980*，10. For the output of federal power as a share of total U.S. electricity output in 1970，see ibid.，614。联邦政府后来在美国各地建立了地区电力营销管理机构，以销售联邦大坝生产的电力。这些机构今天隶属于美国能源部。除了 BPA，它们还包括西部地区电力管理局、西南电力管理局和东南电力管理局。中北部和东北部各州的联邦大坝较少，也没有联邦电力营销管理机构。

40. 关于邦纳维尔鱼道，参 William F. Willingham，*Water Power in the Wilderness*，47–53。另见 Lisa Mighetto and Wesley J. Ebel，*Saving the Salmon: A History of the U.S. Army Corps of Engineers' Efforts to Protect Anadromous Fish on the Columbia and Snake Rivers*（Seattle，WA：Historical Research Associates，1994）。有关大坝对哥伦比亚河影响的批判性观点，参见 Joseph Taylor，*Making Salmon: An Environmental History of the Northwest Fisheries Crisis*（Seattle：University of Washington Press，1999）。泰勒指出，不断变化的海洋条件和繁殖鱼的失败努力也导致了这种下降。

41. 关于佩克堡水坝（Fort Peck Dam）的起源和规划，参见 Billington and Jackson，*Big Dams of the New Deal Era*，200–207。理查德·C·摩尔（Richard C. Moore）中校监督设计，托马斯·B·拉金（Thomas B. Larkin）少校监督施工，水力充填施工方法见同上，207-215；对于溢洪道，同上，215–219。1936 年 11 月 23 日，玛格丽特·伯克 - 怀特（Margaret Bourke-White）拍摄的溢洪道闸门出现在第一期《生活》杂志的封面上时，溢洪道闸门成为新政的象征。

42. 对于测量师雷·肯德尔（Ray Kendall）的引述，参见 Billington and Jackson，*Big Dams of the New Deal Era*，222.

43. 关于 1938 年的幻灯片及其后果，参见 Billington and Jackson，*Big Dams of the New Deal Era*，220–230。另见 T. A. Middlebrooks，"Fort Peck Slide"，ASCE Transactions 107（1942）：723–764

44. 关于"Pick-Sloan 计划"和沿密苏里州进一步修建大坝，见 Billington and Jackson，*Big Dams of the New Deal Era*，230–252。另见 John R. Ferrell，*Big Dam Era: A Legislative and Institutional History of the Pick-Sloan Missouri Basin Program*（Omaha，NE：U.S. Army Corps of Engineers，1993）.

45. 有关密苏里河水的紧张局势，参见 John E. Thorson，River of Promise，River of Peril：The Politics of Management the Missouri River（Lawrence：University

Press of Kansas, 1994)。另见 A. Dan Turlock, "The Missouri River: The Paradox of Conflict without Scarcity," *Great Plains Natural Resources Journal* 2(1997): 1–12。关于人口增长，参见 the *Statistical Abstract of the United States for 1980*, 10。此处选取的地区包括蒙大拿州、北达科他州和南达科他州、明尼苏达州、爱荷华州、内布拉斯加州、堪萨斯州、密苏里州和怀俄明州东北部将增加一小部分。有关中西部农业的变化，参见 *The American Midwest: An Interpretive Encyclopedia*, ed. Andrew R. L. Cayton, Richard Sisson, and Christian Zacher (Bloomington: Indiana University Press, 2007), 142–145。在全国范围内，粮食作物的农业生产力在 1950 年至 1970 年间增长了四倍多。蔬菜生产仅增长了两倍，水果仅增长了 1/2。参见 the *Statistical Abstract of the United States for 1980*, 709。粮食作物的更大收益是更容易机械化的结果。

46. 工程兵提交了进行勘测的成本估算，该估算显示为"电力开发似乎可行的流的考试等费用的估计", U.S. House of Representatives, 69th Congress, 1st Session, Document No. 308, December 7, 1925, to November 10, 1926。随后对哥伦比亚河和密苏里河的勘测显示为"哥伦比亚河和次要支流", U.S. House of Representatives, 72nd Congress, 2nd Session, Document No. 103, March 29, 1932; "Missouri River," U.S. House of Representatives, 73rd Congress, 2nd Session, Document No. 238, February 5, 1934。关于 308 报告，参见 Billington and Jackson, *Big Dams of the New Deal Era*, 85–88。

47. 关于水坝和电力的公开辩论，参见 Billington and Jackson, *Big Dams of the New Deal Era*, 122–125 for Hoover Dam, and ibid., 189–192 for the Columbia River。另 见 Stevens, *Hoover Dam*, 26–27; and Sarah S. Elkind, "Private Power at Boulder Dam: Utilities, Government Power, and Political Realism," in *The Bureau of Reclamation: History Essays from the Centennial Symposium*, 2: 447–465。关于联邦政府在哥伦比亚大坝中的角色的争议集中在是否应该有一个联邦流域当局来管理它们。由于当地反对拥有更广泛权力的机构，邦纳维尔电力管理局的作用更加有限，而垦务局和工程兵团反对一个更强大的竞争机构。参见 Billington and Jackson, *Big Dams of the New Deal Era*, 189–192。

48. 关于被大古力大坝淹没的美洲原住民土地，见 Pitzer, Grand Coulee, 219–222。对于驻军大坝的人，参见 Billington and Jackson, *Big Dams of the New Deal Era*, 239–241; and Michael L. Lawson, *Dammed Indians: The Pick-Sloan Plan and the Missouri River Sioux, 1944–1980* (Norman: University of Oklahoma Press, 1994)。对于那些在沙斯塔大坝的人，参见 Bradley L. Garrett, "Drowned Memories: The Submerged Places of the Winnemem Wintu," *Archaeologies: Journal of the World Archaeological Congress* 6, no. 2(2010): 346–371。

49. 关于 1930 年代美国的发电能力和水力发电的份额，参见 U.S. Department of Commerce/Bureau of the Census, *Statistical Abstract of the United States 1940* (Washington, DC: U.S. Government Printing Office, 1941), 401. 关于胡佛水坝的初始发电能力，参见 Kleinsorge, *The Boulder Canyon Project*, 281–282。1998 年，水力发电占美国净发电量的 9.6%。参见 U.S. Bureau of the Census,

Statistical Abstract of the United States 2000（Washington，DC：U.S. Government Printing Office，2001），593。

50. 关于奥罗维尔水坝（Oroville Dam）溢洪道的故障，参见 John W. France et al., *Independent Forensic Team Report: Oroville Dam Spillway Incident*（Sacramento，CA：California Department of Water Resources，January 5，2018）。
51. 关于米德湖的淤积问题，参见 W. O. Smith，C. P. Vetter，G. B. Cummings，et al., *Comprehensive Survey of Sedimentation in Lake Mead*，*1948–49*，U.S. Geological Survey Professional Paper No. 295（Washington，DC：U.S. Government Printing Office，1960）。作者认为，淤积需要四个世纪才能到达胡佛水坝的顶部，但指出堆积速度比预期的要快。该估算是在上游的格伦峡谷大坝建设之前进行的。
52. 关于格伦峡谷大坝，参见 Water and Power Resources Service，*Project Data*（Washington，DC：U.S. Department of the Interior，1981），355，361–363。格伦峡谷大坝高 710 英尺（216 米），底部前后长 300 英尺（91 米），坝顶长 1，560 英尺（475 米）。关于绿河大坝的争议，参见 Mark Harvey，*A Symbol of Wilderness: Echo Park and the American Conservation Movement*（Albuquerque：University of New Mexico Press，1994）。关于格伦峡谷，见 Eliot Porter，*The Place No One Knew: Glen Canyon on the Colorado*（San Francisco，CA：Sierra Club，1963）；Jared Farmer，*Glen Canyon Dammed: Inventing Lake Powell and the Canyon Country*（Tucson：University of Arizona Press，1999）；and W. L. Rusho，"Bumpy Road for Glen Canyon Dam，" in *The Bureau of Reclamation: History Essays from the Centennial Symposium*，2：523–549。对西方现代大坝建设的经典控诉是马克·赖斯纳（Mark Reisner），*Cadillac Desert: The American West and Its Disappearing Water*（New York：Viking Books，1986）。

第二章　田纳西河流域管理局

1. 关于摩根的生平，参见 Aaron D. Purcell，Arthur Morgan：A Progressive Vision for American Reform（Knoxville：University of Tennessee Press，2014），11-37。另见 Roy Talbert，*FDR's Utopian: Arthur Morgan of the TVA*（Jackson：University Press of Mississippi，1994），1–21。塔尔伯特对摩根及其职业生涯提供了更为批判的观点。珀塞尔详细介绍了摩根在田纳西流域管理局之后的生活和思想。
2. 有关摩根作为排水专家的学徒生涯和成功，参见 Talbert，*FDR's Utopian*，22–35。
3. 关于代顿洪水、该地区的组织和摩根的角色，见 Arthur E. Morgan，*The Miami Conservancy District*（New York：McGraw-Hill，1951），11–2033。摩根从 1913 年 4 月 24 日弗兰克·莱斯利画报周刊（*Frank Leslie's Illustrated Weekly Newspaper*）摘录了一页，描述了奥维尔·赖特如何在洪水期间勉强避免了他的工作室和报纸的损失。见 Morgan，*The Miami Conservancy District*，36。关于迈阿密保护区，另见 Purcell，*Arthur Morgan*，39–40，65–69，82–93。

4. 关于埃莱特的报告，参见 Charles Ellet, *Report on the Overflows of the Delta of the Mississippi River*, Senate Executive Document No. 20, 32nd Congress, 1st Session（Washington, DC：U.S. Senate, 1852）。
5. 关于汉弗莱斯（Humphreys）的报告，参见 A. A. Humphreys and H. L. Abbot, *Report upon the Physics and Hydraulics of the Mississippi River* . . .（Philadelphia：J. B. Lippincott, 1861）。关于如何控制洪水的争议以及"仅堤坝"政策的失败，参见 Martin Reuss, "Andrew A. Humphreys and the Development of Hydraulic Engineering：Politics and Technology in the Army Corps of Engineers, 1850–1950," *Technology and Culture* 26, no. 1（January 1985）：1–33。
6. 有关摩根的计划，参见 Arthur E. Morgan, *Report of the Chief Engineer*, 3 vols.（Dayton, OH：The Miami Conservancy District, 1916）；Morgan, *The Miami Conservancy District*, 204–274。摩根得到了戈登·伦茨勒（Gordon Rentschler）的把苍术，他后来成为纽约第一国民城市银行（现为花旗银行）的主席和俄亥俄州汉密尔顿附近的一位主要公民，筹集了 3 500 万美元来支付保护项目的费用。
7. 引用来自 Morgan, *The Miami Conservancy District*, 284。
8. 有关摩根的方法和建造开放管道盆地的想法，参见 Morgan, *The Miami Conservancy District*, 284–286。关于建设计划及其完成情况，同上，312-385、405-426。另见 William G. Hoyt and Walter B. Langbein, *Floods*（Princeton, NJ：Princeton University Press, 1955）, 228–230。摩根还在迈阿密河沿岸建造了一些堤坝。
9. 关于摩根的工程组织及其与劳工的关系，参见 Morgan, *The Miami Conservancy District*, 275–311, 386–404。关于农场和公园，同上，346-349。
10. 关于得到奥维尔·赖特（Orville Wright）和其他当地人物支持的冰碛公园学校，见 Purcell, *Arthur Morgan*, 79–82。1920 年，摩根成为进步教育促进协会的第一任主席，该协会的副主席是教育家约翰杜威和英国作家 H.G. 威尔斯。关于摩根在协会中的有限参与，以及他在安提阿学院的工作，见 Talbert, FDR's Utopian, 44-68；Purcell, Arthur Morgan, 99–120, 124–133。，安提阿小学现在是独立的，但继续让学生参与其治理。亚瑟摩根学校位于北卡罗来纳州阿什维尔附近，是一所今天按照类似路线组织的中学。
11. 与埃莉诺·罗斯福（Eleanor Roosevelt）联系时，参见 Morgan, The Making of the TVA（Buffalo, NY：Prometheus Books, 1974）, 8, 175。然而，塔尔伯特（Talbert）不太确定罗斯福夫人对摩根后来的任命是否有影响。参见 Talbert, *FDR's Utopian*, 82。关于富兰克林罗斯福对安提阿学院的兴趣，同上，84-86。有关摩根的任命，参见 Purcell, Arthur Morgan, 135–142
12. 关于田纳西河谷的情况，见 Joseph Sirera Ransmeier, *The Tennessee Valley Authority: A Case Study in the Economics of Multiple Purpose Stream Planning*（Nashville, TN：Vanderbilt University Press, 1942）, 82–90。
13. 关于威尔逊大坝及其布置的辩论，参见 Preston J. Hubbard, *Origins of the TVA: The Muscle Shoals Controversy*（Nashville, TN：Vanderbilt University Press,

1961), 1–27。另见 Margaret Jackson Clarke, "The Federal Government and the Fixed Nitrogen Industry, 1915–1926," PhD dissertation (Oregon State University, 1977)。关于诺里斯反对私人控制，以及柯立芝和胡佛对公共权力的否决权，见 Hubbard, *Origins of the TVA*, 217–266。

14. 关于他对电力行业的批判性观点，参见 Franklin Roosevelt, *Looking Forward* (New York: John Day, 1933; reprint ed., Simon & Schuster, 2009), 111–124。

15. 关于农村地区与电力的隔离，参见 D. Clayton Brown, *Electricity for Rural America: The Fight for the REA* (Westport CT: Greenwood Press, 1980), 3–12。有关 1930 年生活在农场的美国人的数量，参见 *Historical Statistics of the United States: Colonial Times to 1970* (Washington, DC: U.S. Bureau of the Census, 1975), Part 1, 12–13。电力服务的号码，同上，第 2 部分，827.

16. 美国法典第 16 篇第 831 节中可以找到《田纳西河谷管理局法》及其后续修正案。有关原始法案，参见 *United States Statutes at Large*, *1933–1934*, vol. 48 (Washington, DC: U.S. Government Printing Office, 1934), Part 1, 58–72。有关田纳西流域管理局的灵感，参见 Paul K. Conkin, "Intellectual and Political Roots," in *TVA: Fifty Years of Grass-Roots Bureaucracy*, ed. Erwin C. Hargrove and Paul K. Conkin (Urbana: University of Illinois Press, 1983), 3–34。早年历史，见 Richard Lowitt, "The TVA, 1933–45," in ibid., 35–65。

17. 关于约翰·哈考特·亚历山大·摩根，参见他在美国的名人录，*Who Was Who in America*, *1951–1960*, vol. 3 (Chicago, IL: A. N. Marquis, 1960)。对于大卫·伊莱·利林塔尔 (David Eli Lilienthal)，参见 Steven M. Neuse, *David Lilienthal: The Journey of an American Liberal* (Knoxville: University of Tennessee Press, 1996)。亚瑟摩根提到咨询路易斯布兰代斯法官，他对摩根在安提阿学院的工作感兴趣，以此作为任命的基础。布兰代斯 (Brandeis) 推荐了利林塔尔。参见 Morgan, The Making of the TVA, 22。关于利林塔尔 在田纳西流域管理局的工作，另参见 Erwin C. Hargrove, "David Lilienthal and the Tennessee Valley Authority," in *Leadership and Innovation: A Biographical Perspective on Entrepreneurs in Government*, ed. Jameson W. Doig and Erwin C. Hargrove (Baltimore, MD: Johns Hopkins University Press, 1987), 25–60。

18. 关于田纳西管理局的组织，参见 Morgan, *The Making of the TVA*, 18–37; and on its dams, see ibid., 93–103。另见 C. Herman Pritchett, *The Tennessee Valley Authority: A Study in Public Administration* (Chapel Hill: University of North Carolina Press, 1943), 147–183。

19. 关于工程兵团的调查和科夫·格里克 (Cove Creek) 的初步工作，参见 David P. Billington and Donald C. Jackson, *Big Dams of the New Deal Era: A Confluence of Engineering and Politics* (Norman: University of Oklahoma Press, 2006), 85–88, 91–92。有关兵团的工作，另参见 Leland R. Johnson, *Engineers on the Twin Rivers: A History of the Nashville District* (Nashville, TN: U.S. Army Engineer District, 1978), 181–184。关于他当时对兵团"仅限堤坝"政策的批评，参见 Arthur E. Morgan, "The Basis of the Case against Reservoirs for Mississippi Flood

Control", ASCE Transactions 93(1929):737–754。其他四个大坝是田纳西州的皮克威克(Pickwick Landing)、阿拉巴马州的惠勒(Wheeler)和岗特斯维尔(Guntersville)以及北卡罗来纳州的海沃西(Hiwassee)。

20. 建立一个公共工程组织,而不是将工作承包给私营公司,被称为"部队账户"方法。除了加快施工时间外,该方法还使摩根能够为工人设定更好的就业条件。私人承包商如有必要可能会降低工资和工作条件以赚取利润。关于摩根的组织,参见 A. B. Liel, "The Influence of Engineering Organization on Design and Construction Processes at Tennessee Valley Authority Dams in the 1930s," in *ASCE Structures Congress*, Las Vegas, Nevada, April 2011, 12 pp。关于田纳西流域管理局的用人政策,参见 Morgan, *The Making of the TVA*, 83–85, 118–130。有关雇用的工人人数,参见 the *Annual Report of the Tennessee Valley Authority for the Fiscal Year Ended June 30, 1935*(Washington, DC:U.S. Government Printing Office, 1936), 46。以下引用为 *Annual Report of the TVA . . . for 1935*。后来的年度报告按年份引用。

21. 关于诺里斯大坝,见 Tennessee Valley Authority, *The Norris Project*, Technical Report No. 1(Washington, DC:U.S. Government Printing Office, 1940)。关于尺寸大小,见同上,71。关于其他水坝,见 *The Wheeler Project*, Technical Report No. 2(Knoxville, TN:Tennessee Valley Authority, 1940);*The Pickwick Landing Project*, Technical Report No. 3(Knoxville, TN:Tennessee Valley Authority, 1941);*The Guntersville Project*, Technical Report No. 4(Knoxville, TN:Tennessee Valley Authority, 1941);and *The Hiwassee Project*(Washington, DC:U.S. Government Printing Office, 1946)。所有大坝的汇总数据都出现在田纳西流域管理局的年度报告中。8700 万美元的总支出接近 1940 年联邦预算的 1%。

22. 关于防洪和航行改进,见 *Annual Report of the TVA for . . . 1935*, 3–5;and *Annual Report of the TVA for . . . 1940*, 3–4。关于疟疾的控制,见同上,35-36;关于土地征用,同上,38-39。有关因诺里斯大坝而流离失所的居民的研究,参见 Michael J. McDonald and John Muldowny, *TVA and the Dispossessed: The Resettlement of Population in the Norris Dam Area*(Knoxville:University of Tennessee Press, 1982)。

23. 关于发电和配电工程,参见 David P. Billington and David P. Billington, Jr., *Power Speed and Form: Engineers and the Making of the Twentieth Century*(Princeton, NJ:Princeton University Press, 2006), 13–31.

24. 关于电力计划的开始及其对农村客户的推广,参见 *Annual Report of the TVA for . . . 1935*, 24–34;关于威尔逊大坝及其发电量,见同上,24, 29。关于 1940 年的发电量和消耗量,见 *Annual Report of the TVA for . . . 1940*, 5, 19–30。上述报告的第 18-19 页之间的饼图对电力的接受者进行了分类。

25. 关于肥料计划,见 *Annual Report of the Tennessee Valley Authority for . . . 1935*, 18–23。有关对林业和农业的更广泛影响,参见 Tennessee Valley Authority, *Unified Valley Development: TVA Reports 1946*(Washington, DC:U.S. Government Printing Office, 1946), 5–21。

26. 纽约港务局现为纽约和新泽西港务局。参见 Jameson W. Doig, *Empire on the Hudson: Entrepreneurial Vision and Political Power at the Port of New York Authority*（New York：Columbia University Press，2001）。有关 Bonneville 电力管理局和南加州都会水区的资料可在第 1 章的注释 13 和 39 中找到。
27. 关于摩根对社会的看法，见 Morgan，*The Making of the TVA*，58– 59，67–69，87–91，183–199；and Arthur E. Morgan，*The Small Community*，*Foundation for Democratic Life*（New York：Harper and Brothers，1942）。关于诺里斯镇，参见 Tennessee Valley Authority，*The Norris Project*，173–220；and Walter L. Creese，*TVA's Public Planning: The Vision*，*the Reality*（Knoxville：University of Tennessee Press，1990），238–263。
28. 关于利连塔尔的社会愿景和公共权力的作用，见 David E. Lilienthal，"Business and Government in the Tennessee Valley，" *Annals of the American Academy of Political and Social Science* 172（March 1934）：45–49；and David E. Lilienthal，*TVA: Democracy on the March*（New York：Penguin Books，1944）。有关 1934-1935 年标准住宅电价和田纳西流域管理局向威尔逊大坝服务区客户收取的电价，参见 *Annual Report of the Tennessee Valley Authority for . . . 1935*，29–31。由于田纳西流域管理局的电费费率较低，田纳西河谷的用电量增加了两倍于全国的用电量。有关田纳西流域管理局早期电气计划的更广泛评估，参见 Thomas K. McCraw，"Triumph and Irony—The TVA，" *Proceedings of the IEEE* 64，no. 9（September 1976）：1372–1380。
29. 关于田纳西流域管理局与私人公用事业的冲突，参见 Thomas K. McCraw，TVA and the Power Fight，1933–1939（Philadelphia：Lippincott，1971），111–115。对于 1936 年的裁决，参见 "Ashwander et al. vs. Tennessee Valley Authority et al.，" *United States Reports*，vol. 297（Washington，DC：U.S. Government Printing Office，1936），288–372。
30. 关于摩根和利连塔尔之间的紧张关系，参见 McCraw，*TVA and the Power Fight*，91–96，115–121，and 131–133；Thomas K. McCraw，*Morgan vs. Lilienthal: The Feud within the TVA*（Chicago，IL：Loyola University Press，1970）；and Talbert，*FDR's Utopian*，150–168。关于 1939 年最高法院的判决，参见 "Tennessee Electric Power Company et al. v. Tennessee Valley Authority et al.，" *United States Reports*，vol. 306（Washington，DC：U.S. Government Printing Office，1939），118–152。对于温德尔·威尔基（Wendell Willkie），参见 Muriel Rukeyser，*One Life*（New York：Simon & Schuster，1957）。威尔基的副总统竞选伙伴、俄勒冈州参议员查尔斯麦克纳里支持建造邦纳维尔大坝。
31. 关于亚瑟·摩根离开田纳西管理局，见 Talbert，FDR's Utopian，169–194；Purcell，*Arthur Morgan*，171–203。摩根的余生致力于贵格会宗教活动，并致力于在美国和其他国家的农村地区建立小型社区，见同上，213-274。对于利连塔尔（Lilienthal）的田纳西管理局遗产，参见 Hargrove，"David Lilienthal and the Tennessee Valley Authority，" in *Leadership and Innovation*，25–60；和 Neuse，*David E. Lilienthal*，138–144.

32. 有关田纳西管理局雇用的非裔美国人的人数，参见 *Annual Report of the TVA for . . . 1935*, 48。 另 见 Cranston Clayton, "The TVA and the Race Problem," *Opportunity: A Journal of Negro Life* 12, no. 4 (April 1934): 111–112。有关该机构更广泛的社会失败，参见 Richard Lowitt, "The TVA, 1933–45," in *TVA: Fifty Years of Grass- Roots Bureaucracy*, 58–60。
33. 关于 REA，参见 John M. Carmody, "Rural Electrification in the United States," *Annals of the American Academy of Political and Social Science* 201, no. 1 (January 1939): 82–88 ; and Brown, *Electricity for Rural America*。到 1946 年，用电服务的田纳西河谷居民数量，参见 *Annual Report of the TVA for . . . 1946*, 67。
34. 关于利连塔尔在原子能委员会的任期，参见 Neuse, David E. Lilienthal, 167–228。离开原子能委员会后，利连塔尔担任顾问，以田纳西管理局为样本推动其他国家的经济发展；见同上，245-286、292-312。受田纳西管理局启发的非洲和亚洲大坝为这些国家带来了电力，但对实现社会现代化的作用却很少。关于田纳西管理局在国外的影响，参见 Daniel Klingensmith, *"One Valley and a Thousand": Dams, Nationalism, and Development* (New Delhi : Oxford University Press, 2007)。
35. 关于他支持地区当局的论点，参见 Lilienthal, *Democracy on the March*, 122–144。
36. 关于美国其他地方对田纳西管理局模式的反对，参见 William E. Leuchtenberg, "Roosevelt, Norris and the Seven Little TVA," Journal of Politics 14, no. 3 (1952 年 8 月): 418–441 ; 和 Craufurd D. Goodwin, "The Valley Authority Idea—The Fading of a National Vision," in *TVA: Fifty Years of Grass-Roots Bureaucracy*, 263–296。
37. 参见 See Wilmon H. Droze, "The TVA, 1945–80 : The Power Company," in *TVA: Fifty Years of Grass-Roots Bureaucracy*, 66–85. 另见 Erwin C. Hargrove, *Prisoners of Myth: The Leadership of the Tennessee Valley Authority, 1933–1990* (Princeton NJ : Princeton University Press, 1994).
38. 关于天堂发电厂，参见 Reed A. Elliot, Walter F. Emmons, and Henry T. Lofft, "TVA' s Paradise Steam Plant," *Journal of the Power Division: Proceedings of the American Society of Civil Engineers* 88, no. 1 (May 1962): 89–119。1970 年，天堂发电厂消耗的煤炭是当年美国发电所用煤炭的 2% 和能源（以煤当量吨表示）的 1%。参见 *Historical Statistics of the United States: Colonial Times to 1970*, Part 2, 826。1972 年，田纳西管理局在肯塔基州坎伯兰河附近建造了第二座与天堂一样大的工厂
39. 关于战后田纳西管理局田纳西管理局的环境争议，参见 William Bruce Wheeler and Michael J. McDonald, *TVA* 和 *the Tellico Dam 1936–1979: A Bureaucratic Crisis in Post-Industrial America* (Knoxville : University of Tennessee Press, 1986)。
40. 关于成本和电费的上升，再次参见 Droze, "The TVA, 1945-80 : The Power Company"，载于 *TVA: Fifty Years of Grass-Roots Bureaucracy*, 78–81。1959 年之

后，田纳西管理局不得不自行为其电力运营提供资金。

41. 见 Michael Wines, "T.V.A. Speeds Push Away from the Burning of Coal," *New York Times*, November 14, 2013, A18。关于新工厂，参见 "Paradise Combined Cycle Plant," online at : https : //www.tva.gov/Energy/Our-Power-System/Natural-Gas/Paradise- Combined-Cycle-Plant。2017 年，田纳西管理局 37% 的能源来自核电站，24% 来自煤炭，20% 来自天然气，9% 来自大坝发电，其余来自太阳能、风能和其他能源。2017 年数据在线获取：https : //www.tva.com/About-TVA/TVA-at-a-Glance（2019 年 10 月 17 日检索的链接）。
42. 关于 1927 年的洪水，参见 John M. Barry, *Rising Tide: The Great Mississippi Flood of 1927 and How It Changed America*（New York : Simon & Schuster, 1997）。有关陆军工程兵团的回应，参见 Major General Edgar Jadwin, "The Plan for Flood Control of the Mississippi River in Its Alluvial Valley," *Annals of the American Academy of Political and Social Science* 135, no. 1（1928）: 35–56。摩根 1929 年在 ASCE 交易中的文章（在上面的注释 19 中引用）攻击这种回应是不够的。在新频道上，参见 Martin Reuss, *Designing the Bayous: The Control of Water in the Atchafalaya Basin 1800–1995*（College Station : Texas A&M University Press, 2004）；和 Emory Kemp, *Stemming the Tide: Design and Operation of the Bonnet Carré Spillway*（Chicago, IL : Public Works Historical Society, 1990）。
43. 关于 1993 年中西部上游的洪水，参见 Gerald Galloway 等人，共同挑战：进入 21 世纪的洪泛区管理（华盛顿特区：美国政府印刷局，1994 年 Gerald Galloway et al., *Sharing the Challenge: Floodplain Management into the 21st Century*（Washington, DC : U.S. Government Printing Office, 1994））。关于卡特里娜飓风，参见 *Hurricane Katrina: A Nation Still Unprepared*, Special Report of the Committee on Homeland Security and Governmental Affairs, United States Senate, Together with Additional Views, 109th Congress, 2nd Session, Senate Report 109–322（Washington, DC : U.S. Government Printing Office, 2006）。

第三章　高速公路与摩天大楼

1. 对于 1939 年的世界博览会，参见 *Dawn of a New Day: The New York World's Fair, 1939/40*, ed. Helen A. Harrison（New York : Queens Museum/New York University Press, 1980）。对于 Futurama 骑行，参见 Norman Bel Geddes, *Magic Motorways*（New York : Random House, 1940）. Bel Geddes, a noted architect, conceived the ride。
2. 关于量产汽车及其影响，参见 Robert Casey, *The Model T: A Centennial History*（Baltimore, MD : Johns Hopkins University Press, 2008）；和 James P. Womack, Daniel T. Jones, and Daniel Roos, *The Machine That Changed the World*（New York : Rawson Associates/Simon & Schuster, 1990）, 21–38。关于石油工业，参见 John Lawrence Enos, Petroleum Progress and Profits : A History of Process

Innovation (Cambridge, MA : MIT Press, 1962)。有关早期机动车辆登记，参见 *Automobiles: Facts and Figures 1940* (Detroit, MI : Automobile Manufacturers Association, 1940), 11。

3. 有关美国早期道路建设的概述，参见 Thomas H. MacDonald, "The History and Development of Road Building in the United States," *ASCE Transactions* 92 (1928): 1181–1206 ; 和 *History of Public Works in the United States 1776–1976*, ed. Ellis L. Armstrong (Chicago, IL : American Public Works Association, 1976), 53–82.

4. 关于好路运动，参见 Bruce E. Seely, *Building the American Highway System: Engineers as Policy Makers* (Philadelphia : Temple University Press, 1987), 11–23。有关 T 型车的工程设计，参见 David P. Billington and David P. Billington, Jr., *Power Speed and Form: Engineers and the Making of the Twentieth Century* (Princeton, NJ : Princeton University Press, 2006), 87–92。

5. 关于州政府对地方道路建设的援助开始，参见 MacDonald, "The History and Development of Road Building in the United States," *ASCE Transactions* 92 (1928): 1196–1197。对于 1916 年的联邦援助道路法案，参见 *United States Statutes at Large*, vol. 39 (1915–17), Part 1, 355–359 ; and Seely, *Building the American Highway System*, 36– 45。

6. 这里忽略了原水泥中的少量附加矿物。有关波特兰水泥的历史，参见 Robert W. Lesley, *History of the Portland Cement Industry in the United States* (Chicago, IL : International Trade Press, 1924 ; reprint ed., New York : Arno Press, 1972)。有关 20 世纪早期的混凝土工程，参见 Leonard Church Urquhart and Charles Edward O' Rourke, *Design of Concrete Structures* (New York : McGraw-Hill, 1923)。

7. 关于沥青的使用，参见 I. B. Holley, Jr., "Blacktop : How Asphalt Paving Came to the Urban United States," *Technology and Culture* 44, no. 4 (October 2003) : 703–733。对于现代道路建设中使用的设备，参见 I. B. Holley, Jr., The Highway Revolution 1895–1925 : How the United States Got Out of the Mud (Durham, NC : Carolina Academic Press, 2008), 119–132

8. 关于战时交通危机，参见 Federal Highway Administration, *America's Highways 1776–1976: A History of the Federal-Aid Program* (Washington, DC : U.S. Federal Highway Administration, 1977), 97–98。有关第一手资料，参见 Clinton Cowen, "How Ohio Handled Important Roads Broken Down by Huge Traffic," *Public Roads* 1, nos. 6–8 (December 1918) : 25–27, 28。

9. 第一个监督道路的联邦机构是道路调查办公室，成立于 1893 年，1905 年成为公共道路办公室，1915 年成为公共道路局，均隶属于美国农业部。关于托马斯·麦克唐纳（Thomas MacDonald），参见他在 The National Cyclopaedia of American Biography, G, 1943–1946 (New York : James T. White & Company, 1946), 316–317 中的条目。另见 Earl Swift, *The Big Roads: The Untold Story of the Engineers, Visionaries, and Trailblazers Who Created the American Superhighways* (Boston : Houghton Mifflin Harcourt, 2011), 51–61。美国州公路官员协会 (AASHO) 成立于 1914 年。

10. 关于麦克唐纳的观点，参见 Thomas H. MacDonald，“Federal-Aid Accomplishments”，Public Roads 3，no. 32（1920 年 12 月）：11-15。有关 1920 年代和 1930 年代公共道路局的更多科学重点，参见 Bruce E. Seely，“The Scientific Mystique in Engineering：Highway Research at the Bureau of Public Roads，1918–1940，” *Technology and Culture* 25，no. 4（October 1984）：798–831。这种强调也可以通过 1920 年代和 1930 年代该局杂志《公共道路》中的文章来追溯。
11. 参见 David Hounshell，“The Evolution of Industrial Research in the United States，” in *Engines of Innovation: Industrial Research at the End of an Era*，ed. Richard S. Rosenbloom and William J. Spencer（Boston：Harvard Business School Press，1996），13–86。科学对电话、钢铁、石油和电气行业的贡献是至关重要的，但在建立这些行业的工程创新之后。参见 Billington and Billington，*Power Speed and Form*，31–34，50–53，199–203，210–222。关于更加科学的雄心，另参见 Terry S. Reynolds，“Overview：The Engineer in 20th Century America，” in *The Engineer in America: A Historical Anthology from Technology and Culture*，ed. Terry S. Reynolds（Chicago：University of Chicago Press，1991），169–190。
12. 有关该局研究的有益贡献，参见 America’s Highways 1776–1976，120–122；和 Seely，*Building the American Highway System*，71–87，101–108。有关使用车辆的早期冲击测试，参见 Earl B. Smith，“The Motor Truck Impact Tests of the Bureau of Public Roads，” *Public Roads* 3，no. 35（March 1921）：3–36。
13. 参见 Seely，“The Scientific Mystique in Engineering，” *Technology and Culture* 25，no. 4（October 1984）：798–831。另见 Leslie W. Teller，“Impact Tests on Concrete Pavement Slabs，” *Public Roads* 5，no. 2（April 1924）：1–14。
14. 有关贝茨测试路的结果，参见“Practical Lessons from the Bates Road Tests，” *Engineering News-Record* 90，no. 2（January 11，1923）：57–61。
15. 关于潘兴地图，参见 America’s Highways 1776–1976，143；对于新的高速公路网络，参见 Seely，Building the American Highway System，54-65。对于 1921 年公路法案，参见 *United States Statutes at Large*，vol. 42（1921–1923），Part 1，212–219。
16. 关于美国高速公路编号系统，参见 *America’s Highways 1776–1976*，408。一些美国高速公路后来在每个方向增加了更多车道。另见 Dan McNichol，*The Roads That Built America: The Incredible Story of the U.S. Interstate System*（New York：Sterling Publishing，2006），67–74。铺面道路的里程见 *Statistical Abstract of the United States for 1930*，375，其中“高”型或现代道路是指用任何一种混凝土铺设的道路，而不是仅由碎石路面组成的道路。用油或沥青处理或修理。
17. 关于随着汽车使用的普及而发生的社会变化，参见 David W. Jones，Mass Motorization and Mass Transit：An American History and Policy Analysis（Bloomington：Indiana University Press，2008），31-56。关于有轨电车服务终止是因为汽车和石油公司在 1930 年代合谋关闭它们的论点，参见同上，64-68。
18. 关于道路建设占联邦工作救济比例的数字，参见 George H. Field et al.，*Final Report on the WPA Program 1935–43*（Washington，DC：U.S. Government Printing

Office，1946），47。1929 年之后的道路建设，参见 Seely，*Building the American Highway System*，88–99。关于到 1940 年道路里程的增加，参见 Seely，*Building the American Highway System*，88–99。

19. 关于城市交通和城市道路的改善，参见 Seely，*Building the American Highway System*，149–156；and Jones，*Mass Motorization and Mass Transit*，68–85。

20. 关于 1930 年代美国高速公路的过时情况，参见 America's Highways 1776–1976，126–132。有关炼油和机动车辆的改进，参见 Billington and Billington，*Power Speed and Form*，72– 78，203–205。了解美国汽车不断增加的发动机功率和速度，参见 Beverly Rae Kimes，Standard Catalog of American Cars，1805–1942，3rd ed.（Iola，WI：Krause Publications，1996）。麦克唐纳还观察了 1930 年代纳粹德国正在建设的高速公路，他认为美国需要类似的公路，参见 Seely，*Building the American Highway System*，147–148，160–161。

21. 关于停车距离和超高的计算，参见 Charles M. Noble，"The Modern Express Highway"，ASCE Transactions 102（1937）：1068–1078。

22. 关于麦克唐纳和 BPR 的城市定位以及对其的批评，参见 Seely，Building the American Highway System，156-164。

23. 关于梅里特大道（Merritt Parkway），参见 Bruce Radde，*The Merritt Parkway*（New Haven CT：Yale University Press，1993）。梅里特大道缓解了美国 1 号公路的拥堵，该公路沿其向南延伸。有关收费公路的争议，参见 Seely，Building the American Highway System，165–177。

24. 关于公路局的报告，参见 *Toll Roads and Free Roads*（Washington，DC：U.S. Government Printing Office，1939），在第 76 届国会第 1 次会议发布，众议院文件第 272 号。

25. 关于二战期间美国高速公路的可使用性，参见 *America's Highways 1776–1976*，144–145。有关美国道路的战后状况，参见 David P. Billington，"The Condition and Needs of the National Roadway Systems，" BSE thesis（Princeton University，1950）。

26. 关于农村和城市高速公路的新报告，参见 *Interregional Highways*（Washington，DC：U.S. Government Printing Office，1944），在第 78 届国会第 2 次会议发布，众议院文件第 379 号。

27. 关于 1944 年《联邦公路法》，参见 *United States Statutes at Large*，vol. 58（1944），Part 1，838–843； 和 Seely，*Building the American Highway System*，177–191。关于 1945 年至 1950 年修建的道路里程，参见 *Historical Statistics of the United States: Colonial Times to 1970*，Part 2，710；关于汽车登记，参见同上，716。

28. 关于他对 1919 年车队的回忆，以及他对德国高速公路的印象，参见 Dwight D. Eisenhower，*At Ease: Stories I Tell to Friends*（Garden City，NY：Doubleday，1967），157–167。

29. 关于麦克唐纳的最后几年和退休后生活，见 Seely，*Building America's Highways*，204–208；和 *The Big Roads*，157–161。州际系统的创建在 Dwight

D. Eisenhower, The White House Years：Mandate for Change 1953–1956（Garden City, NY：Doubleday, 1963), 547–549 中提及。另见 Henry Moon, *The Interstate Highway System*（Washington, DC：Association of American Geographers, 1994）。有关该系统的政治、建设和社会影响，参见 Tom Lewis, Divided Highways：Building the Interstate Highways, Transforming American Life（New York：Viking, 1997）。关于 1956 年的法案，参见 *United States Statutes at Large*, vol. 70（1956）, Part 1, 374–402。一些桥梁还收取过路费。

30. 关于公路设计标准的演变，见 *America's Highways 1776–1976*, 385–417。有关州际公路系统开始时的公路设计标准，参见 *A Policy on Design Standards: Interstate System*, *Primary System*, *Secondary and Feeder Roads*（Washington, DC：American Association of State Highway Officials, 1956）。对于 1958-1960 年的 AASHO 道路测试计划，参见 Highway Research Board, *The AASHO Road Test*（Washington, DC：National Academy of Sciences– National Research Council, 1961–1962），第 7 卷。这七卷也被命名为公路研究委员会特别报告 61A 至 61G。有关概述和回顾，参见 Kurt D. Smith, Kathryn A. Zimmermann, and Fred N. Finn, "The AASHO Road Test：Living Legacy for Highway Pavements," *TR News*, no. 232（May–June 2004）：14–24。1973 年，国家公路官员协会更名为国家公路和运输官员协会（AASHTO）。
31. 有关州际系统的编号和标志，参见 McNichol, The Roads That Built America, 118–123。
32. 关于郊区的战后发展，参见 Robert Sobel, The Great Boom, 1950–2000：How a Generation of Americans Created the World's Most Prosperous Society（New York：St. Martin's Press, 2000）。关于汽车的社会角色，参见 Rudi Volti, *Cars and Culture: The Life Story of a Technology*（Baltimore, MD：Johns Hopkins University Press, 2006）。大卫·博汉农（David Bohannon）于 1944 年开始工作，参见 "Big Dave Bohannon, Operative Builder by the California Method," *Fortune Magazine* 33, no. 4（April 1946）：144–147, 190–200。关于威廉·莱维特在纽约长岛的小镇，见 Barbara M. Kelly, *Expanding the American Dream: Building and Rebuilding Levittown*（Albany：State University of New York Press, 1993）；对于他在费城以外的小镇，参见 Richard Wagner and Amy Duckett Wagner, *Levittown*（Charleston, SC：Arcadia Publishing, 2010）。另见 *World War II and the American Dream: How Wartime Building Changed a Nation*, ed. Donald Albrecht（Cambridge, MA：MIT Press, 1995）。
33. 关于 1950 年和 1980 年的人数和汽车数量，参见 Statistical Abstract of the United States for 1982–83, 6, 615。关于 2000 年的汽车，参见 U.S. Bureau of the Census, *Statistical Abstract of the United States for 2010*（Washington, DC：U.S. Bureau of the Census, 2010）, table 1034。关于 1950 年至 1995 年铺设道路的里程，参见 William H. Moore, ed., *National Transportation Statistics 2011*（Washington, DC：U.S. Department of Transportation, 2011）, table 1-4。此报告没有页码。报告中没有关于 1995 年以后路面的数据。

34. 关于20世纪末美国的郊区和大都市人口，参见 Frank Hobbs and Nicole Stoops, *Demographic Trends in the 20th Century*, U.S. Census Bureau, Census 2000 Special Reports, Series CENSR-4 (Washington, DC：U.S. Government Printing Office, 2002), 1, 32–33。关于人口和就业向郊区转移，另见 Jones, Mass Motorization and Mass Transit, 108–136。
35. 关于城市高速公路的反对意见，见 Swift, The Big Roads, 228–251, 264–313；和 Raymond A. Mohl, "Stop the Road：Freeway Revolts in American Cities," *Journal of Urban History* 30, no. 5 (July 2004)：674–706。关于郊区的发展以及对美国城市和郊区本身的影响，参见 Kenneth T. Jackson, Crabgrass Frontier：The Suburbanization of the United States (New York：Oxford University Press, 1985)；和 Randall Bartlett, *The Crisis of America's Cities* (Armonk, NY：M. E. Sharpe, 1998)。二战后，联邦政府补贴了郊区的房屋所有权，以及新的高速公路，加速了更早开始的向郊区的迁移。歧视使少数族裔更难加入这种迁移。关于机动车辆对铁路的影响，参见 Stephen B. Goddard, *Getting There: The Epic Struggle between Road and Rail in the American Century* (Chicago：University of Chicago Press, 1994)。
36. 参见 Ralph Nader, *Unsafe at Any Speed: The Designed-In Dangers of the American Automobile* (New York：Grossman, 1965)。1966年通过的《国家交通和机动车辆安全法》作为公法 89-563。在汽车交通占主导地位之前，城市街道通常是市场摊位、慢行车辆、娱乐活动和行人共享的空间。到1930年代，城市街道已成为机动车的保护区；行人只能在拐角处安全过马路。有关此更改，参见 Peter Norton, *Fighting Traffic: The Dawn of the Motor Age in the American City* (Cambridge, MA：MIT Press, 2008)。
37. 关于汽车工业面临的挑战，参见 Jones, Mass Motorization and Mass Transit, 189-198；和 *The Competitive Status of the U.S. Auto Industry* (Washington, DC：National Academy Press, 1982)。
38. 关于桥梁故障，参见 *Collapse of I-35W Highway Bridge, Minneapolis, Minnesota, August 1, 2007*, Accident Report NTSB/HAR-08–03 (Washington, DC：National Transportation Safety Board, 2008)。康涅狄格州的米阿努斯河大桥早在1983年就已经倒塌，当时一个标准连接件将道路桥面固定到位。有关桥梁如何失效的概述，参见 Robert J. Dexter and John W. Fisher, "Fatigue and Fracture," in *Bridge Engineering Handbook*, ed. Wai-Fah Chen and Lian Duan (Boca Raton, FL：CRC Press, 2000), 53-1 to 53-23. 有关处于风险中的桥梁和其他结构的报告，参见 the *2017 Infrastructure Report Card* (Reston, VA：American Society of Civil Engineers, 2017)。另见 David P. Billington, "One Bridge Does Not Fit All," *New York Times*, August 18, 2007, A13。
39. 关于玛丽莲·乔根森·里斯（Marilyn Jorgenson Reece）(1926–2004)，见 the *Los Angeles Times*, May 21, 2004, B10。里斯于1948年从明尼苏达大学获得土木工程学位毕业后，在加州公路部门开始了她的职业生涯，该部门现在是加州交通部 (Caltrans)。如需了解 I-10/I-405 交汇处，参见 Reyner Banham, Los

Angeles：The Architecture of Four Ecology（New York：Harper and Row，1971），88–90。

40. 关于乔治华盛顿大桥，参见 Billington and Billington，*Power Speed and Form*，155–175；关于金门大桥，参见 David P. Billington，Jr.，*Engineering the Golden Gate: The Interplay of Design and Experience*（San Francisco，CA：Golden Gate Bridge，Highway and Transportation District，2016；即将公布）。
41. 关于东亨廷顿桥，见 Arvid Grant，"Design and Construction of the East Huntington Bridge，" *PCI Journal* 32，no. 2（January–February 1987）：20–29。这座桥的正式名称是弗兰克盖茨基纪念桥。完成的结构耗资 3800 万美元。瑞士结构工程师克里斯蒂安·门恩（Christian Menn）设计了 Leonard P. Zakim 纪念桥，这是一座于 2003 年在波士顿横跨查尔斯河的斜拉桥。这座桥的建造成本约为 1.05 亿美元。
42. 关于芝加哥高层建筑的发展，参见 David P. Billington，The Tower and the Bridge：The New Art of Structural Engineering（Princeton，NJ：Princeton University Press，1985），99–111。第一座摩天大楼是家庭保险大楼，于 1884 年在芝加哥建造，由威廉·勒·詹尼男爵（William Le Baron Jenney）设计。幕墙已经用于较小的建筑物。
43. 关于克莱斯勒大厦，参见 George C. Kingston，*William Van Alen*，*Fred T. Ley and the Chrysler Building*（Jefferson，NC：McFarland，2017）。对于帝国大厦，参见 *Building the Empire State*，ed. Carol Willis（New York：W. W. Norton and the Skyscraper Museum，1998）。
44. 关于法兹鲁尔·汗（Fazlur Khan）的家庭和教育，参见他的女儿亚斯敏·萨宾娜·汗（Yasmin Sabina Khan）的传记，Engineering Architecture：The Vision of Fazlur R. Khan（New York：W. W. Norton，2004），25-39
45. For Khan's insight of the framed tube，see Khan，*Engineering Architecture*，85–92.
46. 有关汗（Khan）对框架管的见解，参见 Khan，Engineering Architecture，85-92。
47. 关于汗对约翰汉考克中心的设计，参见 Fazlur R. Khan，"John Hancock Center，" *Civil Engineering* 37，no. 10（October 1967）：38– 42； 和 Fazlur R. Khan，"100-Storey John Hancock Center，Chicago：A Case Study of the Design Process，" *Engineering Structures* 5，no. 1（January 1983）：10–14。另见 Khan，*Engineering Architecture*，92–129；and Billington，*The Tower and the Bridge*，234–242。芝加哥汉考克塔也可以称为支撑或桁架管，以区别于没有交叉支撑的更简单的框架管。有关约翰汉考克中心和帝国大厦所用钢材数量的比较，参见 David P. Billington，"Technology and the Structuring of Cities，" in *Small Comforts for Hard Times: Humanists on Public Policy*，ed. Michael Mahony and Florian Stuber（New York：Columbia University Press，1977），187–188。将汉考克中心的钢材从磅每平方英尺（psf）转换为千克力每平方米（kgf/m2），29.7 psf 为 145 kgf/m2，42.2 psf 为 206 kgf/m2。
48. 参见 Billington，*The Tower and the Bridge*，242。芝加哥的滨海城公寓于 1964 年

竣工，主要是为了吸引年轻居民来到市中心。参见 Igor Marjanovic and Katerina Rüedi Ray, *Marina City: Bertrand Goldberg's Urban Vision*（New York：Princeton Architectural Press，2010）。有关法兹鲁尔·汗在结构工程中的地位，参见 David P. Billington and Myron Goldsmith, eds., *Technique and Aesthetics in the Design of Tall Buildings*（Bethlehem，PA：Institute for the Study of the High-Rise Habitat，Lehigh University，1986）中的论文。汗还采用钢筋混凝土设计；参见 Khan, *Engineering Architecture*, 85–92。另见 David P. Billington and Richard Alan Ellis, Jr., "Tall Concrete Structures：Ideas and Works of Fazlur Rahman Khan," *Concrete Journal*[Japan Concrete Institute]40, no. 2（2002）：29–34。

49. 关于汗与布鲁斯·格雷厄姆（Bruce Graham）的合作，参见 Bruce J. Graham, "Collaboration in Practice Between Architect and Engineer," in *Technique and Aesthetics in the Design of Tall Buildings*, 1–3；和 Billington, *The Tower and the Bridge*, 244–246。

50. 有关对现代技术的纯机器感知的批评，参见 David P. Billington, "Structures and Machines：The Two Sides of Technology," *Soundings: An Interdisciplinary Journal* 58, no. 3（fall 1974）：275–288。有关美国土木工程基础设施的过去、现在和未来的概述，参见 Henry Petroski, *The Road Taken: America's Imperiled Infrastructure*（New York：Bloomsbury，2016）。

第四章 核 能

1. 有关核反应物理学的概述，参见 Richard Wolfson，Nuclear Choices：A Citizen's Guide to Nuclear Technology，Alfred P. Sloan Foundation New Liberal Arts Series（Cambridge，MA：MIT Press，1993），1–118。有关包括核武器和核力量在内的核能的更详细介绍，参见 David Bodansky，Nuclear Energy：Principles，Practices，and Prospects（Woodbury，NY：American Institute of Physics Press，1996）。有关爱因斯坦的生平和工作，参见 Albrecht Fölsing，Albert Einstein：A Biography（New York：Viking，1997）。

2. Letter from Albert Einstein to Franklin D. Roosevelt，August 2，1939，Box 5，President' s Safe File，Franklin D. Roosevelt Library and Museum，Hyde Park，New York。关于曼哈顿计划，参见 Henry DeWolf Smyth, *Atomic Energy for Military Purposes: The Official Report on the Development of the Atomic Bomb under the Auspices of the United States Government 1940–1945*, reprint ed.（Stanford，CA：Stanford University Press，1989）。另见 *The Making of the Atomic Bomb*（New York：Simon & Schuster，1986）。

3. 关于 1942 年芝加哥测试，参见 Dan Cooper, "Making It Possible," *Invention and Technology* 11, no. 1（summer 1995）：10–21。

4. 关于核武器的工程，见 Al Christman, "Making It Happen," *Invention and Technology* 11, no. 1（summer 1995）：22–35。

5. 有关AEC的概述，参见 Alice L. Buck, A History of the Atomic Energy Commission (Washington, DC : U.S. Department of Energy, 1982), 1-10。有关更详细的说明，参见 Richard G. Hewlett, Francis Duncan, and Oscar E. Anderson, Jr., *History of the United States Atomic Energy Commission* (Berkeley : University of California Press, 1989–1990), 3 vols.
6. 关于里科弗（Rickover）的生平和事业，参见 Francis Duncan, *Rickover: The Struggle for Excellence* (Annapolis, MD : Naval Institute Press, 2001)。邓肯可以接触到机密文件，他的书经过有关机构的审查。有关里科弗的更批判性观点，参见 Norman Polmar and Thomas B. Allen, *Rickover* (New York : Simon & Schuster, 1981).
7. 关于里科弗在橡树岭的时间以及设计核潜艇的潜力和挑战，参见 Duncan, Rickover, 93-100。
8. 关于里科弗在华盛顿遇到的困难，参见 Duncan, Rickover, 100-105。前核官员保罗·R·施拉茨（Paul R. Schratz）博士认为里科弗的个性可能是导致他战后在海军中与其他人相处困难的原因，而不是他的宗教或种族，在 "Admiral Rickover and the Cult of Personality," *Air University Review* 34, no. 5 (July–August 1983): 96–101。然而，其他传记作者（上文引用）虽然注意到里科弗的粗暴，但认为他面临着严重的反犹太偏见。施拉茨指出，里科弗 背离了典型的一线军官的规范，他们在职业生涯中轮换不同的任务。里科弗在一项任务中终身职业的例子与更大的海军文化发生了冲突。然而，随着时间的推移，核军官们逐渐被视为一支精锐部队而受到尊重。
9. 关于尼米兹海军上将认可和里科弗在 AEC 的双重任命，参见 Duncan, Rickover, 105-109。关于他的双重角色如何发挥作用，参见 Richard G. Hewlett and Francis Duncan, *Nuclear Navy 1946–1962* (Chicago : University of Chicago Press, 1974), 92。双重任命使里科弗在两个组织中都具有一定程度的独立性和影响力 .
10. 关于核推进系统的总体设计，参见 L. H. Roddis, Jr., and J. W. Simpson, "The Nuclear Propulsion Plant of the USS Nautilus SSN-571," *Transactions of the Society of Naval Architects and Marine Engineers* 62 (1954): 491–521。以下称为 SNAME 交易。
11. 关于两个反应堆原型，参见 Duncan, Rickover, 109-114。关于钠反应器的后期取消，见同上，170。
12. 关于 1946 年的论文，参见 A. M. Weinberg and F. H. Murray, "High Pressure Water as a Heat Transfer Medium in Nuclear Power Plants," April 10, 1946, 此文被 Alvin M. Weinberg 收入 The First Nuclear Era : The Life and Times of a Technological Fixer (Woodbury, NY : American Institute of Physics Press, 1994) 第三章的附录（72–75）. 合著者的全名是 Forrest H. Murray。另见同上，41-43、49-51 和 58-61。
13. 里科弗引用来自 Theodore Rockwell, *The Rickover Effect: The Inside Story of How Admiral Hyman Rickover Built the Nuclear Navy* (New York : John Wiley and Sons,

1992), 87。

14. 关于锆和铪的用途，参见 Rockwell, *The Rickover Effect*, 87–90, 131–133；and Hewlett and Duncan, *Nuclear Navy*, 59, 139–142.。该反应堆还需要一个启动中子源，它来自镭和铍。有关这些的供应，参见 Paul Litt, *Isotopes and Innovation: MDS Nordion's First Fifty Years, 1946–1996*(Ottawa, ON：MDS Nordion, 2000), 125。一旦裂变开始，铀燃料中的中子就会维持连锁反应.
15. 引用自 Rockwell, *The Rickover Effect*, 92。
16. 关于 Mark I 的建造和测试，参见 L. H. Roddis, Jr., and J. W. Simpson, "The Nuclear Propulsion Plant of the USS Nautilus SSN-571," *SNAME Transactions* 62 (1954): 491–521；和 Hewlett and Duncan, *Nuclear Navy*, 164–168。有关造船合同，参见 Rockwell，The Rickover Effect，96-99
17. 关于里科弗的晋升斗争，参见 Duncan, Rickover, 116-131。为了支持他,《时代》记者克莱·布莱尔随后在里科弗和他的妻子的私人协助下发表了里科弗及其努力的报道。参见 Clay Blair, Jr., *The Atomic Submarine and Admiral Rickover*(New York：Henry Holt, 1954)。有关里科弗一家人对布莱尔的帮助，参见 Duncan, Rickover, 134–135。
18. 鹦鹉螺号是第四艘使用此名称的美国军舰，也是第二艘采用此名称的现代潜艇，第一艘潜艇鹦鹉螺号曾在二战中服役。参见 the *Dictionary of American Naval Fighting Ships*, 8 vols.(Washington, DC：U.S. Government Printing Office, 1959–1981), vol. 5(1970), 26–29. In L. H. Roddis, Jr., and J. W. Simpson, "The Nuclear Propulsion Plant of the USS Nautilus SSN-571," *SNAME Transactions* 62 (1954): 497，这艘船被比作儒勒·凡尔纳的虚构前身。《简氏战舰 1955-56》(*Jane's Fighting Ships 1955–56*) 编辑的 Raymond VB Blackman(New York：McGraw-Hill, 1956) 第 425 页，给出核动力船的长度和宽度为 300 × 28 英尺，船员人数为 12 名军官和 89 人，排水量为 2，980 吨满载 3，180 吨。美国海军战舰词典 (the *Dictionary of American Naval Fighting Ships*) 中的核鹦鹉螺 (SSN-571) 条目第 5 卷 (1970) 第 28–29 页，给出的水下重量为 4，000 吨，长度和宽度为 319 × 27.8 英尺，船员人数为 105。两个消息来源都说明该战舰水下速度大于 23 节（即更大超过 26.4 英里 / 小时或 42.4 公里 / 小时）。这是二战柴电潜艇下潜速度的两倍多。
19. 引述来自 "Statement of Admiral H. G. Rickover, USN, Director, Naval Nuclear Propulsion Program, before the Subcommittee on Energy Research and Production of the Committee on Science and Technology, United States House of Representatives," May 24, 1979, p. 105. 2003 年哥伦比亚号航天飞机失败时海军核计划主任斯基普·鲍曼上将关于海军如何管理安全的证词的副本。关于鲍曼上将的证词，参见 *NASA's Organizational and Management Challenges in the Wake of the Columbia Disaster*, Hearing before the Committee on Science, House of Representatives, 108th Congress, 1st Session, October 29, 2003(Washington, DC：U.S. Government Printing Office, 2004), 17–24。
20. 关于鹦鹉螺号第一任船长尤金·P·威尔金森（Eugene P. Wilkinson）指挥官的

选择，参见 Duncan，Rickover，132-134。关于潜艇的建成和海试，见同上，135-140。关于北极下的航行，参见 Rockwell，The Rickover Effect，247–249。鹦鹉螺号核潜艇和鳐鱼号潜艇的北极航行在美国海军战舰词典中每艘船的相应文章中。鳐鱼号被列为鳐鱼 II 号。

21. 长尾鲨级攻击核潜艇（*Thresher*）和海军的反映，参见 Duncan，*Rickover*，192–197。

22. 关于里科弗的晚年，见 Duncan，Rickover，151–305。关于他与卡特总统的关系，见同上，257-276。有关总统对里科弗的回忆，参见 Jimmy Carter，Why Not the Best？（Nashville，TN：Broadman Press，1975），53–58. Quote is from p. 55。

23. 有关民用核能的技术概述，参见 Wolfson，Nuclear Choices，121-181。有关民用核电的早期历史，参见 George T. Mazuzan and J. Samuel Walker，*Controlling the Atom: The Beginnings of Nuclear Regulation*，*1946–1962*（Berkeley：University of California Press，1985）；and J. Samuel Walker，*Containing the Atom: Nuclear Regulation in a Changing Environment*，*1963–1971*（Berkeley：University of California Press，1992）。关于 1954 年原子能法（公法 83-703）和普莱斯安德森法（公法 85-256），参见 *United States Statutes at Large*，vol. 68（1954），919–961；and vol. 71（1957），576–579。

24. 关于码头市核电站（Shippingport Atomic Power Station），参见 William Beaver，*Nuclear Power Goes On-Line: A History of Shippingport*（Westport，CT：Greenwood Press，1990）。

25. 美国 1960 年和 1978 年核能发电量 the *Statistical Abstract of the United States for 1980*，vol. 611（table 1043）。有关核电站的运营和建设成本，参见 Bodansky，Nuclear Energy，8-10，307-310。关于 1969 年国家环境政策法案（公法 91-190），参见 *United States Statutes at Large*，vol. 83（1969），852–856。可以通过后处理减少核废料的数量，但这样做会产生更多易于武器化的材料钚，而美国政府并不想生产更多的钚。

26. 关于三哩岛的事故，见 J. Samuel Walker，*Three Mile Island: A Nuclear Crisis in Historical Perspective*（Berkeley：University of California Press，2004）。

27. 见 *Report of the President's Commission on the Accident at Three Mile Island—The Need for Change: The Legacy of TMI*（Washington，DC：President's Commission on the Accident at Three Mile Island，1979）。有关危机后采取的行动，参见 Walker，Three Mile Island，209–225。

28. 有关工厂关闭的列表，参见 Bodansky，*Nuclear Energy*，13。有关成本升级和工厂之间成本的比较，参见 Bernard L. Cohen，*The Nuclear Energy Option: An Alternative for the 90s*（New York：Plenum Press，1990），145–157。科恩将三哩岛之后核电站建设成本增加的大部分归因于需要改变设计和设备并雇用更昂贵的劳动力，通常是在完成重大建设之后，以满足新的监管标准。但他也记录了（第 148 页）“中等”核电厂和“最佳”核电厂之间的成本差异，并将其与燃煤电厂进行了比较。在 1980 年代，“中位”核电站的建造成本是“最佳”核电站的两倍，而燃煤电厂则比两者都便宜，这表明当时的核电管理仍需改进。

29. 关于自 1990 年以来核在美国净发电量中的占比，参见 Statistical Abstract of the United States for 2011，593。关于核电厂产能的增长，参见 Bodansky，*Nuclear Energy*，11–12。
30. 关于核聚变研究的概述，参见 Garry McCracken and Peter Stott，*Fusion: The Energy of the Universe*（Amsterdam：Elsevier Academic Press，2005）。
31. 关于 20 世纪聚变研究的发展和挫折，参见 Robin Herman，*Fusion: The Search for Endless Energy*（Cambridge：Cambridge University Press，1990）。如需更批判性的观点，参见 Charles Seife，*Sun in a Bottle: The Strange History of Fusion and the Science of Wishful Thinking*（New York：Viking Press，2008）。有关使用激光进行聚变研究的未来，参见 National Research Council，*An Assessment of the Prospects for Inertial Fusion Energy*（Washington，DC：National Academies Press，2013）。有关磁聚变的未来，参见 National Academies of Science，Engineering，and Medicine，*Final Report of the Committee on a Strategic Plan for U.S. Burning Plasma Research*（Washington，DC：National Academies Press，2019）。这些评估认为，尽管成功的时间表不确定，但适度的持续投资符合国家利益。
32. 关于 2010 年墨西哥湾漏油事件，参见 *Deep Water: The Gulf Oil Disaster and the Future of Offshore Drilling: Report to the President of the National Commission on the BP Deepwater Horizon Oil Spill and Offshore Drilling*（Washington，DC：U.S. Government Printing Office，2011）； 和 *Report of Investigation into the Circumstances Surrounding the Explosion，Fire，Sinking and Loss of Eleven Crew Members Aboard the Mobile Drilling Unit Deepwater Horizon in the Gulf of Mexico April 20–22，2010*（Washington，DC：U.S. Coast Guard，2013）。
33. 国家研究委员会的一份报告，*Induced Seismicity Potential in Energy Technologies*（Washington，DC：National Academies Press，2013）指出，将废水排放到使用过的注入井中比压裂本身更可能是地震干扰的原因，但由于钻探结束后扰动仍会持续很长时间，危险的严重性是显而易见的。
34. 关于核武器及其扩散，见 Wolfson，Nuclear Choices，289-454。
35. 关于双方的论点，见 Michio Kaku and Jennifer Trainer，*Nuclear Power，Both Sides: The Best Arguments for and Against the Most Controversial Technology*（New York：W. W. Norton，1982）。有关民用核电的评估，参见 MIT Energy Initiative，*The Future of Nuclear Power: An Interdisciplinary Study*（Cambridge，MA：Massachusetts Institute of Technology，2003）。

第五章 喷气发动机和火箭

1. 关于两次世界大战期间飞机发动机的发展，参见 Edward W. Constant II，The Origins of the Turbojet Revolution（Baltimore，MD：Johns Hopkins University Press，1980），117–150；有关飞机推进的概述，参见同上，247-265。关于喷气推进，另见 John D. Anderson，Jr.，*Introduction to Flight*，3rd ed.（New

York：McGraw-Hill，1989），491–501。十九世纪末，最接近空气动力学的科学分支流体动力学对莱特兄弟没有影响。参见 John D. Anderson，Jr.，A History of Aerodynamics and Its Impact on Flying Machines（Cambridge：Cambridge University Press，1997），242–243。有关 1903 年莱特家族历史性飞行后空气动力学理论的进展，参见同上，244-369。有关飞机设计的变化，另参见 David P. Billington and David P. Billington，Jr.，*Power*，*Speed*，*and Form: Engineers and the Making of the Twentieth Century*（Princeton，NJ：Princeton University Press，2006），126，199–200，206–219. For the improvements to gasoline，see ibid.，73–77。

2. 关于在螺旋桨速度接近音速时螺旋桨上空气阻力或空气动力阻力的急剧增加，参见 Anderson，A History of Aerodynamics，382-400。在温度为 68° F（20° C）的海平面上，声速为 761 英里 / 小时或 1 224 公里 / 小时。在 23° F（–4.8 C）的 10,000 英尺（3,048 m）巡航高度，声速为 734 英里 / 小时（1 182 公里 / 小时）
3. 有关道格拉斯 DC-3 的性能，参见 *Jane's All the World's Aircraft 1938*，ed. C. G. Grey and Leonard Bridgman（London：Sampson Low，Marston，1938），264–265。
4. 关于纺织工业中涡轮机的使用，参见 David P. Billington，The Innovators：The Engineering Pioneers Who Made America Modern（New York：John Wiley and Sons，1996），79–94。关于它们在发电中的用途，见本书第 2 章。有关查尔斯・A・帕森斯（Charles A. Parsons）（1854–1931）的工作，参见 Constant，The Origins of the Turbojet Revolution，69–77。
5. 有关制造带有涡轮的内燃机的早期尝试，参见 Constant，The Origins of the Turbojet Revolution，89-98。关于桑福德・莫斯（Sanford Moss）（1872–1946）的工作，参见同上，94–96，98。燃烧燃料产生的热气为他的涡轮机提供动力。莫斯后来对飞机发动机设计做出了重要贡献，见《纽约时报》上他的讣告，*New York Times*，November 11，1946，27，col. 1.
6. 关于机械空气压缩机和增压的发展，参见 Constant，The Origins of the Turbojet Revolution，83-89，122-125。
7. 关于艾伦・阿诺德・格里菲斯（Alan Arnold Griffith）（1893–1963）及其未发表的提案，参见 Constant，The Origins of the Turbojet Revolution，110–114。这个想法后来在航空中被采用为"涡轮螺旋桨"发动机。
8. 参见 Edgar Buckingham，"Jet Propulsion for Airplanes，" Report No. 159，in the *Ninth Annual Report of the National Advisory Committee on Aeronautics*（Washington，DC：U.S. Government Printing Office，1924），75–90。有关 20 世纪 20 年代和 20 世纪 30 年代对喷气推进的阻力，参见 James R. Hansen，*Engineer in Charge: A History of the Langley Aeronautical Laboratory*，*1917–1958*（Washington，DC：National Aeronautics and Space Administration，1987），219–226。
9. 有关委员会报告，参见 U.S. Navy，Bureau of Ships，*An Investigation of the Properties of the Gas Turbine for Marine Propulsion*，Technical Bulletin，No. 2（January 1941）。Copy in the National Academy of Sciences Archives（NAS-NRC Archives：Central File：ADM：ORG：Committee on Gas Turbines：Investigation

of Possibilities of Gas Turbine for Marine Propulsion：Report to Secretary of Navy：1940–1941）。该报告于 1940 年 6 月 10 日提交给海军部长，关于飞机推进的评论同上，37。另见 Theodore von Kármán with Lee Edson，*The Wind and Beyond: Theodore von Kármán Pioneer in Aviation and Pathfinder in Space*（Boston：Little，Brown，1967），225。冯・卡门曾在委员会任职，但在他的回忆录中表示，他在没有阅读报告的情况下签署了该报告。

10. 关于惠特尔（Whittle）作为英国皇家空军学徒和学员的早期生活和服役情况，参见 ohn Golley with Sir Frank Whittle，*Whittle: The True Story*（Washington，DC：Smithsonian Institution Press，1987），1–26。有关最近的说明，参见 Andrew Nahum，*Frank Whittle and the Invention of the Jet*（Cambridge：Icon Books，2004）。
11. 参见 Sir Frank Whittle，"The Birth of the Jet Engine in Britain，" in *The Jet Age: Forty Years of Jet Aviation*，ed. Walter J. Boyne and Donald S. Lopez（Washington，DC：National Air and Space Museum/Smithsonian Institution，1979），3–25。同上，3，惠特尔简要地提到了他的论文。他在 Flight Cadet F.W. 中为高海拔涡轮机做了一个案例"推测"，*Royal Air Force Cadet College Magazine* 8，no. 2（autumn 1928）：106–110。
12. 引自 Sir Frank Whittle，*Jet*，*The Story of a Pioneer*（London：Frederick Muller，1953），24–25。
13. 关于他的专利，参见 F. Whittle，"Improvements Relating to the Propulsion of Aircraft and Other Vehicles，" Patent Specification No. 347，206，applied January 16，1930，accepted April 16，1931（[London]：His Majesty's Stationery Office，1931）。另见 Air Commodore F. Whittle，"The Early History of the Whittle Jet Propulsion Gas Turbine，" James Clayton Memorial Lecture for 1945（London：Institution of Mechanical Engineers，1945），419–435，esp. 419–420。
14. 关于惠特尔无法让更高权威对他的喷气发动机感兴趣，参见 Whittle，"The Birth of the Jet Engine in Britain，" 4。他在 1935 年需要的 5 英镑在 2010 年价值约为 270 英镑（或 421 美元）。
15. 关于 1936 年 Power Jets 涡轮喷气发动机的组装，参见 Whittle，"The Birth of the Jet Engine in Britain，" 6。其中一名军官 R.D. 威廉姆斯（Williams）是惠特尔在克兰韦尔皇家空军学院认识的学员，另一名是威廉姆斯的朋友 J.C. B. 丁灵（Tinling），他帮助将惠特尔与 Falk 投资银行的合伙人联系起来。Falk 投资银行合作伙伴之一是科学家和哲学家兰斯洛特・劳・怀特（Lancelot Law Whyte），他领导资助了喷气发动机。
16. 关于惠特尔的第一台喷气发动机和飞机的性能目标，参见 Air Commodore F. Whittle，"The Early History of the Whittle Jet Propulsion Gas Turbine，" James Clayton Memorial Lecture 1945，423。
17. 关于惠特尔发动机到 1939 年的发展，参见 Whittle，"The Birth of the Jet Engine in British"，5-12。
18. 参见 Whittle，"The Birth of the Jet Engine in Britain，" 12–15。

19. 关于 Gloster E.28/39 和 Gloster Meteor，见 *Jane's All the World's Aircraft 1945–46*, ed. Leonard Bridgman（New York：McGraw-Hill，1946），39c–40c。这些条目几乎没有提供技术数据。然而，Power Jets W1 和 W2 发动机的条目给出了重量、燃料消耗和推力。见同上，6d-7d。关于战时美国的喷气发动机和飞机，参见同上，204c–205c（Bell Airacomet）and 271c–272c（Lockheed P-80）。惠特尔于 1948 年从英国皇家空军退役。
20. 虽然他对喷气推进的兴趣开始较早，但奥海恩（Ohain）在 1930 年代研究了惠特尔的专利，然后测试了自己设计的发动机。关于他和其他德国人在喷气发动机方面的工作，参见 Hans von Ohain，"The Evolution and Future of Aeropropulsion Systems," in *The Jet Age*, 25–46；and Constant, *The Origins of the Turbojet Revolution*, 194–213。关于纳粹德国对喷气式飞机的开发和部署，见同上，230-234。另见 *Jane's All the World's Aircraft 1945–46*, 120c– 122c, 132c, and 141c–142c。
21. 艾伦·格里菲斯（Alan Griffith）的涡轮螺旋桨发动机采用轴流式，惠特尔证明喷气式发动机是可能的，他就设想了一个轴流式喷气发动机。参见 Brian John Nichelson，"Early Jet Engines and the Transition from Centrifugal to Axial Compressors：A Case Study in Technological Change," PhD dissertation（University of Minnesota，1988）。
22. 第一架后掠翼的美国军用喷气式飞机 F-86 Sabre 在其发动机中使用了轴流式压缩机。见 *Jane's All the World's Aircraft 1953–54*, ed. Leonard Bridgman（New York：McGraw-Hill，1953），257–259。关于后掠机翼的演变，参见 Anderson, A History of Aerodynamics，423-430。这个想法由德国空气动力学理论家阿道夫·布斯曼（Adolf Busemann）1935 年提出。
23. 关于彗星，见 *Jane's All the World's Aircraft 1953–54*, 62–65；and Timothy Walker and Scott Henderson, *The First Jet Airliner: The Story of the de Havilland Comet*（Newcastle-upon-Tyne：Scoval Publishing，2000）。关于重新设计的彗星，参见 *Jane's All the World's Aircraft 1960–61*, ed. John W. R. Taylor（New York：McGraw-Hill，1960），32–34。关于波音 707，见同上，267–269。
24. 关于道格拉斯 DC-8，参见 *Jane's All the World's Aircraft 1960–61*, 302–304。有关铁路和航空旅行的变化，参见 the *Statistical Abstract of the United States 1982–83*, 103rd ed.（Washington，DC：U.S. Government Printing Office，1982），607（table 1044）。乘客英里是一个人移动一英里的量度。关于铁路客运量的下降，另见 John F. Stover, The Life and Decline of the American Railroad（New York：Oxford University Press，1970），223–233；Federal Highway Administration, *America's Highways 1776–1976: A History of the Federal- Aid Program*（Washington，DC：U.S. Federal Highway Administration，1977），117。
25. 关于涡扇发动机及其燃油经济性，参见 Anderson, *Introduction to Flight*, 499–500。煤油取代汽油成为喷气式飞机的燃料。
26. 对于波音 707，参见 Jane's All the World's Aircraft 1960-61，267-269。对于波音 747，参见 *Jane's All the World's Aircraft 1972–73*, ed. John W. R. Taylor（New

York：McGraw-Hill，1972），274–276。

27. 关于美国的空中交通管制系统，见 Michael S. Nolan，*Fundamentals of Air Traffic Control*，2nd ed.（Belmont，MA：Wadsworth，1994）。关于航空公司的发展，参见 T. A. Heppenheimer，*Turbulent Skies: The History of Commercial Aviation*（New York：John Wiley and Sons，1995）；关于机场数量的增长，参见 Alastair Gordon，*Naked Airport*（New York：Henry Holt，2004）。

28. 有关沃恩（Vaughn）的提议及其命运，参见 Hansen，Engineer in Charge，225–226。

29. 关于他 1903 年的开创性文章，"A Rocket into Cosmic Space"，参见 K. E. Tsiolkovskiy，*Works on Rocket Technology*，NASA Technical Translation（TT）F-243（Washington，DC：National Aeronautics and Space Administration，1965），24–59. 关于齐奥尔科夫斯基对太空飞行的贡献，参见 Asif A. Siddiqi，*The Red Rocket's Glare: Spaceflight and the Soviet Imagination*，*1857–1957*（Cambridge：Cambridge University Press，2010），16–30。

30. 罗伯特·哈钦斯·戈达德（Robert Hutchings Goddard）的授权传记作者是米尔顿·雷曼（Milton Lehman），This High Man：The Life of Robert H. Goddard（New York：Farrar，Straus，1963）。有关最近且更具批判性的研究，参见 David A. Clary，*Rocket Man: Robert H. Goddard and the Birth of the Space Age*（New York：Theia，2003）。

31. 多级火箭最早出现在中世纪的中国。有关他的早期发现，参见 Robert H. Goddard，"A Method of Reaching Extreme Altitudes，" *Smithsonian Miscellaneous Collections* 71，no. 2（1919）：69 pp. with plates。有关摘要，参见 Robert H. Goddard，"A Method of Reaching Extreme Altitudes，" *Nature* 105，no. 2652（August 26，1920）：809–811。有关怀疑在真空中旅行的可能性的社论，参见 the *New York Times*，January 13，1920，12，col. 5。公众反应和戈达德的反应，见 Clary，*Rocket Man*，87–97。The *New York Times* printed a retraction of its 1920 editorial on July 17，1969，43，cols. 6–7。

32. 关于戈达德 1926 年在马萨诸塞州的火箭发射，见 *The Papers of Robert Goddard*，ed. Esther C. Goddard and G. Edward Pendray（New York：McGraw-Hill，1970），3 vols.，2：588–589。戈达德 1926 年的火箭发动机从连接在发动机下方的气缸中接收液氧和汽油，为点火提供燃料。他相信将燃料运到下方将使发动机保持垂直。这被证明是不真实的，他后来的火箭在燃烧室上方携带液氧和汽油。对于 1929 年的发射，参见 Robert H. Goddard，*Rocket Development: Liquid-Fuel Rocket Research 1929–1941*（Englewood Cliffs，NJ：Prentice-Hall，1948；1960），xvii–xviii；Lehman，*This High Man*，152–156；and Clary，*Rocket Man*，119–122，133–136。

33. 关于林德伯格的兴趣，参见 the preface he wrote to Lehman，*This High Man*，xiii–xv。有关丹尼尔·古根海姆航空促进基金会对戈达德工作的支持，参见 Richard Hallion，*Legacy of Flight: The Guggenheim Contribution to American Aviation*（Seattle：University of Washington Press，1977），174–177。

34. 关于戈达德从 1930 年到 1935 年在罗斯威尔的工作，参见 Robert H. Goddard, "Liquid-Propellant Rocket Development," *Smithsonian Miscellaneous Collections* 95, no. 3（1936–1937）: 10 pp. with plates。关于他 1937 年的发射，见 Goddard, *Rocket Development*, 106–108。
35. 关于加州理工学院的工作，见 von Kármán, *The Wind and Beyond*, 234– 241, 245；and Hallion, *Legacy of Flight*, 177–204。
36. 参见 Hermann Oberth, *Die Rakete zu den Planetenräumen*（Munich：R. Oldenbourg, 1923）and *Wege zur Raumschiffahrt*（Berlin：R. Oldenbourg, 1929）。有关他生平的授权说明，参见 Helen B. Walters, *Hermann Oberth: Father of Space Travel*（New York：Macmillan, 1962）。
37. 关于德国火箭计划，参见 Norman Longmate, Hitler's Rockets：The Story of the V-2s（London：Hutchinson, 1985）。有关冯·布劳恩在二战中活动的批判性观点，参见 Wayne Biddle, *Dark Side of the Moon: Wernher von Braun*, *The Third Reich*, *and the Space Race*（New York：W. W. Norton, 2009）, 138–141。
38. 有关 V-1 导弹和 V-2 火箭的工程数据，参见 *Jane's All the World's* Aircraft, *1945–46*, 147c–149c。德国人给 V-2 火箭的技术名称是 A-4。
39. 参见 E. Yeager, "Flying Jet Aircraft and the Bell XS-1," in *The Jet Age*, 101–109。美国空军于 1947 年成为一个独立的部队。火箭飞机，例如 1959 年开始飞行的北美 X-15，将飞行员提升到 50 英里（80 公里）以上的高度，美国空军将这个高度定义为外层空间的边界。
40. 关于 NASA 的创建，参见 David F. Portree, *NASA's Origins and the Dawn of* the *Space Age*, Monographs in Aerospace History No. 10（Washington, DC：NASA History Office, 1998）。关于民兵导弹的发展，参见 J. D. Hunley, "Minuteman and the Development of Solid-Rocket Launch Technology," in *To Reach the High Frontier: A History of U.S. Launch Vehicles*, ed. Roger D. Launius and Dennis R. Jenkins（Lexington：University Press of Kentucky, 2002）, 229–300。关于北极星导弹，参见 Graham Spinardi, *From Polaris to Trident: The Development of U.S. Fleet Ballistic Missile Technology*（Cambridge：Cambridge University Press, 1994）。
41. 关于当时苏联的太空计划，参见 Asif Siddiqi, *Challenge to Apollo: The Soviet Union and the Space Race*, *1945–1974*, NASA SP- 2000–4408（Washington, DC：NASA, 2000）。
42. 关于登月的决定，参见 John M. Logsdon, "The Evolution of U.S. Space Policy and Plans," in *Exploring the Unknown: Selected Documents in the U.S. Civil Space Program*, NASA SP-4407, 6 vols., ed. John M. Logsdon（Washington, DC：NASA, 1995）, 1：377–393。关于肯尼迪总统对国会的呼吁，见同上，453。
43. 关于 Draper 和 MIT 实验室的工作，参见 Robert A. Duffy, Charles Stark Draper：A Biographical Memoir（Washington, DC：National Academy of Sciences, 1994）；和 Eldon C. Hall，登月之旅：阿波罗制导计算机的历史（弗吉尼亚州雷斯顿：航空航天研究所，1996 年）。另见 David Mindell，数字阿波罗：六次登月中的

人与机器（马萨诸塞州剑桥：麻省理工学院出版社，2008 年）。

44. 关于 NASA 马歇尔太空飞行中心的工作，参见 Andrew J. Dunar and Stephen P. Waring, *Power to Explore: A History of Marshall Space Flight Center, 1960–1990*, NASA SP-4313（Washington, DC：NASA, 1999）。

45. 关于如何往返月球的辩论，参见 James S. Hansen, *Enchanted Rendezvous: John C. Houbolt and the Genesis of the Lunar-Orbit Rendezvous Concept*, Monographs in Aerospace History, No. 4（Washington, DC：NASA, 1995）。

46. 关于卡纳维拉尔角发射场的建设，参见 Charles D. Benson and William Barnaby Faherty, *Moonport: A History of Apollo Launch Facilities and Operations*, NASA SP-4204（Washington, DC：NASA, 1978）。作者的父亲大卫·比灵顿（David P. Billington）是卡纳维拉尔角发射中心 36 号控制中心和服务塔的项目工程师。参见 Major Warren Daily and Anton Tedesko, "Take- Off Point for a Trip into Outer Space," *Engineering News-Record* 165, no. 19（November 10, 1960）：38–39。LC 36 是先锋号外行星任务的发射场。阿波罗任务从 LC 39 发射。

47. 有关 NASA 对 Mercury 和 Gemini 计划的说明，参见 Loyd S. Swenson, Jr., James M. Grimwood, and Charles C. Alexander, *This New Ocean: A History of Project Mercury*, NASA SP-4201（Washington, DC：NASA, 1966；reprint ed., 1999）；和 Barton C. Hacker and James M. Grimwood, *On the Shoulders of Titans: A History of Project Gemini*, NASA SP-4203（Washington, DC：NASA, 1977；reprint ed., 2002）。关于阿波罗计划的文献更为广泛，但起点是 Courtney G. Brooks, James M. Grimwood, and Loyd S. Swenson, Jr., *Chariots for Apollo: A History of Manned Lunar Spacecraft*, NASA SP-4205（Washington, DC：NASA, 1979；reprint ed., 2009）; and *Apollo: Expeditions to the Moon*, ed. Edward M. Cortright（Washington, DC：NASA, 1975；reprint ed. 2009）。

48. 有关土星发动机的推力，参见 the *Saturn V Flight Manual: SA- 507*（Huntsville, AL：NASA George C. Marshall Space Flight Center, 1969）, 2-3 and 2-14。150 万磅的推力属于基本水平。有关土星火箭的起源和发展，参见 Roger E. Bilstein, *Stages to Saturn: A Technological History of the Apollo/Saturn Launch Vehicles*（Gainesville：University Press of Florida, 2003）。比尔斯坦（Bilstein）列出了土星火箭的主要承包商和分包商，同上，424–438。

49. 关于第一级火箭和燃烧的困难，见 Bilstein, Stages to Saturn, 99-101, 109-116。

50. 关于第二级火箭绝缘的挑战，参见 Bilstein, Stages to Saturn, 214-215。这些坦克在第二阶段比在第三阶段更薄，第三阶段也使用液氧和液氢。外部绝缘是增加储罐材料强度的更好方法。

51. 有关土星五号和阿波罗航天器的设计，参见 *Apollo Summary Program Report*, JSC-09423（Houston, TX：NASA Lyndon B. Johnson Space Flight Center, 1975）, Section 4。有关车辆装配大楼，参见其设计师安东·特德斯科（Anton Tedesko）的报告，"Design of the Vertical Assembly Building," *Civil Engineering* 35, no. 1（January 1965）：45–49。1965 年，该结构更名为车辆装配大楼。北美航空还建造了指挥和服务模块。格鲁曼宇航公司建造了登月舱。北美航空后来成为波

音公司的一部分，格鲁曼公司合并形成诺斯罗普・格鲁曼公司。

52. NASA 关于悲剧的报告，参见 Apollo 204 Review Board：Report to the Administrator, National Aeronautics and Space Administration（Washington, DC：U.S. Government Printing Office, 1967）。为了纪念失去生命的宇航员，该任务被从阿波罗 - 土星 204 重新命名为阿波罗 1 号。国会两院还就这场悲剧举行了听证会。有关参议院报告，参见 90th Congress, 2nd Session, Senate Report No. 956, *Apollo 204 Accident, Report of the Committee on Aeronautical and Space Sciences, United States Senate, with Additional Views*（Washington, DC：U.S. Government Printing Office, 1968）。
53. 关于阿波罗飞行，见 the *Apollo Summary Program Report*, Sections 2.3 and 2.4。
54. 有关阿波罗 8 号任务的第一手资料，参见 "Our Moon Journey：Frank Borman, James Lovell, and Bill Anders Write Their Own Accounts of the Apollo 8 Flight," *Life Magazine* 66, no. 2（January 17, 1969）：26–31。出发前一晚，查尔斯・林德伯格（Charles Lindbergh）拜访了阿波罗 8 号机组人员。
55. 关于阿波罗 11 号任务，参见 the *Apollo 11 Mission Report*, NASA SP-238（Washington, DC：NASA, 1971）。有关飞行记录，参见 National Aeronautics and Space Administration, *Apollo 11 Technical Air-to- Ground Voice Transcription*（Houston, TX：Manned Spacecraft Center, 1969）。有关第一手资料，参见 Edwin E. "Buzz" Aldrin, Jr., with Wayne Warga, *Return to Earth*（New York：Random House, 1973）; and Michael Collins, *Carrying the Fire: An Astronaut's Journeys*（New York：Farrar, Straus and Giroux, 1974）。尼尔・阿姆斯特朗（Neil Armstrong）没有为更广泛的公众写一篇文章，但授权了一本包含他的传记。参见 James R. Hansen, *First Man: The Life of Neil Armstrong*（New York：Simon & Schuster, 2005）。
56. 参见 Roger D. Launius, *Apollo: A Retrospective Analysis*, Monographs in Aerospace History, No. 3, NASA SP-2004–4503（Washington, DC：NASA, 1994；reprint, 2004）。另见 W. D. Kay, *Defining NASA: The Historical Debate over the Agency's Mission*（Albany：State University of New York Press, 2005）。有关缩减 NASA 预算的利弊，参见 Howard E. McCurdy, *Faster Better Cheaper: Low-Cost Innovation in the U.S. Space Program*（Baltimore, MD：Johns Hopkins University Press, 2001）。
57. 关于天空实验室（Skylab），参见 *Skylab）Our Nation's First Space Station*, ed. Leland F. Belew（Washington, DC：NASA, 1977）；关于航天飞机，参见 T.Heppenheimer, *The Space Shuttle Decision）NASA's Search for a Reusable Space Vehicle*（Washington, DC：NASA, 1999）。有关正式命名为太空运输系统（STS）的航天飞机的规格，参见 *Jane's All the World's Aircraft 1984–85*（London：Jane's Publishing, 1984）, 799–801。升空时的两个穿梭火箭助推器提供了 7 725 000 磅的推力。
58. 对于美国宇航员团队，参见 *Information Summaries: Astronaut Fact Book*, NP-2013-04-003-JSC（Washington, DC：NASA, 2013）。
59. 有关国际空间站的概述，参见 *Engineering Challenges to the Long-Term Operation*

of the International Space Station（Washington，DC：National Academy Press，2000）。在 NASA 的合作下，美国私营发射公司 SpaceX 于 2020 年开始将美国宇航员送往空间站。

60. 有关 1960 年代太空计划的统计数据，参见 Jane Van Nimmen and Leonard C. Bruno with Robert L. Rosholt，*NASA Historical Data Book*，*1958–1968*，NASA SP-4012（Washington，DC：NASA，1976），6 vols.，vol. 1 NASA Resources，5（personnel），6（budget），and 8（Saturn portion of the budget）。
61. 关于 20 世纪 60 年代 NASA 的管理，参见 W. Henry Lambright，Powering Apollo：James E. Webb of NASA（Baltimore，MD：Johns Hopkins University Press，1998）
62. 关于 NASA 的监督和私人参与之间的平衡，参见 Launius，Apollo：A Retrospective Analysis，7-10。
63. 在更详细的层面上，个人见解仍然很重要。由于一两个人的洞察力而产生的太空计划中的许多较小的创新之一是违反直觉的发现，即重新进入大气层的太空舱上的热量与太空舱的阻力成反比。出于这个原因，阿波罗指挥舱上的隔热罩是圆形的，而不是尖的。参见 H. Julian Allen and A. J. Eggers，Jr.，*A Study of the Motion and Aerodynamic Heating of Ballistic Missiles Entering the Earth's Atmosphere at High Supersonic Speeds*，NACA Technical Report No. 1381（Washington，DC：National Advisory Committee on Aeronautics，1958）。
64. 参见 Gene Kranz，*Failure Is Not an Option*）*Mission Control from Project Mercury to Apollo 13 and Beyond*（New York：Simon & Schuster，2009）.
65. 关于挑战者号，见 U.S. House of Representatives，99th Congress，2nd Session，*The Challenger Accident: Hearings before the Committee on Science and Technology*（Washington，DC：U.S. Government Printing Office，1986）。对于哥伦比亚号，参 见 the U.S. House of Representatives，108th Congress，1st Session，*Columbia Accident Investigation Report: Hearing before the Committee on Science*（Washington，DC：U.S. Government Printing Office，2004）。关于这两个悲剧，另见 Julianne G. Mahler，with Maureen Hogan，*Organizational Learning at NASA: The Challenger and Columbia Accidents*（Washington，DC：Georgetown University Press，2009）。
66. 有关文献的概述，参见 Roger D. Launius，"Interpreting the Moon Landings：Project Apollo and the Historians，" *History and Technology* 22，no. 3（September 2006）：225–255。
67. 参见 See the foreword by Neil Armstrong in George Constable and Bob Somerville，*A Century of Innovation: Twenty Engineering Achievements That Transformed Our Lives*（Washington，DC：Joseph Henry Press，2003），vi–vii.

第六章 晶体管

1. 关于电话的发展，参见 David P. Billington and David P. Billington，Jr.，*Power*

Speed and Form: Engineers and the Making of the Twentieth Century (Princeton, NJ : Princeton University Press, 2006), 35–56. For the development of radio, see ibid., 129–154。

2. 交流电在美国每秒反转 60 次（在欧洲每秒 50 次），任何闪烁都不明显。阻断负向电流产生直流电的闪烁也不明显。关于电力开发，参见 Billington and Billington, *Power Speed and Form*, 13–34。有关二极管的描述，参见 J. A. Fleming, "Instrument for Converting Alternating Electric Currents into Continuous Currents," U.S. Patent No. 803, 864, November 7, 1905. See also J. A. Fleming, *The Thermionic Valve and Its Developments in Radio-Telegraphy and Telephony*, 2nd ed. (New York : D. Van Nostrand, 1924)。真空管在英国被称为阀门。在二极管一词中，"di" 表示两个，"ode" 表示极。
3. 关于三极管，见 L. De Forest, "Space Telegraphy," U.S. Patent No. 879, 532, February 18, 1908。另见 Lee de Forest, "The Audion : A New Receiver for Wireless Telegraphy," *Transactions of the American Institute of Electrical Engineers* 25 (1906) : 735–779 ; and Robert A. Chipman, "DeForest and the Triode Detector," *Scientific American* 212, no. 3 (March 1965) : 92–100。对于李·德·弗雷斯特（Lee de Forest)(1873–1961)，参见 James A. Hijiya, *Lee de Forest and the Fatherhood of Radio* (Bethlehem, PA : Lehigh University Press, 1992) .。
4. 贝尔工程师哈罗德·D·阿诺德（Harold D. Arnold）使三极管在电话中实用。参见 J. E. Brittain, "Harold D. Arnold : A Pioneer in Vacuum-Tube Electronics," *Proceedings of the Institute of Electrical and Electronics Engineers* 86, no. 9 (September 1998) : 1895–1896 (hereafter cited as *Proceedings of the IEEE*)。哈罗德·S·布莱克（Harold S. Black）于 1927 年发明了负反馈，它减少了失真，并使多个呼叫更容易同时通过同一条线路。关于布莱克，参见 J. E. Brittain, "Harold S. Black and the Negative Feedback Amplifier," *Proceedings of the IEEE* 85, no. 8 (August 1997) : 1335–1336。
5. 阿姆斯特朗独立工作，他的重要创新是再生电路，用三极管创造了更强的功放。参见 E. H. Armstrong, "Some Recent Developments in the Audion Receiver," *Proceedings of the Institute of Radio Engineers* 3, no. 4 (September 1915) : 215–246。他的另一项早期创新是一种称为超外差接收器的新型无线电，参见 E. H. Armstrong, "The Super- Heterodyne : Its Origin, Development, and Some Recent Improvements," *Proceedings of the Institute of Radio Engineers* 12, no. 5 (October 1924) : 539–552。阿姆斯特朗在 1930 年代发明了 FM 收音机。对于埃德温·霍华德·阿姆斯特朗（Edwin Howard Armstrong）(1890–1954)，参见 Lawrence Lessing, *Man of High Fidelity: Edwin Howard Armstrong, a Biography* (Philadelphia : J. B. Lippincott, 1956)。他与宇航员尼尔·阿姆斯特朗无关。
6. 关于真空管的放大和开关问题，参见 Lillian Hoddeson, "The Discovery of the Point-Contact Transistor," *Historical Studies in the Physical Sciences* 12, no. 1 (1981) : 41–76, especially 45。

7. 对半导体的科学新认识主要归功于 A. H. Wilson, *Semi-Conductors and Metals: An Introduction to the Electron Theory of Metals*(Cambridge：Cambridge University Press, 1939)。关于威尔逊，参见 E. H. Sondheimer, “Sir Alan Herries Wilson, 2 July 1906–30 September 1995,” in *Biographical Memoirs of Fellows of the Royal Society*(London：The Royal Society, 1999), 547–562。另见 Lillian Hartmann Hoddeson, “The Entry of the Quantum Theory of Solids into the Bell Telephone Laboratories：A Case Study of the Industrial Application of Fundamental Science,” *Minerva: A Review of Science, Learning, and Policy* 18, no. 3(autumn 1980)：422–447。霍德森（Hoddeson）在 1930 年代的文章记录了贝尔实验室如何开始给予其研究人员更多的自由来从事基础科学作为他们工作的一部分。
8. 有关早期无线电波探测，参见 *The Pulse of Radar: The Autobiography of Sir Robert Watson-Watt*(New York：Dial Press, 1959)；and Henry E. Guerlac, *Radar in World War II*, 2 vols.(Woodbury, NY：American Institute of Physics, 1987), vol. 1：3–240。英国 RDF 系统后来被称为无线电测向。
9. 关于 1942 年成为科学研究与发展办公室的国防研究委员会，参见 Irvin Stewart, *Organizing Scientific Research for War: The Administrative History of* the *Office of Scientific Research and Development*(Boston：Little, Brown, 1948)。关于万内瓦尔·布什（Vannevar Bush），参见 G. Pascal Zachary, *Endless Frontier: Vannevar Bush, Engineer of the American Century*(New York：Free Press, 1997)。对于麻省理工学院（MIT）辐射实验室，参见 Guerlac, *Radar in World War II*, vol. 1：243–303。
10. 关于早期英国 RDF 及其在战争期间的局限性，参见 David Zimmerman, Britain's *Shield: Radar and the Defeat of the Luftwaffe*(Phoenix Mill, UK：Sutton Publishing, 2001), 213–224。关于空腔磁控管，见同上，227-228。贝尔实验室的乔治·C·索斯沃思（George C. Southworth）发现晶体整流器可以检测微波。贝尔实验室的拉塞尔·L·奥尔（Russell L. Ohl）、杰克·斯卡夫（Jack Scaff）和亨利·瑟勒（Henry Theurer）发现了杂质在半导体中的作用。参见 G. L. Pearson and W. H. Brattain, “History of Semiconductor Research,” *Proceedings of the Institute of Radio Engineers* 43, no. 12(December 1955)：1794–1806；和 Michael Riordan and Lillian Hoddeson, *Crystal Fire: The Invention of the Transistor and the Birth of the Information Age*(New York：W. W. Norton, 1997), 88–108。
11. 关于杜邦公司的硅精炼，参见 C. Marcus Olson, “The Pure Stuff,” *Invention and Technology* 4, no. 1(spring/summer 1988)：58–63。战后新方法取代杜邦工艺。
12. 关于硅整流器在战争中的作用，参见 H. Scaff and R. S. Ohl, “The Development of Silicon Crystal Rectifiers for Microwave Radar Receivers,” *Bell System Technical Journal* 26, no. 1(March 1947)：1–30。关于锗的精炼，参见 Frederick Seitz, “Research on Silicon and Germanium in World War II,” *Physics Today* 48, no. 1(January 1995)：22–27.
13. 关于凯利当时看到的贝尔实验室，参见 Mervin J. Kelly, “The Bell Telephone Laboratories—An Example of an Institute of Creative Technology,” *Proceedings of*

the Royal Society of London, Series A, 203, no. 1074 (October 10, 1950) : 287–301。关于凯利的角色，另见 Riordan and Hoddeson, *Crystal Fire*, 108–110。有关凯利的过去，参见 *Mervin Joe Kelly 1894–1971: A Biographical Memoir by John R. Pierce* (Washington, DC : National Academy of Sciences, 1975)。

14. 化学家斯坦利 O. 摩根（Stanley O. Morgan）与肖克利（Shockley）共同负责指导更大的固态物理小组。摩根承担了大部分行政职责，并监督那些没有直接参与导致晶体管的研究的人。关于肖克利到 1945 年的生活和活动，参见 Riordan and Hoddeson, *Crystal Fire*, 21–27, 71– 75, 80–87, 104, 107–108。另见 John L. Moll, *William Bradford Shockley 1910–1989: A Biographical Memoir* (Washington, DC : National Academy of Sciences, 1995) ; and Joel N. Shurkin, *Broken Genius: The Rise and Fall of William Shockley: Creator of the Electronic Age* (New York : Macmillan, 2006)。

15. 关于 n 型和 p 型半导体之间的区别，参见 Michael Riordan and Lillian Hoddeson, "The Origins of the P-N Junction," *IEEE Spectrum* 34, no. 6 (June 1997) : 46–51。

16. 有关肖克利的实验，参见 William Shockley, "The Path to the Conception of the Junction Transistor," *IEEE Transactions on Electron Devices*, ED-23, no. 7 (July 1976) : 597–620, especially 604–605 ; and Riordan and Hoddeson, *Crystal Fire*, 110–114。

17. 关于布拉坦（Brattain）的生平，参见 John Bardeen, *Walter Houser Brattain 1902– 1987: A Biographical Memoir* (Washington, DC : National Academy of Sciences, 1994); and Riordan and Hoddeson, *Crystal Fire*, 11–14, 28–29, 55–65, 88–108。

18. 关于巴丁（Bardeen）的生平，参见 Nick Holonyak, Jr., "John Bardeen 1908–1991", in the National Academy of Engineering of the United States, Memorial Tributes (Washington, DC : National Academy Press, 1993) ; 和 David Pines, *John Bardeen 1908–1991: A Biographical Memoir* (Washington, DC : National Academy of Sciences, 2013)。如需完整的传记，参见 Lillian Hoddeson and Vicki Daitch, *True Genius: The Life and Science of John Bardeen* (Washington, DC : Joseph Henry Press, 2002)。关于 Bardeen 到 1945 年的生活，另见 Riordan and Hoddeson, *Crystal Fire*, 15–18, 75–80, 118–119.

19. 对于这些决定，参见 W. S. Gorton, "The Genesis of the Transistor," Memorandum for Record, December 27, 1949, reprinted in *A History of Engineering and Science in the Bell System: Physical Sciences* (*1925– 1980*), ed. S. Millman (Murray Hill, NJ : AT&T Bell Laboratories, 1983), 97–100。复印件见 *Proceedings of the IEEE* 86, no. 1 (January 1998) : 50–52。

20. 关于巴丁和布拉坦的研究，参见 John Bardeen, "Semiconductor Research Leading to the Point-Contact Transistor," Nobel Prize Lecture, December 11, 1956, in *Nobel Lectures in Physics* (Singapore : World Scientific Publishing, 1998), 3 : 318–341。沃尔特·布拉顿（Walter Brattain）的诺贝尔演讲认同巴丁的观点，并在前文中的第 377-384 页提供了更多细节。

21. 再参见上文注释 20 中引用的两次诺贝尔演讲，以及 Riordan and Hoddeson, *Crystal Fire*, 128–136。
22. 除了巴丁和布拉坦的诺贝尔演讲，再看 Gorton, “Genesis of the Transistor”; and J. Bardeen and W. H. Brattain, “The Transistor, A Semiconductor Triode,” *Physical Review* 74, no. 2 (July 15, 1948): 230–231；重印在 *Proceedings of the IEEE* 86, no. 1 (January 1998): 29–30。另见 Michael Riordan and Lillian Hoddeson, “Minority Carriers and the First Two Transistors,” in *Facets: New Perspectives on the History of Semiconductors*, ed. Andrew Goldstein and William Aspray (New Brunswick, NJ: IEEE Center for the History of Electrical Engineering, 1997), 1–33。关于“晶体管”这一术语，参见 John R. Pierce, “The Naming of the Transistor,” *Proceedings of the IEEE* 86, no. 1 (January 1998): 37–45。
23. 卡尔·拉克-霍罗维茨（Karl Lark-Horovitz）教授领导了普渡大学的研究，拉尔夫·布雷（Ralph Bray）是研究生。有关普渡大学的工作，参见 Ralph Bray, “The Invention of the Point-Contact Transistor: A Case Study in Serendipity,” in *Silicon Materials Science and Technology: Proceedings of the Eighth International Symposium on Silicon Materials Science and Technology*, 2 vols. (Pennington, NJ: The Electrochemical Society, 1998), 1: 143–156; and “Interview of Ralph Bray by Paul Henriksen, May 14, 1982,” in the Niels Bohr Library & Archives, American Institute of Physics, College Park, MD。“在设备方面，我根本没想那么多，”布雷在采访中说。“在制造设备方面，学术界从来没有强调过。...我也不会想到三极管甚至可能是一项值得的尝试。”对于普度大学关于锗的研究及其对贝尔科学家在晶体管工作的最后阶段从硅转向锗的决定的重要性，参见 Paul W. Henriksen, “Solid State Physics Research at Purdue,” *Osiris*, 2nd series, no. 3 (1987): 237–260。
24. 关于点接触晶体管的困难，参见 Riordan and Hoddeson, *Crystal Fire*, 168–170。对于肖克利对他被排除在点接触晶体管的专利权利要求之外的反应，见同上，144-146。朱利叶斯·利林菲尔德（Julius Lilienfeld）早先拥有一项使用场效应控制半导体电流的专利，该专利于 1926 年 10 月 8 日提交，并于 1930 年 1 月 28 日被授予美国专利号 1，745，175。目前尚不清楚他是否测试了这个想法。如果他有，他可能会遇到肖克利在 1945 年的实验中发现的同样问题。
25. 关于他的晶体管的发展，参见 William Shockley, “The Path to the Conception of the Junction Transistor,” *IEEE Transactions on Electron Devices*, ED-23, no. 7 (July 1976): 597–620; Riordan and Hoddeson, *Crystal Fire*, 142–144, 148–167，他们还描述了 1948 年 1 月的实验，证实了肖克利的想法。该实验是在肖克利透露他的想法之前计划好的。研究人员没有将两个触点放在同一表面上，而是将第二个触点放在锗片的另一侧并放大电流，这表明放大不仅仅是表面效应。另见 W. Shockley, “The Theory of P-N Junctions in Semiconductors and P-N Junction Transistors,” *Bell System Technical Journal* 28 (1949): 435–489。肖克利接着出版了一本关于半导体电子学的权威教科书，*Electrons and Holes in Semiconductors* (New York: Van Nostrand, 1950)。

26. 提纯的硅和锗是多晶的，即原子在区域内形成规则的图案，但这些区域并不完全对齐。贝尔实验室的戈登蒂尔（Gordon Teal）找到了一种生产单晶锗的方法，其中整个材料的原子有规律地排列，消除了不同的区域。参见 G. K. Teal, M. Sparks, and E. Buehler, "Growth of Germanium Single Crystals Containing P-N Junctions," *Physical Review* 81, no. 4 (February 1951): 637 (one page); 和 Gordon K. Teal, "Single Crystals of Germanium and Silicon—Basic to the Transistor and Integrated Circuit," *IEEE Transactions on Electron Devices* 23, no. 7 (July 1976): 621–639。另见 Riordan and Hoddeson, *Crystal Fire*, 172–175, 178–180。
27. 关晶体管设计和制造的后期改进，参见 Ian Ross, "The Invention of the Transistor," *Proceedings of the IEEE* 86, no. 1 (January 1998): 7–28, especially 15–22。有关 RCA 在制造晶体管方面的作用，另参见 Hyungsub Choi, "The Boundaries of Industrial Research: Making Transistors at RCA, 1948– 1960," *Technology and Culture* 48, no. 4 (October 2007): 758–782。
28. 关于晶体管的早期市场，参见 C. Mark Melliar-Smith, M. G. Borrus, D. E. Haggan, T. Lowrey, A. S. G. Vincentelli, and W. W. Troutman, "The Transistor: An Invention Becomes Big Business," *Proceedings of the IEEE* 86, no. 1 (January 1998): 86–110; and Riordan and Hoddeson, *Crystal Fire*, 195–224。对于 Regency 电台，参见 Paul D. Davis, "The Breakthrough Breadboard Feasibility Model: The Development of the First All-Transistor Radio," *Southwestern Historical Quarterly* 97, no. 1 (July 1993): 56–80, introduction by Diana Kleiner。有关晶体管前后便携式收音机的更完整概述，参见 Michael Brian Schiffer, *The Portable Radio in American Life* (Tucson: University of Arizona Press, 1991), 161–201。关于日本进入晶体管收音机市场，见同上，202–223
29. 关于 MOSFET 晶体管，参见 D. Kahng and M. M. Atalla, "Silicon- Silicon Dioxide Field Induced Surface Devices," in *IRE-AIEE Solid State Device Research Conference* (Pittsburgh, PA: Carnegie Institute of Technology, 1960); and D. Kahng, "A Historical Perspective on the Development of MOS Transistors and Related Devices," *IEEE Transactions on Electron Devices* 23, no. 7 (July 1976): 655–657。金属氧化物是指在制造过程中为保护基材而留下的涂层（见第 7 章）。有关 MOS 器件的开发，另参见 Ross Knox Bassett, *To the Digital Age: Research Labs, Start-up Companies, and the Rise of MOS Technology* (Baltimore, MD: Johns Hopkins University Press, 2002)。
30. 关于肖克利的晚年生活，参见 Shurkin, *Broken Genius*, 164–189, 190– 270。
31. 关于巴丁的晚年生活，见 Hoddeson and Daitch, True Genius, 142 passim。
32. 关于他 1945 年的报告，参见 Vannevar Bush, *Science, the Endless Frontier: A Report to the President* (Washington, DC: U.S. Government Printing Office, 1945). Quotes are from ibid., 18–19。
33. 关于青霉素的开发，参见 Gwyn MacFarlane, Howard Florey: The Making of a Great Scientist (New York: Oxford University Press, 1979)。
34. 从巴丁和布拉坦的标题"晶体管，半导体三极管"中可以清楚地看出工程任务。有关半导体战时工程工作的重要性，参见 M. Gibbons and C. Johnson，"Science，Technology，and the Development of the Transistor，" in *Science in Context: Readings in the Sociology of Science*，ed. Barry Barnes and David Edge（Cambridge，MA：MIT Press，1982），177–185。有关从不同角度对万内瓦尔布什论文的批判性观点，参见 Donald E. Stokes，*Pasteur's Quadrant: Basic Science and Technological Innovation*（Washington，DC：Brookings Institution Press，1997）

35. 关于贝尔实验室的后期历史，参见 Jon Gertner，*The Idea Factory: Bell Labs and the Great Age of American Innovation*（New York：Penguin Press，2012）。

第七章 微芯片

1. 有关基尔比（Kilby）和诺伊斯（Noyce）的说明，参见 T. R. Reid，*The Chip: How Two Americans Invented the Microchip and Launched a Revolution*（New York：Random House，2001）。基尔比的早年生活记录在基尔比论文中，这些论文保存在德克萨斯州达拉斯市南卫理公会大学德戈里尔图书馆第一箱中的文件夹 1-10。以下引用为 Kilby Papers（SMU）。有关同事和密友对他早年的描述，参见 Ed Millis，*Jack St. Clair Kilby: A Man of Few Words*（Dallas，TX：Ed Millis Books，2008），1–34。基尔比少年时代的业余无线电呼号是 W9GTY。
2. Millis，*Jack St. Clair Kilby*，35–42。关于中央实验室（Centralab）和基尔比在那里的工作，另见 Reid，The Chip，69-72。有关 1954 年至 1961 年 Globe-Union 公司的年度报告，参见 Folder 24，Box 1，Kilby Papers（SMU）。关于他离开中央实验室的原因，参见 Jack S. Kilby to Robert L. Wolff，carbon copy [1958]，in Folder 5，Box 80，Jack Kilby Papers，Manuscript Division，U.S. Library of Congress，Washington，DC. Hereafter cited as the Kilby Papers（LC）。以下引用为基尔比论文（LC）。另见在同一文件夹中基尔比 1958 年 3 月 10 日致劳尔（Harry C. Laur）的信函。劳尔是德州仪器（TI）的人事管理员，基尔比在给劳尔的信中给出了更详细的解释，作为其职位申请的一部分。1958 年 3 月 31 日，威利斯・阿德科克（Willis Adcock）写给杰克・S・基尔比（Jack S. Kilby）的一封信在同一个文件夹中，TI 聘用了他。阿德考克（Adcock）是 Kilby 加入的团队的管理者。同一文件夹包含一封来自 IBM 的拒绝信，日期为 1958 年 4 月 16 日；以及摩托罗拉 4 月 22 日的一封信，对基尔比拒绝了他们的邀请表示遗憾。
3. For the early years of Robert Noyce，including his time at Grinnell College，see Leslie Berlin，*The Man behind the Microchip: Robert Noyce and the Invention of Silicon Valley*（New York：Oxford University Press，2005），7–27. The papers of Robert Noyce are in Collection M1490，Department of Special Collections and University Archives，Stanford University Library，Palo Alto，California.
4. 关于罗伯特・诺伊斯的早年，包括他在格林内尔学院的时光，参见 Leslie Berlin，*The Man behind the Microchip: Robert Noyce and the Invention of Silicon*

Valley（New York：Oxford University Press，2005），7–27。罗伯特·诺伊斯（Robert Noyce）的论文收藏在加利福尼亚州帕洛阿尔托市斯坦福大学图书馆特别收藏和大学档案部 M1490 馆藏。

5. On the influence of Grant Gale，see Berlin，*The Man behind the Microchip*，24–27. For Noyce at MIT and Philco，see ibid.，28–52.
6. 关于格兰特·盖尔的影响，参见 Berlin，*The Man behind the Microchip*，24–27. 关于诺伊斯在 MIT 和 Philco 的工作，参见同上，28–52。
7. 关于肖克利给诺伊斯的电话，参见 Reid，*The Chip*，87。里德（Reid）为他的书采访了基尔比和诺伊斯。
8. 关于肖克利离开贝尔实验室和加利福尼亚山景城的公司，参见 Joel N. Shurkin，*Broken Genius: The Rise and Fall of William Shockley*，*Creator of the Electronic Age*（New York：Macmillan，2006），163–189．关于肖克利招募诺伊斯和其他年轻人、他们在肖克利手下工作的困难、诺伊斯和他的同事的辞职以及仙童半导体公司（Fairchild Semiconductor）的成立，参见 Berlin，The Man behind the Microchip，53–81。关于谢尔曼·仙童（Sherman Fairchild），参见 Steven W. Usselmann，"Sherman Mills Fairchild，" in *Dictionary of American Biography*，Supplement 9（New York：Scribner，1975），273–274。
9. 参见 J. A. Morton and W. J. Pietenpol，"The Technological Impact of Transistors，" *Proceedings of the Institute of Radio Engineers* 46，no. 6（June 1958）：955–959。莫顿（Morton）和皮滕波尔（Pietenpol）指出，"数字暴政"是对所有电子设备的威胁，但在他们的论文中，他们讨论了这个问题，因为它影响的是真空管，而不是晶体管。
10. 有关使电子设备更小的主要方法的调查，参见 E.Horsey and P. J. Franklin，"Status of Microminiaturization，" *IRE Transactions on Component Parts* 9，no. 1（March 1962）：3–19。有关美国武装部队对微型化的兴趣，以及在 1950 年代试图实现它的各种研究计划，参见 Christophe Lécuyer and David C. Brock，*Makers of the Microchip: A Documentary History of Fairchild Semiconductor*（Cambridge，MA：MIT Press，2010），34–38。
11. 关于 Tinkertoy 项目，参见 R. L. Henry and C. C. Rayburn，"Mechanized Production of Electronic Equipment，" *Electronics* 26，no. 12（December 1953）：160–165。另见同上的摘要报告，5-6。"Tinkertoy"这个名字来源于一种流行的儿童玩具，可以通过组装木棍来制作物品。
12. 关于陆军微型模块，参见 S. F. Danko，W. L. Doxey，and J. P. McNaul，"The Micro-Module：A Logical Approach to Microminiaturization，" *Proceedings of the Institute of Radio Engineers* 47，no. 5（May 1959）：894–904；and William R. Stevenson，*Miniaturization and Microminiaturization of Army Communications—Electronics*，*1946–1964*（Fort Monmouth，NJ：U.S. Army Electronics Command，1966），149–174。
13. 参见 A. von Hippel，"Molecular Engineering，" *Science* 123，no. 3191（February 24，1956）：315–317。

14. 当时设想的“分子电子学”是一种材料工程的思想，不同于后来的“分子电子学”（“moletronics”）或分子尺度的电路。有关两者的概述，参见 Hyungsub Choi and Cyrus C. M. Mody, “The Long History of Molecular Electronics,” *Social Studies of Science* 39, no. 1（February 2009）：11–50。有关西屋计划的描述，参见 S. W. Herwald, “The Concepts and Capabilities of Molecular Electronics,” *Westinghouse Engineer* 20, no. 3（May 1960）：66–70。E. F. Horsey and P. J. Franklin, “Status of Microminiaturization,” *IRE Transactions on Component Parts* 9, no. 1（March 1962）：17 中有简短的描述。有关西屋工作进展缓慢的担忧，参见 R. D. Alberts, “Microminiaturization and Molecular Electronics,” in *Electronics Reliability & Microminiaturization*（Oxford：Pergamon Press, 1962），1：233–238, especially 237. 阿尔伯茨（Alberts）上校领导赖特-帕特森（Wright-Patterson）空军基地的莱特航空发展中心（Wright Air Development Center），负责监督美国空军的电子微型化研究。
15. 参见 Jack S. Kilby, “The Invention of the Integrated Circuit,” *IEEE Transactions on Electron Devices*, ED-23, no. 7（July 1976）：648–654。关于他提及的达莫尔（Dummer），参见同上，648–649。另见 G. W. A. Dummer, “Electronic Components in Great Britain,” in *Proceedings of the Symposium on Progress in Quality Electronic Components*, Washington, DC, May 6, 1952, 15–20。基尔比直到后来才知道达莫尔的工作。见 1976 年 9 月 14 日基尔比对巴斯·塞尔比的采访记录第 10 页，Folder 6, Box 95, Kilby Papers（LC）。
16. 关于哈格蒂（Haggerty），参见 J. Erik Jonsson, “Patrick Eugene Haggerty,” in National Academy of Engineering of the United States of America, *Memorial Tributes*（Washington, DC：National Academy Press, 1984），2：101–105。关于蒂尔（Teal），参见 Don W. Shaw, “Gordon K. Teal 1907–2003,” in ibid., 12：310–313。出版商在卷 12 中列出，作为“国家科学院出版社”。另参见 Teal, “Single Crystals of Germanium and Silicon—Basic to the Transistor and Integrated Circuit,” *IEEE Transactions on Electron Devices*, ED-23, no. 7（July 1976）：621–639。
17. 关于基尔比在德州仪器的早期工作，参见 Jack S. Kilby, “Turning Potential into Realities：The Invention of the Integrated Circuit,” Nobel Lecture, December 8, 2000, in *Nobel Lectures: Physics*, ed. Gösta Ekspong（Singapore：World Scientific, 2002），471–485。引自同上，479。另见 Reid, The Chip, 73–76。
18. 关于基尔比对成本的关注，参见 pp. 7–8 in the transcript of his interview with Buzz Selby, September 14, 1976, in Folder 6, Box 95, Kilby Papers（LC）。“任何在摩托罗拉、真力时等公司从事[电视]布景设计工作的工程师都可以一分钱一分钱地告诉你制作这种东西的成本，”基尔比指出，“而且 .... 在企业的消费者端，这些做法已经融入了你。”
19. 关于他的突破性见解，参见 Kilby, “Turning Potential into Realities”；和 Reid, The Chip, 76-78。引自 Jack Kilby, entry for July 24, 1958, Laboratory Notebook, p. 8. 德州仪器（Texas Instruments）将该笔记本放在网上，作者于

2010 年 10 月 3 日检索到该笔记本。该文档不再位于 TI 网站的基尔比部分，也未出现在 SMU 德戈莱尔图书馆中 Kilby 论文的查找辅助工具中、也没有出现在美国国会图书馆的基尔比论文中。它大概仍然由德州仪器保存着。

20. 关于基尔比的原型，参见 Kilby, "The Invention of the Integrated Circuit," *IEEE Transactions on Electron Devices*, ED-23, no. 7 (July 1976): 648–654。另见 Reid, The Chip, 78–80。

21. 关于基尔比的原始工资，参见 Willis Adcock to Jack S. Kilby, March 31, 1958, Folder 5, Box 80, Kilby Papers (LC)。关于他的加薪，参见同一文件夹中的 Mark Sheperd, Jr., to J. S. Kilby, December 1, 1958。

22. 关于他的专利，参见 J. S. Kilby, "Miniaturized Electronic Circuits," U.S. Patent No. 3, 138, 743, filed February 6, 1959, issued June 23, 1964。担心其他公司可能会接近这个想法，德州仪器认为提交文件的速度比尝试更全面地解决如何制造没有电线的设备更重要。参见 Reid, The Chip, 104–106。

23. 关于仙通公司的成立和 100 个晶体管的成功交付给 IBM，参见 Berlin, *The Man behind the Microchip*, 82–96。关于仙童半导体的开创性早期岁月，另见 Christophe Lécuyer, Making Silicon Valley : Innovation and the Growth of High Tech, 1930–1970 (Cambridge, MA : MIT Press, 2006), 129–167；和 Lécuyer and Brock, *Makers of the Microchip*, 9–44。晶体管的制造方法称为双扩散。

24. 关于二氧化硅掩膜工艺，参见 L. Derick et al., "Oxidation of Semiconductive Surfaces for Controlled Diffusion," U.S. Patent No. 2, 802, 760, filed December 2, 1955, issued August 13, 1957。发明人是林肯·德里克和卡尔·弗洛希。有关贝尔实验室的工艺发明，参见 Michael Riordan and Lillian Hoddeson, *Crystal Fire: The Invention of the Transistor and the Birth of the Information Age* (New York : W. W. Norton, 1997), 217–223。

25. 对于平面工艺，参见 J. A. Hoerni, "Method of Manufacturing Semiconductor Devices," U.S. Patent No. 3, 025, 589, filed May 1, 1959, issued March 20, 1962。另见 Michael Riordan, "The Silicon Dioxide Solution," *IEEE Spectrum* 44, no. 12 (December 2007): 51–56。

26. 有关诺伊斯 1959 年 1 月 23 日的实验室笔记本条目的复制品，参见 Lecuyer and Brock, *Makers of the Microchip*, 151–155。原始笔记本页面编号为 70–74。

27. 关于他对集成电路发展的说明，参见 Robert N. Noyce, "Microelectronics," *Scientific American* 237, no. 3 (September 1977): 63–69。有关他的专利，参见 R. N. Noyce, "Semiconductor Device-and-Lead Structure," U.S. Patent No. 2, 981, 877, filed July 30, 1959, issued April 25, 1961。另参见 Berlin, *The Man behind the Microchip*, 97–111 ; and Lécuyer and Brock, *Makers of the Microchip*, 34–39, 150–161。

28. 引自 Reid, *The Chip*, 65–66。关于诺伊斯的方法，参见 Berlin, *The Man behind the Microchip*, 97–98。

29. 关于德州仪器和飞兆半导体之间的诉讼，以及他们在 1966 年达成的交叉许可其专利的协议，参见 Reid, The Chip, 96-117。有关美国海关和专利上诉法院的裁决，参见 *Federal Reporter*, 2nd Series（St. Paul, MN：West Publishing, 1924–1993）, vol. 416, 1391. 上诉法院认为仙童公司发起了制造芯片的过程。1970 年 10 月 12 日，美国最高法院拒绝审理此案。诺伊斯使用了一种隔离电路不同部分的方法，该方法由波士顿附近 Sprague Electric 的工程师库尔特·莱霍维克（Kurt Lehovec）于 1958 年构思，他使用 p 型和 n 型材料，以防止一个地方的电流干扰另一个地方的电流（基尔比）在他的原型中通过刻槽或隔开组件部分来实现这种隔离）。后来的集成电路在不同的地方使用掺杂来产生结。有关莱霍维克的工作，参见 K. Lehovec, "Multiple Semiconductor Assembly," U.S. Patent No. 2, 029, 366, filed April 22, 1959, issued April 10, 1962。诺伊斯在 1959 年 1 月发表自己的见解时并不知道莱霍维克的工作 . 参见 Lécuyer and Brock, *Makers of the Microchip*, 39。一旦得知莱霍维克专利，Noyce 修改了他的专利以使其不同。

30. 引自 Kilby, "Turning Potential into Realities," 482。
31. 参 见 Bernard T. Murphy, Douglas E. Haggan, and William Troutman, "From Circuit Miniaturization to the Scalable IC," *Proceedings of the IEEE* 88, no. 5（May 2000）: 690–703
32. 民兵 II（Minuteman II）导弹上的计算机合同交给了北美航空公司的航空电子（"航空电子"）部门 Autonetics，该部门向德州仪器公司提供了集成电路订单。 有关武装部队和太空计划早期购买集成电路的信息，参见 Barry Miller, "Microcircuitry Production Growth Outpaces Applications," *Aviation Week and Space Technology* 81, no. 20（November 16, 1964）: 76–87。另见 R. C. Platzek and J. S. Kilby, "MINUTEMAN Integrated Circuits—A Study in Combined Operations," *Proceedings of the IEEE* 52, no. 12（December 1964）: 1669–1678。
33. 在阿波罗计算机上，参见 Eldon C. Hall, *Journey to the Moon: A History of the Apollo Guidance Computer*（Reston, VA：Institute of Aeronautics and Astronautics, 1996）； 和 David Mindell, *Digital Apollo: Human and Machine in Six Lunar Landings*（Cambridge, MA：MIT Press, 2008）。1960 年代中期，飞兆半导体在将集成电路确立为可行的创新后退出了太空计划的供应。 阿波罗计划的要求要求产品的定义范围很窄，而德州仪器和仙童半导体都渴望服务于更加多元化的市场。雷声公司和 Philco（现为福特汽车公司的一部分）在 1960 年代末和 1970 年代初使用仙童公司的设计接管了向 NASA 提供所需的微芯片。每个阿波罗任务在两台计算机中的每一台中都携带数千个集成电路，一台在指挥舰上，一台在月球着陆器上。见 Hall, Journey to the Moon, 34。关于 NASA 在发射集成电路中的作用，另见 Andrew Butrica, "NASA' s Role in the Manufacture of Integrated Circuits," in *Historical Studies in the Societal Impact of Space Flight*, ed. Steven J. Dick（Washington, DC：NASA History Program Office, 2015）, 149–249。 布特里卡（Butrica）还描述了军用采购对民兵导弹的作用。阿波罗计算机使用磁存储器（一种较旧的技术）进行记忆存储。
34. 对于手持计算器，参见 Kilby et al., "Miniature Electronic Calculator," U.S. Patent No. 3, 819, 921, filed December 21, 1972, issued June 25, 1974。该专利是

1967 年最初提交的专利的修订版。另见 Kathy B. Hamrick, "The History of the Hand-Held Electronic Calculator," *The American Mathematical Monthly* 103, no. 8 (October 1996): 633–639。

35. 有关摩尔最初的怀疑，参见 Lécuyer, Making Silicon Valley, 214。有关他的文章，参见 Gordon E. Moore, "Cramming More Components onto Integrated Circuits," *Electronics* 38, no. 8 (April 19, 1965): 114–117。Reprinted in *Proceedings of the IEEE* 86, no. 1 (January 1998): 82–85。另见 E. Mollick, "Establishing Moore's Law," *IEEE Annals of the History of Computing* 28, no. 3 (July–September 2006): 62–75。
36. 关于硅谷的起源，参见 Lécuyer, *Making Silicon Valley*。
37. 关于弗雷德里克·埃蒙斯·特曼（Frederick Emmons Terman）和斯坦福大学，参见 C. Stewart Gillmor, *Fred Terman at Stanford: Building a Discipline, a University, and Silicon Valley* (Stanford, CA: Stanford University Press, 2004)。
38. 参见 F. Terman, "Engineering Growth and the Community," in *The World of Engineering*, ed. John R. Whinnery (New York: McGraw-Hill, 1965), 285–297. Quote is from ibid., 286–287
39. Terman, "Engineering Growth and the Community," 293.
40. 关于诺伊斯后来的商业生涯和他对年轻企业家的指导，参见 Berlin, *The Man behind the Microchip*, 207–256。关于他对美国自满的警告，参见 R. N. Noyce, "False Hopes and High-Tech Fiction," *Harvard Business Review* 68, no. 1 (January–February 1990): 31–32, 36. 关于 1970 年代和 1980 年代美国国内消费电子行业面临的外国挑战，参见 Alfred D. Chandler, *Inventing the Electronic Century: The Epic Story of the American Consumer Electronic and Computer Industries* (Cambridge, MA: Harvard University Press, 2005), written with the assistance of Takashi Hikino and Andrew von Nordenflycht。
41. 关于基尔比的晚年生活，见 Millis, *Jack St. Clair Kilby*, 65–98; and Thomas Haigh, "Jack Kilby (1923–2005)," *IEEE Annals of the History of Computing* 29, no. 1 (January–March 2007): 90–95。
42. 关于诺伊斯在组织半导体行业方面的领导作用，参见 Robert N. Noyce, "Competition and Cooperation—A Prescription for the Eighties," *Research Management* 25, no. 2 (March 1982): 13–17; and Berlin, *The Man behind the Microchip*, 257–304。
43. 关于基尔比对诺伊斯的致敬，参见 Reid, The Chip, 264。关于汤斯的引述，参见 Kilby, "Turning Potential into Realities", 474。

第八章　计算机和互联网

1. 关于触发器电路，参见 W. H. Eccles and F. W. Jordan, "A Trigger Relay," *Radio Review* 1, no. 10 (October 1919): 143–146。

2. 对于英国机器，参见 Thomas H. Flowers，"The Design of Colossus，" *Annals of the History of Computing* 5，no. 3（July–September 1983）：239–252。关于艾伦·马西森·图灵（Alan Mathison Turing）（1912–1954），参见 Andrew Hodges，Alan Turing：The Enigma（Princeton，NJ：Princeton University Press，1983；2014）。可悲的是，图灵在因私人同性恋活动（这在当时是非法的）被定罪后于 1954 年自杀。
3. 有关 ENIAC 机器的设计和工作，参见 J. P. Eckert et al.，U.S. Patent No. 3，120，606，filed June 26，1947，granted February 4，1964。有关 ENIAC 及其早期继承者的历史记录，参见 Nancy Stern，*From ENIAC to UNIVAC: An Appraisal of the Eckert-Mauchly Computers*（Bedford，MA：Digital Press，1981）。另参见 W. Barkley Fritz，"ENIAC—A Problem Solver，" *IEEE Annals of the History of Computing* 16，no. 1（January 1994）：25–45。有关女性对编程的贡献，参见 W. Barkley Fritz，"The Women of ENIAC，" *IEEE Annals of the History of Computing* 18，no. 3（January 1996）：13–28。团队中的男性认为编程就像秘书工作，主要雇用女性。事实证明，它与硬件设计一样重要。谁发明了计算机的问题后来引起了争议。莫赫利（Mauchly）和埃克特（Eckert）借鉴了爱荷华州工程师约翰·阿塔纳索夫（John Atanosoff）的一些想法，但费城工程师是第一个设计和操作完全通用电子计算机的人。有关争议，参见 Charles E. McTiernan，"The ENIAC Patent，" *IEEE Annals of the History of Computing* 20，no. 2（February 1998）：54–58，80。另见 Stern，*From ENIAC to UNIVAC*，33–34。
4. 有关计算理论的技术介绍，参见 Cullen Schaffer，*Principles of Computer Science*（Englewood Cliffs，NJ：Prentice-Hall，1988）。有关现代电子计算机的历史概述，参见 Paul E. Ceruzzi，*A History of Modern Computing*，2nd ed.（Cambridge，MA：MIT Press，2003）；and Martin Campbell-Kelly and William Aspray，*Computer: A History of the Information Machine*，2nd ed.（Boulder，CO：Westview Press，2004）。有关存储程序和将计算机分为五个部分的想法，参见 John von Neumann，*First Draft of a Report on the EDVAC，June 30，1945*（Philadelphia：Moore School of Engineering，University of Pennsylvania，1945），reprinted in *IEEE Annals of the History of Computing* 15，no. 4（April 1993）：27–75。EDVAC 代表电子离散变量自动计算机，是 ENIAC 的继任者。另见 M. D. Godfrey and D. F. Hendry，"The Computer as Von Neumann Planned It，" *IEEE Annals of the History of Computing* 15，no. 1（January 1993）：11–21；and Michael R. Williams，"The Origins，Uses and Fate of the EDVAC，" in the same issue，22–38。谁提出了存储程序的想法一直存在争议。见 Stern，*From ENIAC to UNIVAC*，74–75。它似乎在战争期间出现在 ENIAC 小组成员的小组讨论中，包括冯诺依曼、莫赫利和埃克特。
5. 参见 Claude E. Shannon，"A Symbolic Analysis of Relay and Switching Circuits，" *Transactions of the American Institute of Electrical Engineers* 57，no. 12（December 1938）：713–723。关于他后来的论文，参见 C. E. Shannon，"A Mathematical Theory of Communication，" *The Bell System Technical Journal* 27，no. 3（July

1948）：379–423，and no. 4（October 1948）：623–656。关于香农的生平，参见 Jimmy Soni and Rob Goodman，*A Mind at Play: How Claude Shannon Invented the Information Age*（New York：Simon & Schuster，2017）。香农称赞普林斯顿大学教授约翰·图基发明了“二进制数字”或“位”一词。

6. UNIVAC 是“Universal Automatic Computer”（通用自动计算机）的缩略语。关于莫赫利（Mauchly）和埃克特（Eckert）的后期工作，参见 Stern，From ENIAC to UNIVAC，87-159。

7. 关于 IBM 及其早期计算机，参见 Emerson W. Pugh，Building IBM：Shaping an Industry and Its Technology（Cambridge，MA：MIT Press，1995）；和 Charles J. Bashe、Lyle R. Johnson、John H. Palmer and Emerson W. Pugh，*IBM's Early Computers*（Cambridge，MA：MIT Press，1986）。

8. 关于 IBM 系统 /360，参见 Emerson W. Pugh，Lyle R. Johnson，and John H. Palmer，*IBM's 360 and Early 370 Systems*（Cambridge，MA：MIT Press，1991）。有关其大小，参见 the IBM System/360 Installation Manual：Physical Planning（Armonk，NY：IBM Systems Reference Library，1974），E-01。有关大型计算机的更普遍兴起，参见 Ceruzzi，*A History of Modern Computing*，13–78. For the coming of smaller minicomputers，see ibid.，109–141。

9. 关于赫柏（Hopper）的工作，参见 Grace Murray Hopper，“The Education of a Computer，” *Proceedings of the Association for Computing Machinery*，*May 2 and 3*，*1952*（Pittsburgh：Association for Computing Machinery，1952），243–249；和 Grace M. Hopper，“Compiling Routines，” *Computers and Automation* 2，no. 4（May 1953）：1–5。关于从美国海军预备役退役的赫柏，参见 Kathleen Broome Williams，*Grace Hopper: Admiral of the Cyber Sea*（Annapolis：Naval Institute Press，2004）；and Kurt W. Beyer，*Grace Hopper and the Invention of the Information Age*（Cambridge，MA：MIT Press，2009）。

10. 关于早期计算机软件，参见 Ceruzzi，*A History of Modern Computing*，79–108；and Martin Campbell-Kelly，*From Airline Reservations to Sonic the Hedgehog: A History of the Software Industry*（Cambridge，MA：MIT Press，2003），29–55。COBOL 是 Common Business-Oriented Language 的缩写。关于 FORTRAN（公式转换器），参见 J. W. Backus and W. P. Heising，“Fortran，” *IEEE Transactions on Electronic Computers* EC-13，no. 4（August 1964）：382–385；关于 BASIC（初学者的通用符号指令代码），参见 John G. Kemeny and Thomas E. Kurtz，*BASIC Programming*（New York：John Wiley and Sons，1967）. See also Campbell-Kelly and Aspray，*Computer*，34–36，187–189。另见 Campbell-Kelly and Aspray，*Computer*，34–36，187–189。

11. 关于 SAGE（半自动地面环境），参见 Kent C. Redmond and Thomas M. Smith，*From Whirlwind to MITRE: The R&D Story of the SAGE Air Defense Computer*（Cambridge，MA：MIT Press，2000）；关于 SABRE（半自动业务研究环境），参见 R. W. Parker，“The SABRE System，” *Datamation* 11，no. 9（September 1965）：49–52；and Campbell-Kelly，*From Airline Reservations to Sonic the*

Hedgehog, 41–45。

12. 关于菲洛·泰勒·法恩斯沃思(Philo Taylor Farnsworth)(1906–1971),参见 Donald G. Godfrey, Philo T. Farnsworth:The Father of Television(Salt Lake City:University of Utah Press, 2001)。有关他的电视设计,参见 P. T. Farnsworth, “Television System,” U.S. Patent No. 1, 773, 980, filed January 7, 1927, and granted August 26, 1930。
13. 关于弗拉基米尔·科斯马斯·佐里金(Vladimir Kosma Zworykin)(1889–1982),参见 Albert Abramson, *Zworykin: Pioneer of Television*(Urbana:University of Illinois Press, 1995)。对于佐里金系统,参见 V. K. Zworykin, “Television System,” U.S. Patent Nos. 2, 022, 450 and 2, 141, 059, originally filed as one patent, December 29, 1923, and granted as two on November 26, 1935, and December 20, 1938。
14. 关于萨尔诺夫 1939 年的电视演示,参见 Eugene Lyons, David Sarnoff:A Biography(New York:Harper & Row, 1966), 216;关于 RCA 对电视的兴趣,参见同上, 204-220。关于电视到 1941 年的发展,参见 Joseph H. Udelson, *The Great Television Race: A History of the American Television Industry, 1925–1941*(Tuscaloosa:University of Alabama Press, 1982)。有关 1945 年后美国电视网络和电视收视的增长,参见 Douglas Gomery, “Television,” in *A Companion to American Technology*, ed. Carroll Pursell(Malden, MA:Blackwell, 2005), 321–339。
15. 关于电视工程,参见 V. K. Zworykin and G. A. Morton, *Television: The Electronics of Image Transmission in Color and Monochrome*, 2nd ed.(New York:John Wiley and Sons, 1954)。有关晶体管的使用,参见 Gerald L. Hansen, *Introduction to Solid-State Television Systems: Color and Black & White*(Englewood Cliffs, NJ:Prentice-Hall, 1969)。
16. 关于有线电视和卫星电视的传播,参见 Patrick R. Parsons and Robert M. Frieden, *The Cable and Satellite Television Industries*(New York:Allyn and Bacon, 1998)。
17. 参见 Kent C. Redmond and Thomas M. Smith, *Project Whirlwind: The* History *of a Pioneer Computer*(Bedford, MA:Digital Press, 1980), 216. PDP-1 等计算机在 1960 年代开始使用视觉显示器。
18. 关于英特尔的创立和早期关注点,参见 Christophe Lécuyer, *Making Silicon Valley: Innovation and the Growth of High Tech, 1930– 1970*(Cambridge, MA:MIT Press, 2006), 279–287。有关硬件设计的新危机,参见 Robert N. Noyce and Marcian E. Hoff, Jr., “A History of Microprocessor Development at Intel,” *IEEE Micro* 1, no. 1(February 1981):8–21。
19. 对于 Intel 微处理器,参见 Marcian Edward Hoff, Jr., Stanley Mazor, and Federico Faggin, “Memory System for a Multi-Chip Digital Computer,” U.S. Patent No. 3, 821, 715, filed January 22, 1973, granted June 28, 1974。另见 Robert N. Noyce and Marcian E. Hoff, Jr., “A History of Microprocessor Development at Intel,” *IEEE Micro* 1, no. 1(February 1981):8–21;and Federico Faggin, Marcian E.

Hoff, Jr., Stanley Mazor, and Masatoshi Shima, "The History of the 4004," *IEEE Micro* 16, no. 6 (December 1996): 10–20。另见 Ceruzzi, *A History of Modern Computing*, 217–221。第一款商用微处理器是 4004。英特尔将其与其他三个芯片一起出售，以提供小型计算机的功能。

20. 关于 Intel 最初的不情愿，然后决定支持和开发微处理器，请再次参见 Noyce and Hoff, "A History of Microprocessor Development at Intel.," *IEEE Micro*, 1, No. 1 (February 1981): 8–21 . William Aspray, in "The Intel 4004 Microprocessor: What Constituted Invention?," *IEEE Annals of the History of Computing*, 19, no. 3 (March 1997): 4–15, 还归功于日本计算器工程师先前的工作，这些工作有助于激发 Intel 4004 的设计。
21. 参见 Carver Mead and Lynn Conway, *Introduction to VLSI Systems* (Reading, MA: Addison-Wesley, 1979)。关于她的职业生涯，参见 Lynn Conway, "Reminiscences of the VLSI Revolution: How a Series of Failures Triggered a Paradigm Shift in Digital Design," *IEEE Solid State Circuits*, 4, no. 4 (fall 2012): 8–31。
22. MITS 是 Micro Instrumentation and Telemetry Systems 的缩写，它最初是一家为模型飞机提供遥测的生产商。对于 H. Edward Roberts and William Yates, "Exclusive! Altair 8800: The Most Powerful Minicomputer Project Ever Presented—Can Be Built for Under under $400," *Popular Electronics*, 7, no. 1 (January 1975): 33–38; and "Build the Altair 8800 Minicomputer Part Two," *Popular Electronics* 7, no. 2 (February 1975): 56–58。关于 Altair 和 MITS，参见 Campbell-Kelly and Aspray, *Computer*, 213–214; and Ceruzzi, *A History of Modern Computing*, 2nd ed., 226–232。
23. 关于史蒂夫·沃兹尼亚克的早年生活，参见 Steve Wozniak with Gina Smith, *iWoz: Computer Geek to Cult Icon* (New York: W. W. Norton, 2006), 1–92。
24. 关于史蒂夫·乔布斯，参见 Daniel Morrow, "Interview with Steve Jobs," Computer History Collection, National Museum of American History, Smithsonian Institution, Washington, DC, 1995。关于他的早年生活和与史蒂夫·沃兹尼亚克的关系，另见 Wozniak, *iWoz*, pp. 93–149; and Walter Isaacson, *Steve Jobs* (New York: Simon & Schuster, 2011), 1–63。
25. 关于 Apple I 计算机，参见 the *Apple-I Operation Manual* (Palo Alto, CA: Apple Computer Company, [1976])。另参见 "Apple Introduces the First Low Cost Microcomputer System with a Video Terminal . . . ," 2 pp., in Apple Computer, Inc., Records, 1977–1998, M1007, Series 3, Box 12, Folder 14, Stanford University Library, Palo Alto, California. For the Apple I and the formation of the Apple Computer Company, see Wozniak, *iWoz*, 150–185; and Isaacson, *Steve Jobs*, 63–70。沃兹尼亚克设计 Apple I 时使用了一种编程语言 BASIC。
26. 关于 Apple II，参见 Stephen G. Wozniak, "Microcomputer for Use with Video Display," U.S. Patent No. 4, 136, 359, filed April 11, 1977, granted January 23, 1979; and Stephen Wozniak, "The Apple-II: System Description," *Byte:*

The Small Systems Journal 2, no. 5 (May 1977) : 34–35, 38–43。另见 Wozniak, *iWoz*, 186–206 ; and Isaacson, *Steve Jobs*, 71–85。这家苹果公司很快就提供了一台电视显示器与计算机配套使用，以及外部磁盘驱动器。Apple 始于 1976 年，最初是沃兹尼亚克、乔布斯和一位年长的雅达利工程师罗纳德·韦恩 (Ronald Wayne) 之间的合作伙伴关系。该公司最初是一家无限责任合伙企业，韦恩决定在两周后退出。迈克·马库拉 (Mike Markkula) 将公司重组为对创始人承担有限责任的公司。

27. 有关 Apple II 的价格，参见 *Byte* 2, no. 6 (June 1977) : 15。关于 VisiCalc 应用程序，参见 Burton Grad, "The Creation and Demise of VisiCalc," *IEEE* Annals *of the History of Computing* 29, no. 3 (March 2007) : 20–31。另一个程序 Lotus 1-2-3 在市场上占有一席之地。有关 Apple 的扩张，参见 *Apple Computer, Inc. The First Decade* (October 1987), 6 pp., in Apple Computer, Inc., Records, 1977–1998, M1007, Series 1, Box 6, Folder 12, Stanford University Library。
28. 关于沃兹尼亚克 (Wozniak) 的飞机失事和最终从苹果公司退休，参见 Wozniak, iWoz, 234–267。他继续以兼职身份服务，主要是偶尔代表公司。
29. 关于杰夫·里兹甘 (Jef Raskin)，参见他在《纽约时报》上的讣告，2005 年 2 月 28 日 B11 第三栏。对于麦金塔 (Macintosh)，参见 Jef Raskin, "The Genesis and History of the Macintosh Project," February 16, 1981, in Apple Computer, Inc., Records, 1977–1998, M1007, Series 3, Box 10, Folder 3, 5 pp., Stanford University Library。
30. 关于 Xerox PARC，参见 Tekla S. Perry and Paul Wallich, "Inside the PARC : The 'Information Architects,'" *IEEE Spectrum* 22, no. 10 (October 1985) : 62–75 ; and Michael A. Hiltzik, *Dealers of Lightning: Xerox PARC and the Dawn of the Computer Age* (New York : Harper, 2000)。另见 Alan C. Kay, "Microelectronics and the Personal Computer," *Scientific American* 237, no. 3 (September 1977) : 231–244 ; and Susan B. Barnes, "Alan Kay : Transforming the Computer into a Communication Medium," *IEEE Annals of the History of Computing* 29, no. 2 (February 2007) : 18–30。有关使图形界面工作的最初困难，参见 Campbell-Kelly, *From Airline Reservations to Sonic the Hedgehog*, 246–251。
31. 关于 Apple Lisa，参见 Ceruzzi, A History of Modern Computing, 273。Apple 也未能为 Apple III 找到市场，Apple III 是由委员会设计并瞄准商业市场的计算机。沃兹尼亚克没有参与这两台机器的设计。
32. 有关 Macintosh 计算机的技术说明，参见 Gregg Williams, "The Apple Macintosh Computer," *Byte* 9, no. 2 (February 1984) : 30–54。另见 Cary Lu, *Mac: The Apple Macintosh Book* (Bellevue, WA : Microsoft Press, 1984)。有关相关人员的回忆，参见 Andy Hertzfeld, *Revolution in the Valley: The Insanely Great Story of How the Mac Was Made* (Sebastopol, CA : O' Reilly Media, 2005), with a foreword by Steve Wozniak。
33. 关于 Macintosh 计算机的市场，参见 Ceruzzi, *A History of Modern Computing*, 273–276。关于 IBM 个人计算机，参见 Gregg Williams, "A Closer Look at the

IBM Personal Computer," *Byte* 7, no. 1 (January 1982): 36–64, 68。关于 1985 年乔布斯离开苹果，参见 Isaacson, Steve Jobs, 180–217

34. 有关 IBM 个人计算机的开发，参见 Campbell-Kelly and Aspray, *Computer*, 225–229。马克·迪恩（Mark Dean）(1957–）在田纳西河谷东部的一个非裔美国人家庭中长大。迪恩表现出早期的数学能力，并获得了田纳西大学的奖学金。毕业后，他加入了 IBM，使自己成为了图形能力设计方面的专家，这为他在 PC 团队中赢得了一席之地。参见 Alan S. Brown, "Mark Dean: From PCs to Gigahertz Chips," *The Bent of Tau Beta Pi* (spring 2015), 22–26。从 1982 年到 1989 年，迪恩担任 IBM PC 的首席架构师。个人计算机的第一位首席架构师是刘易斯·埃格布雷希特（Lewis Eggebrecht），大卫·布拉德利（David Bradley）是首席软件工程师。迪恩与丹尼斯·穆勒（Dennis Moeller）一起设计了 ISA 总线。Dean 后来设计了第一个微芯片，以实现千兆赫范围内的处理速度。2019 年 9 月 16 日，迪恩博士给比灵顿发了一封电子邮件。关于 IBM 兼容机的兴起，参见 Ceruzzi, *A History of Modern Computing*, 277–280。

35. 关于比尔·盖茨，见 David Allison, "Interview with Mr. William 'Bill' Gates," Computer History Collection, National Museum of American History, Smithsonian Institution, Washington, DC, 1993。关于保罗·艾伦（Paul Allen），见 Paul Allen, *Idea Man: A Memoir by the Cofounder of Microsoft* (New York: Portfolio/Penguin Books, 2011)。

36. 关于微软公司（Microsoft）的成立（原名 Micro-Soft，于 1978 年更改）以及 IBM 合同，参见 Ceruzzi, *A History of Modern Computing*, 232–236, 269–271。另一位哈佛学生是蒙特·大卫杜夫（Monte Davidoff）。

37. 在 Windows 操作系统上，参见 Campbell-Kelly and Aspray, *Computer*, 231–232, 243–247。关于 Microsoft-Apple 诉讼案件，参见 *Apple Computer, Inc. v. Microsoft Corp.*, *Federal Reporter*, 3rd Series, vol. 35 (1994), 1435。

38. 关于个人计算机软件的开发，参见 Campbell- Kelly, *From Airline Reservations to Sonic the Hedgehog*, 201–266。关于 1990 年代微软应用程序的主导地位，见同上，251-259；Ceruzzi, *History of Computing*, 309–313。

39. 关于高级研究计划署（现为 DARPA），参见 Richard Van Atta et al., *DARPA: 50 Years of Bridging the Gap* (Arlington, VA: Defense Advanced Research Projects Agency, 2008)。ARPA 内的信息处理技术办公室（IPTO）资助了计算研究。参见 Mitch Waldrop, "DARPA and the Internet Revolution," in ibid., 78–85。

40. 关于计算机上的分时，参见 Campbell-Kelly 和 Campbell-Kelly and Aspray, *Computer*, 186–189。

41. 关于 ARPA 远距离共享访问的愿景，参见 Campbell- Kelly and Aspray, *Computer*, 189–193. See also Janet Abbate, *Inventing the Internet* (Cambridge, MA: MIT Press, 1999)。利克莱德（Licklider）是一位对心理学感兴趣的社会科学家。有关他的想法，参见 J. C. R. Licklider, "Man-Machine Symbiosis," *IRE Transactions on Human Factors in Electronics*, HFE-1, no. 1 (March 1960): 4–11；和 Chigusa Ishikawa Kita, "J. C. R. Licklider' s Vision for the IPTO," *IEEE Annals*

of the History of Computing 25, no. 3 (July–September 2003) : 62–77。 IPTO 随后的两位董事伊万·萨瑟兰（Ivan Sutherland）和罗伯特·泰勒（Robert Taylor）也扮演了重要角色。萨瑟兰是计算机图形学的先驱，泰勒组织了阿帕网，麻省理工学院的 劳伦斯·罗伯茨（Lawrence Roberts）是该网络的第一任经理。 泰勒随后于 1970 年代在施乐 PARC 领导计算机研究。

42. 关于巴兰（Baran）的工作，参见 Paul Baran, "On Distributed Communications Networks," *IEEE Transactions on Communications Systems* 12, no. 1 (March 1964) : 1–9 ; 和 "The Beginnings of Packet-Switching : Some Underlying Concepts," *IEEE Communications Magazine* 40, no. 7 (July 2002) : 42–48。 有关唐纳德·戴维斯（Donald Davies）的想法，参见 Donald W. Davies and Derek L. A. Barber, *Communication Networks for Computers* (New York : John Wiley and Sons, 1973)。 有关 巴兰和戴维斯及其对阿帕网的影响，参见 Abbate, Inventing the Internet, 7-41。

43. 关于阿帕网（Arpanet）的构建，参见 Abbate, Inventing the Internet, 43–81。 关于韦斯利·克拉克（Wesley Clark）和接口消息处理器的使用，参见同上，51-53。 关于罗伯特·卡恩（Robert Kahn）、温顿·瑟夫（Vinton Cerf）以及 TCP/IP，参见同上，113–133。 另见 Vinton G. Cerf and Robert E. Kahn, "A Protocol for Packet Network Intercommunication," *IEEE Transactions on Communications* 22, no. 5 (May 1974): 637–648。1974 年的文章只描述了传输控制协议（TCP）; 瑟夫和卡恩后来将 TCP 的某些功能组合成一个单独的 Internet 协议（IP），以创建 TCP/IP。

44. 关于阿帕网（Arpanet）的使用和后来的发展，它分为两个网络，以及后者私有化以形成当今的互联网，参见 Abbate, Inventing the Internet, 83-111, 134-145, 181-199。 另参见 Janet Abbate, "Privatizing the Internet : Competing Visions and Chaotic Events, 1987–1995," *IEEE Annals of the History of Computing* 32, no. 1 (2010) : 10–22。

45. 关于向更广泛的公众开放互联网，见 Abbate, *Inventing the Internet*, 199–220 ; and Campbell-Kelly and Aspray, *Computer*, 249–253。1990 年代美国最大的向消费者提供专有内容的提供商是 America Online 和 CompuServe。

46. 关于恩格尔巴特（Engelbart），参见 Susan B. Barnes, "Douglas Carl Engelbart : Developing the Underlying Concepts for Contemporary Computing," *IEEE Annals of the History of Computing* 19, no. 3 (March 1997) : 16–26 ; 和 Ceruzzi, *A History of Modern Computing*, 259–261。 另 参 见 John Markoff, *What the Doormouse Said: How the Sixties* Counterculture *Shaped the Personal Computer Industry* (New York : Penguin Books, 2005)，可以了解 1960 年代和 1970 年代旧金山湾区的更广泛文化历史，乔布斯、沃兹尼亚克和施乐 PARC 为地区做出了贡献。

47. 关于蒂莫西·伯纳斯 - 李（Timothy Berners-Lee）爵士 (1955–)，参见 Tim Berners-Lee with Mark Fischetti, *Weaving the Web: The Original Design and* Ultimate *Destiny of the World Wide Web* (New York : HarperCollins, 1999)。有关他对简单性的必要性和可以与多样性一起使用的解决方案的见解，参见同上，

15-16。

48. 关于本地组网的兴起，参见 Ceruzzi，A History of Computing，291-295。另参见 Robert M. Metcalfe，“How Ethernet Was Invented，” *IEEE Annals of the History of Computing* 16，no. 4（1994）：81–88。

49. 关于他最初的提议，参见 the appendix in Berners-Lee，*Weaving the Web*，211–229。另见同上，17-20。有关早期超文本标记语言（HTML）、网页上使用的标签的介绍，参见 Elizabeth Castro，*HTML for the World Wide Web*（Berkeley，CA：Peachpit Press，1996）。

50. CERN 的实习生尼古拉·佩洛（Nicola Pellow）编写了浏览器的初始版本，该版本可以与除了伯纳斯 - 李（Berners-Lee）在 CERN 用于开发原始 Web 的 NeXT 机器以外的其他计算机一起使用。她的版本有一个命令行界面；一个具有更多图形界面的版本最终取而代之。参见 Berners-Lee，*Weaving the Web*，29–30，32– 33，48，58。

51. 关于万维网（Web）的推出，参见 Berners-Lee，*Weaving the Web*，23– 51；and T. Berners-Lee，“WWW：Past，Present，and Future，” *IEEE Computer* 29，no. 10（October 1996）：69–77。有关马克·安德森（Marc Andreessen）的工作，参见 Ceruzzi，*A History of Modern Computing*，300–304。网景导航器（Netscape Navigator）很快失去了微软（Microsoft）的 Internet Explorer 网络浏览器的市场份额，并作为新的网络浏览器 Mozilla Firefox 重新出现。其他浏览器也在 21 世纪初进入市场，例如谷歌的 Chrome。

52. 参见 Berners-Lee，*Weaving the Web*，22–23。

53. 关于史蒂夫乔布斯的后期职业生涯，见 Isaacson，*Steve Jobs*，211–572。

54. 对于这些引述，参见 Isaacson，Steve Jobs，567。

55. 参见 Ralph K. Cavin III，Paolo Lugli，and Victor V. Zhirnov，“Science and Engineering beyond Moore's Law，” Special Centennial Issue，*Proceedings of the IEEE* 100（2012）：1720–1749。关于量子计算，参见 *Quantum Computing: Problems and Prospects*，ed. Emily Grumbling and Mark Horowitz（Washington，DC：National Academies Press，2018）。

结　论

1. 参见 David P. Billington，“Structures and Machines：The Two Sides of Technology，” *Soundings: An Interdisciplinary Journal*，no. 3（fall 1974）：275–288. 引自同上，278

2. 晶体管是一个不寻常的案例，联邦政府对贝尔系统进行监管以换取其垄断地位。竞争的减少使贝尔实验室更容易进行基础研究。但就像十年后的微芯片创新者一样，贝尔系统仍然有开发晶体管的商业动机，然后需要通过军购以降低成本并开发民用市场。

3. 对于美国，参见 David Mowery and Nathan Rosenberg，“The U.S. National Innovation

System," in *National Innovation Systems: A Comparative Analysis*, ed. Richard R. Nelson (New York：Oxford University Press, 1993), 29–75。

4. 关于最近代表联邦政府支持的基础研究的呼吁，参见 *Restoring the Foundation: The Vital Role of Research in Preserving the American Dream* (Cambridge, MA：American Academy of Arts and Sciences, (2014)。该报告敦促更灵活而长远的方法。
5. 联邦国防高级研究计划局(DARPA)开发了一种制度模式，通过最大限度地提高为实现这些目标而招募的专家的智力独立性，从而产生更深层次的创新流。但 DARPA 模型仍然着眼于可以在 3-5 年内实现的进步。再次参见 Richard Van Atta et al., *DARPA: 50 Years of Bridging the Gap* (Arlington, VA：Defense Advanced Research Projects Agency, 2008)。
6. 参见 *The Competitive Status of the U.S. Auto Industry: A Study of the Influences of Technology in Determining International Industrial Competitive* Advantage (Washington, DC：National Academy Press, 1982), 35–50，主要探讨了 20 是基础初到 20 世纪 70 年代从激进创新到渐进式创新的演变。有关 1960 年至 2009 年机动车辆生产的数据，参见 *National Transportation Statistics 2017* (Washington, DC：U.S. Department of Transportation/Bureau of Transportation, 2017), 42。人均机动车辆大致稳定。
7. 参见 Merritt Roe Smith, *Harpers Ferry Armory and the New Technology: The Challenge of Change* (Ithaca, NY：Cornell University Press, 1977)。
8. 有关医学和农业的概述，参见 Joseph Bronzino, Vincent H. Smith, and Maurice L. Wade, *Medical Technology and Society: An Interdisciplionary Perspective* (Cambridge, MA：MIT Press, 1990)； 和 Paul K. Conkin, *A Revolution Down on the Farm: The Transformation of American Agriculture since 1929* (Lexington：University Press of Kentucky, 2008)。
9. 参见 Robert J. Gordon, *The Rise and Fall of American Growth: The U.S. Standard of Living since the Civil War* (Princeton, NJ：Princeton University Press, 2016)。
10. 参见 Frank Levy and Richard J. Murnane, *The New Division of Labor: How* Computers *Are Creating the Next Job Market* (Princeton, NJ：Princeton University Press, 2005)。对于更悲观的观点，参见 Erik Brynjolfsson and Andrew McAfee, *The Second Machine Age* (New York：W. W. Norton, 2014)。而对未来更有希望的看法，参见 Derek Thompson, "A World Without Work," *The Atlantic* 316, no. 1 (July–August 2015), 51–61。
11. 有关将激进创新者及其作品纳入本科教育的方法，参见 David P. Billington, "Engineering in the Modern World：A Freshman Course in Engineering," 1993 Frontiers in Engineering Conference, Washington, DC, November 1993。参见 David P. Billington, *The Innovators: The Engineering Pioneers Who Made America Modern* (New York：John Wiley and Sons, 1996), 1–20。要将工程理念融入中学教学，参见 David P. Billington, Jr., "Engineering in the Modern World," *World History Bulletin* 24, no. 2 (fall 2008), 22–24。

索 引*

* 索引中页码为原版书页码。

学说平台（www.51xueshuo.com）是清华大学孵化的专业知识传播平台，为经济金融管理领域的专家、学者、学生及从业人员，提供专业的会议、直播、视频与知识分享服务，旨在提高学术交流与传播效率，推动中国的学术发展与普惠。